国防基础科研重大项目（JCKY2016203A017）
国家重点研发计划（2018YFB1700802）

面向复杂系统设计的大数据管理与分析技术

宫琳　程强　著

吉林大学出版社
·长春·

图书在版编目（CIP）数据

面向复杂系统设计的大数据管理与分析技术 / 宫琳，程强著. -- 长春：吉林大学出版社，2020. 12

ISBN 978-7-5692-7672-5

Ⅰ. ①面… Ⅱ. ①宫… ②程… Ⅲ. ①数据处理 Ⅳ. ①TP274

中国版本图书馆 CIP 数据核字（2020）第 221003 号

书　　名　面向复杂系统设计的大数据管理与分析技术
　　　　　MIANXIANG FUZA XITONG SHEJI DE DASHUJU GUANLI YU FENXI JISHU

作　　者　宫　琳　程　强　著
策划编辑　李承章
责任编辑　王　洋
责任校对　宋睿文
装帧设计　贝壳学术
出版发行　吉林大学出版社
社　　址　长春市人民大街 4059 号
邮政编码　130021
发行电话　0431－89580028/29/21
网　　址　htp：//www. jlup. com. cn
电子邮箱　jdcbs@ jlu. edu. cn
印　　刷　天津雅泽印刷有限公司
开　　本　710mm×1000mm　1/16
印　　张　17
字　　数　343 千字
版　　次　2020 年 12 月第 1 版
印　　次　2021 年 2 月第 1 次
书　　号　ISBN 978-7-5692-7672-5
定　　价　78. 00 元

作者简介

宫琳，北京理工大学机械与车辆学院副院长，副教授，博士。管理科学与工程学会工业工程与管理研究会理事，工程训练中心（国家级）教学指导委员会委员，地面机动装备实验教学中心（国家级）副主任。主要研究方向包括复杂系统创新设计、大数据分析、知识工程、统计优化等。在国内外期刊、国际会议上发表论文 40 余篇，其中 SCI/EI 检索 30 余篇。入选北京高等学校青年英才计划。获国防科学技术进步三等奖 1 项。作为负责人主持国家自然科学基金委项目、国家重点研发计划课题、国防科工局技术基础项目、北京市教委项目、横向项目等 10 余项；参与国家自然科学基金项目、国防科工局基础科研项目、横向项目等 10 余项。以第一作者编写教材一部。以第一发明人获授权专利 3 项。

程强，北京工业大学教授，博士生导师，博士。加拿大卡尔加里大学访学教授，先进制造技术北京市重点实验室副主任，机械工业重型机床数字化设计与测试技术重点实验室副主任。研究方向：高档数控机床可靠性设计与精度保持性设计、高端制造装备智能监控技术、智能制造产线规划及工艺分析决策、医疗机器人设计与研发。发表 SCI 论文 67 篇、EI 论文 26 篇，申请国家发明专利 39 项，已授权 21 项。先后获得北京市科学技术奖一等奖 1 项、二等奖 2 项，中国机械工业科学技术奖一等奖、二等奖各 1 项。入选江苏省淮上英才计划创新领军人才、北京市“科技新星”等人才计划。

内容简介

本书面向大数据相关技术方法在复杂系统设计领域应用过程中的诸多科学问题，系统地介绍了复杂系统设计与大数据相关研究领域现状、大数据管理流程、大数据分析技术、面向复杂系统设计的大数据应用平台以及多数据分析方法集成的复杂系统设计技术等。此外，本书还以实践应用为引导，详细介绍了三个面向复杂系统设计的大数据管理与分析实践案例。

本书既适合复杂系统设计科学领域和大数据相关领域研究人员阅读参考，又适合在企业一线从事技术及应用开发的人员学习。

导 论

近年来，“大数据”一词无论是在技术科研领域还是在人们日常生活中都保持极高的热度，越来越多的人认为大数据将是产业革命的新引擎。另一方面，在系统科学领域，复杂性科学是一个崭新的阶段，其相关研究走在了该领域的最前沿。

本书基于作者承担的科工局基础科研、国家重点研发计划、国家自然科学基金等方面的项目成果，针对复杂系统设计领域的一系列科学问题，通过整理大数据管理与分析技术方法，力求从技术理论与实际应用两个层面构建高效可行的方法体系。本书的内容体系基本成型于2019年，2019年至2020年期间，本书撰写组面向相关领域科学问题与实际应用问题对基本内容进行结构化整理形成初步书稿，经多轮整改后形成如今版本。

下面将对本书撰写初衷、撰写原则以及内容架构等方面做简要介绍，以方便读者初步把握本书面向的研究领域与科学问题以及基本内容体系。

撰写初衷

复杂系统作为系统性科学领域最前沿的研究热点，复杂系统设计问题随之成为复杂科学与设计科学领域研究的焦点；无论是理论层面还是实践层面，“大数据”相关技术已成为近年来各个学科研究领域最热门的技术手段。因此，如何通过大数据管理与分析等技术方法解决复杂系统设计领域的关键问题成为相关领域广大技术人员、研究人员以及相关学科师生的共同关注。在上述研究领域中，有大量的学术成果需要进行系统的梳理，也有大量的应用实践需要专业参考与指导，因此本书撰写团队基于多个项目的科研成果，系统地厘清了面向复杂系统设计的大数据管理与分析技术知识体系，并对其中的关键技术与部分实践应用进行了完整详尽的展示。

本书阐述的核心研究问题是大数据管理与分析技术在复杂系统设计，尤其是体系结构设计等相关问题中的应用。从应用实践导向的角度，本书所述内容主要将解决面向复杂系统设计的大数据管理与分析应用平台构建、面向复杂系统体系结构设计的大数据管理与分析以及面向复杂机电产品设计的大数据管理与分析等研究问题。本书撰写组围绕上述问题，组织整理相关研究概述、技术方法以及实例应用等材料，梳理知识体系，以求为关注相关研究问题的读者提供有效的帮助。

撰写原则

本书在撰写过程中力求遵循以下基本原则。

1. 重视架构，明确定位

本书主要内容属于大数据领域与复杂系统领域结合部分，因此本书在撰写过程中十分注重对相关领域知识架构以及所述内容领域定位的叙述。本书基础篇中的前两章便由整体到局部地概述了所涉及的大数据和复杂系统设计领域的相关研究，第 3 章构建了本书主要内容的逻辑架构，并介绍了接下来每一章在本书知识体系中的定位。每一章的引言和小结多是对该章内容的宏观介绍，便于读者对面向复杂系统设计的大数据管理与分析相关科学问题、研究内容和理论技术的全貌进行基本把握。

2. 循序渐进，逐层深入

本书在撰写时采取了逐层递进的思路，第 1 篇概述相关领域基本概念与基础研究，并概述了相关研究问题的基本思路与架构；第 2 篇前两章重点介绍了大数据管理与分析领域的基础流程与技术，后两章则面向复杂系统设计领域问题实现对基本技术的结合与深入，完善技术理论体系；第 3 篇则根据具体应用与实际案例叙述技术理论。至此，全书实现了从整体领域到局部技术再到具体应用的递进式内容介绍。

3. 应用导向，实践引领

本书坚持应用导向与实践引领的写作思路。应用导向是指本书主要内容均围绕核心应用问题开展叙述；实践引领是指本书主要内容介绍遵循具体实践流程，并直接适用于指导应用实践。

内容架构

本书主要内容分为基础篇、技术篇和实例篇三个部分，共计十个章节。

1. 基础篇

概述本书涉及研究领域、介绍本书内容架构。

本篇主要介绍了复杂系统设计、大数据管理与分析等领域的基本概念与研究情况，并提出了本书内容体系框架，具体包括：第 1 章复杂系统设计概述，介绍了复杂与复杂系统领域的基本概念，对复杂系统设计相关研究现状进行了综述并展望了该领域未来发展方向；第 2 章大数据管理与分析技术概述，首先从数据采集、存储和计算等方面介绍了大数据领域的基本概念与相关研究方向，其次从研究和应用两个角度对大数据管理与分析技术现状和发展方向进行了综述；第 3 章面向复杂系统设计的大数据管理与分析技术体系，以提出技术体系框架的形式，对本书主要内容进行了整理归纳与初步介绍。

2. 技术篇

介绍本书面向研究领域的基本技术与关键技术。

本篇首先介绍了较为通用的大数据管理流程与分析技术，其次面向复杂系统设计领域介绍了大数据应用平台与多数据分析方法集成型复杂系统设计相关技术，具体包括：第 1 章大数据管理流程，介绍了数据调研与采集、数据预处理、数据存储、数据管理以及数据安全与维护等不同阶段，并详细介绍了各个阶段相关的大数据管理技术；第 2 章大数据分析技术，介绍了近年来热度较高、应用较广的数据挖掘、深度学习以及强化学习等技术，并介绍了基于统计学、基于图/网模型等方法的数据分析技术以及常见的优化算法；第 3 章面向复杂系统设计的大数据应用平台，整理了所述平台的构建流程，并具体介绍了平台总体设计、数据库与交互设计以及微服务架构设计等平台设计与构建不同阶段的相关技术，最后展示了平台安全管理与运维管理相关方法；第 4 章多数据分析方法集成的复杂系统设计技术，将复杂系统设计过程划分为业务分析与实体建模、系统设计以及评估与优化设计三个阶段，针对各个阶段的设计问题，结合多种数据分析方法与优化算法，提出了多数据分析方法集成的复杂系统设计相关技术。

3. 实例篇

介绍本书所述理论与技术在实际问题中的应用。

本篇详尽地展示了三个面向复杂系统设计的大数据管理与分析技术应用实例，包括第 1 章复杂系统设计领域的大数据管理与分析技术架构应用实例、第 2 章面向复杂装备体系设计应用实例以及第 3 章面向复杂机电产品设计应用实例。

本书内容详实，书中所引用的数据实例均来自实际科研内容，真实新颖、所介绍的技术方法高效可行、所展示的实际应用完整经典，是面向相关领域广大技术人员、研究人员以及相关学科师生推出，具有系统性、创新型和前瞻性，是一本理论结合实际的书籍。

目　　录

第1篇　基础篇

第2篇 技术篇

第3篇 实践篇

第1篇　基础篇

导　　语

本篇将介绍复杂系统设计、大数据管理与分析等领域的基本概念与研究概述，并提出本书内容体系框架。所述领域研究概述包括复杂系统设计概述以及大数据管理与分析技术概述。本篇第3章将提出面向复杂系统设计的大数据管理与分析技术体系，以技术体系框架的形式对本书主要内容进行了整理归纳与初步介绍。

第1章 复杂系统设计概述

1.1 引言

一般意义上，简单与复杂是相对的两个概念，即一个事物在被认识之前是复杂的，一旦被认识，就变得简单。从人类理解事物的过程来看，这种对于简单与复杂的解释很常见。然而，现代科学技术的发展表明，复杂性不能归因于认知过程的不足。我们应该认识到，客观的复杂性是存在的，真正的复杂性应该有它自己独特的规定，即使事物已经被认识到或即使找到了问题的解决办法，它们仍然是复杂的。也就是说，我们应该找出简单性和复杂性的区别，使复杂性科学有相对明确的研究领域。

兴起于21世纪的复杂性研究或复杂性科学是系统科学发展的新阶段，是当代科学发展的前沿之一。尽管它还处于起步和发展阶段，但它已经引起了科学界的广泛关注，并被一些科学家誉为“世纪科学”。为什么复杂性科学如此受欢迎，这主要是因为它在科学方法论上的突破。复杂性科学的兴起对哲学中的还原论、整体论等传统科学方法论产生了重大影响。复杂科学方法论不仅是对传统科学方法论的巨大挑战，也是对传统科学方法论的重要补充，对复杂科学自身的健康发展具有重要意义。

1.2 复杂与复杂性

复杂性是指复杂系统内部和外部关系的一些基本性质，重点是从信息、描述和计算的角度研究这些性质。例如，系统元素及其关系的多样性，这些联系或关系的纠缠、非线性、多层次和不对称，以及这些关系在有序和混沌之间的边缘化都涉及复杂性。对复杂性的度量，大多数学者采取科尔莫哥洛夫的复杂性定义。

复杂性概念可以用信息的属于予以量化，它被理解成在一系列可能性中，对某一种情形的说明。复杂性是指一个开放的复杂系统由于组分（子系统）多、种类多、层级结构多、不确定因素多，导致系统在演化过程中和环境交互作用下，呈现出的复杂的动态行为特性和突现的整体特性。这些特性具有变化莫测和意想不到的特点，不能用传统的还原论方法来描述和处理。

总结当前的研究成果，我们认为复杂性科学的基本原则如下：

整体性原理。由于复杂性科学的研究对象是非线性经济系统，传统的叠加原理失效，因此，不能采用把研究对象分成若干个小系统分别进行研究，然后进行叠加的办法，而只能从总体上把握整个系统。

动态性原理。复杂系统必须是动态系统，即与时间变量相关的系统。没有时间的变化，就没有系统的进化，也没有复杂性的规律。

时间与空间相统一原理。复杂性科学不仅研究系统在时间方向上的复杂演化轨迹，而且试图解释系统演化的空间模式。一般来说，系统中非线性关系引起的混沌可以看作是一种时间演化轨迹，分形也可以用来描述系统经过长期演化后的空间模式。这两种描述通过奇怪吸引子的分数维和李雅普诺夫指数等概念相关联。

复杂性科学认为，经济系统宏观变量的大波动可能来自系统中某些要素的微小变化。因此，为了探索复杂系统中宏观变量的变化规律，有必要研究其微观机理。然而，由于非线性机制，系统不能分解，因此有必要将宏观和微观统一起来。

确定性与随机性相统一的原则。复杂性科学理论表明，一个确定性经济系统可以有一个随机的行为过程，这是系统“内在”随机性的表现。它本质上不同于具有外部随机项的非线性系统的不规则结果。对于复杂系统，结构是确定的，短期行为可以更准确地预测，但长期行为变得不规则，初始条件的微小变化将导致系统轨迹的巨大偏差。

1.3　复杂系统

复杂系统与复杂性问题是人们对自然界研究日益深入所必然遇到的问题。复杂系统是相对于线性系统、非线性系统而言，复杂系统内包含着许多复杂性。例如，复杂的控制系统从定量上讲其数学模型是高维的，具有多输入多输出的特点；从定性上讲系统具有非线性、外部扰动、结构和参数不确定性或者时变性；从动力学特性上讲，系统的某些参数可能具有分布特性，具有大惯性及时间纯滞后特性；系统有复杂和多重的控制目标和性能判据。

非线性是复杂系统的首要特征。例如，卫星的定位与姿态控制过程及机器人的特定运动等职能采用表征大范围运动的非线性微分方程来描述。此外，在复杂系统中的分岔、混沌、奇异吸引子等动态行为，本质上都是非线性的。

不确定性是复杂系统的又一个重要特征。例如，复杂的生产国系统、交通系统中往往存在着系统结构、参数的不确定性，子系统间耦合作用的不确定性及外部干扰的不确定性等。

1.3.1 复杂系统定义

一般认为，复杂系统是由众多存在复杂相互作用的组分（或子系统）组成的，系统的整体行为（功能或特性）不能由其组分的行为（功能或特征）来获得。这里所谓的复杂相互作用是指系统的组分间用无数可能的方式相互作用，正是这种组分间无数可能的相互作用，才使得复杂系统涌现出所有组分不具有的整体行为（功能）。海斯（J. A. Highsmith）描述复杂系统的复杂行为时给出下述公式：

复杂行为 = 简单规则 + 丰富关联

上述公式表明了构成复杂系统的组分、组分间的相互作用及整体行为（功能）三要素间的深刻关系。复杂系统是由大量相互作用或分离的子系统组合而成的系统。不同优先级的各种可变子系统同时满足或依次满足性能指标。所有这些都表明，系统环境的外部影响对系统至关重要。这种系统具有非线性、混沌或预定的动态行为。复杂系统的本质特征在于其复杂性；定量上，数学模型是高维的，具有多输入多输出；定性上，系统具有非线性、外部扰动、结构和参数的不确定性、复杂多样的控制目标和性能证据。

非线性是复杂系统的一个重要特征。例如，卫星的定位和姿态控制过程以及机器人的特定运动只能用表示大范围运动的非线性微分方程来描述。此外，复杂系统中的分岔、混沌、奇异吸引子等动力学行为本质上是非线性的。这些非线性动力学行为通常是由一定数量（或大量）的非线性元件（或子系统）及其相互作用的组合产生的，这与线性元件及其相互作用的组合有本质的不同。事实上，复杂系统中的非线性因素（内部和环境）及其相互作用是复杂性的一个重要条件。不确定性是复杂系统的另一个重要特征，如复杂系统中间分子系统结构和/或参数的不确定性、子系统间耦合的不确定性和外部干扰的不确定性。复杂系统通常包含多个子系统，这些子系统具有高维数的多个输入和输出。有许多具有非线性因素的子系统和许多种类的子系统，它们的相互作用增加了复杂系统的复杂性。

1.3.2 复杂系统分类

复杂系统是由大量相互作用或分离的子系统组合而成的系统。不同优先级的各种可变子系统同时满足或依次满足性能指标。所有这些都表明，系统环境的外部影响对系统至关重要。这种系统具有非线性、混沌或预定的动态行为。复杂系统的本质特征在于其复杂性：定量上，数学模型是高维的，具有多输入多输出的特点；定性上，系统具有非线性、外部扰动、结构和参数的不确定性、复杂多样的控制目标和性能证据。

根据国内外学者对复杂系统特征的研究和笔者的观点，复杂系统可以归纳为以下10个特征。包含非线性、多样性、多层（多重性）、涌现性、不可逆性、自适应、自组织临界性、自相似性、开放性、动态性（动态性）。复杂系统可以分为开放复杂系统、复杂适应系统、复杂工程系统以及其他关于复杂系统和复杂性的研究。

1.3.2.1 开放复杂巨系统理论

对于开放的复杂巨系统，系统本身和系统周围的环境有物质交换、能量交换和信息交换。因为这些交流，它是开放的；这个系统包含许多子系统，几千个，甚至上亿个，所以它是一个巨大的系统；子系统有很多种，有几十种，几百种，甚至几千种，所以很复杂；开放的复杂巨系统有许多层次。

建立一个开放的复杂巨系统的一般理论必须来源于一个特定的、开放的复杂巨系统。哪些系统是开放的复杂巨系统？社会系统是一个开放的复杂巨系统。此外，还有人脑系统、人类系统、地理系统、宇宙系统、历史（即过去的社会）系统、常温核聚变系统等，都是开放的复杂巨系统。研究问题应该从特定的信息开始。当这些特定开放复杂巨系统的研究成果较多时，才能从中提炼出一般开放复杂巨系统理论。形成一个开放的复合体，作为系统学的一部分。在20世纪50年代，程序控制理论是用这种方法从自动控制技术中提取出来的。

实践证明，处理开放复杂巨系统（包括社会系统）的唯一有效途径是定性与定量相结合。这种方法基于以下三个复杂巨系统的研究实践：

①通过由数百或数千个变量描述的定性和定量技术的结合，研究和应用社会系统中的社会经济系统。

②生理学、心理学、西医、中医和传统医学的融合研究，以及气功和人体系统中人体特有功能的研究。

③综合探索地理系统中的地理科学工作，包括生态系统和环境保护以及区域规划。

在这些研究和应用中，经验假设（判断或推测）往往与科学理论、经验知识和专家判断相结合，这些判断不能用严格的科学来证明，往往是定性的，但可以通过经验数据和信息，以及通过几十、几百、几千个模型参数来检测，这些参数也必须基于经验和对系统的实际理解，进行定量计算，反复比较，最后得出结论。在这个阶段，我们对客观事物的理解所能达到的最佳结论是从定性上升到定量的理解。

1.3.2.2 复杂适应系统理论

复杂适应系统（complex adaptive system，CAS）是一类很具有代表性的复杂系统，复杂适应系统理论是霍兰德教授在多年研究复杂系统的基础上提出来的。复杂适应系统理论的基本思想是：CAS 的复杂性起源于其中的个体（active agent）的适应性，正是这些个体与环境以及与其他个体间的相互作用，不断改变着它们的自身，同时也改变着环境，CAS 最重要的特征是适应性，即系统中的个体能够与环境以及其他个体进行交流，在这种交流的过程中学习或积累经验，不断进行着演化学习，并且根据学到的经验改变自身的结构和行为方式。各个底层个体通过相互间的交互、交流，可以在上一层次和整体层次上凸现出新的结构、现象和更复杂的行为，如新层次的产生、分化和多样性的出现、新聚合的形成、更大的个体的出现等。

我们将 CAS 看成是由用规则描述的、相互作用的主体组成的系统。这些主体随着经验的积累，靠不断变换其规则来适应。在 CAS 中，任何特定的适应性主体所处环境的主要部分都由其他适应性主体组成，所以，任何主体在适应上所做的努力就是要去适应别的适应性主体。这个特征是 CAS 生成的复杂动态模式的主要根源。

在一个复杂的适应系统中，所有的个体都处于一个共同的环境中，但每个个体都根据周围的局部小环境并行独立地进行适应学习和进化。个体的这种适应性和学习能力是个体智力的一种表现。为了适应环境选择的需要，大量适应环境的个体反过来不断地影响和改变环境，结合环境本身的变化规律，移动环境的状态变化以约束的形式约束和影响着个体的行为。如此反复，个人和环境处于一个从未停止互动、相互影响和相互进化的过程中。

复杂适应系统是一类十分常见又十分重要的复杂系统。对于这样一类系统，霍兰德（Holland）教授在他首先提出的遗传算法（genetic algorithm）基础上，建立了回声（ECHO）模型，用以模拟和研究一般的复杂适应系统的行为。圣塔菲研究所的研究人员基于霍兰德的模型，建立了相应的建模工具——SWARM 仿真平台。作为复杂系统中的重要的一类，复杂适应系统的建模和研究目前已经成为一个热点。

复杂适应系统不同于一般的复杂系统，这也是它吸引大量研究者研究的原因：

①系统具有不同的层次结构，各层之间有界限。

②各层之间相对独立，各层之间几乎没有直接的相关性。个体层的个体主要与同一层次的个体互动。

③个体具有智力、适应性和主动性。系统中的个体可以自动调整自己的状态、参数以适应环境，或者与其他个体合作、协作或竞争以争取最大的生存机会或利益。这种自发的合作和竞争是自然生物适者生存、不适消除的根源。同时，它也反映了复杂适应系统是一个基于个体和进化的进化系统。在这个进化过程

中，个体的性能参数在变化，个体的功能和属性在变化，整个系统的功能和结构也在相应地变化。

④个体具有并发性。系统中的个体对环境中的各种刺激做出反应并并行进化。

⑤随机因素的作用也可以引入复杂适应系统的模型中，使其更具描述性和表达性。

这些特性使得 CAS 具有许多不同于其他方法的功能和特性。

1.3.2.3　复杂工程系统理论

复杂工程系统是一种复杂系统，它来自两个方面：一方面，工程系统是按照一定的复杂系统模型设计和制造的。例如，利用混沌现象的原理及其模型，它涉及各种混沌信号发生器、混沌激励器、混沌振动台、混沌控制加热器等。另一方面，一些不确定因素在设计过程中被忽略了。

1.4　复杂系统设计研究现状

复杂系统设计的目的是生成、评价并选择能够满足顾客需求以及生产制造和经济技术等约束的复杂系统设计方案。其主要工作是分析设计需求，建立设计需求、复杂系统功能和原理方案之间的映射关系。由于复杂系统设计关系到最终复杂系统的可行性、实用性、创新性和客户满意度，所以也成为复杂系统设计过程最重要、最体现创新性的环节。复杂系统设计的输入是设计需求，通过对设计需求进行提取和分析，将其转换为复杂系统的功能等信息，并依此匹配相应的设计结构和工程技术，最终输出满足设计需求和多元约束的复杂系统设计方案。根据这一过程，本书将从需求预测与获取、问题分析与建模、综合设计和优化设计四个方面介绍复杂系统设计领域国内外研究现状。

1.4.1　复杂系统设计需求预测与获取

设计需求是复杂系统全生命周期的源头，也是推动复杂系统设计过程和拉动复杂系统创新设计的重要动力。本节将从需求预测和需求获取两个方面对这一部分进行介绍。

1.4.1.1　复杂系统设计需求预测

随着市场竞争的愈加激烈，设计、采购和生产计划周期越来越短，企业需要更高效地对设计需求做出快速响应，并在必要时采取有效的需求预测方法。传统的需求预测方法主要为企业主导型，适用于短生命周期、快速迭代的复杂系统需求预测。在这一类型需求预测方法中，一部分侧重于曲线拟合技术，如戈珀兹

（Gompertz）生命曲线等；另一部分则侧重于基于扩散理论预测创新复杂系统市场需求，如谢建中和杨育等提出的基于改进 Bass 模型（Bass Model）的需求预测技术等。

随着客户在复杂系统设计过程中的角色越来越重要，新的需求预测方法也逐渐转变为客户主导型，客户对复杂系统或服务的感知成了需求预测的重要研究对象。国外学者揭示了复杂系统性能、质量、销售、服务等感知要素与客户需求预测之间的关系；陈振颂等在经典马尔可夫模型（Markov Model）中引入了广义证据理论，充分利用了设计需求重要度信息，对设计需求进行了动态预测；张雷等则突破了传统复杂系统需求的范畴，提出了基于客户特征的复杂系统环境需求预测方法。企业主导型需求预测和客户主导型需求预测共同对复杂系统的创新设计产生螺旋上升的驱动作用。

1.4.1.2　复杂系统设计需求获取

设计需求获取是复杂系统设计过程的源头，也是对设计需求进行分析的基础。传统的设计需求获取方法包括询问观察和问卷调查、深度访谈、营销走访和企业数据分析等方法。

随着计算机技术的飞速发展，研究人员也提出了多种多样的需求获取方法。目前的需求获取技术方法按其作用对象可大致分为用户需求获取、社会需求获取和协同创新中的需求获取等三种类型。

①用户需求获取方法包括基于改进需求模板/索引的需求获取技术、基于本体的需求表达技术以及借助计算机技术开发的用户需求获取辅助系统/软件等。

②社会需求获取方法则建立在对复杂系统、市场和技术三个方面的分析技术上，主要包括分析复杂系统性能等数据、面向复杂系统全生命周期的需求获取、基于目标市场的需求获取、基于技术预测的需求获取等。

③协同创新中的需求获取则主要研究在复杂系统协同创新设计过程中，客户知识的获取、集成和管理。

1.4.2　复杂系统设计问题分析与建模

在完成需求预测或需求获取工作后，需要进一步对需求进行分析和处理，从而可以向复杂系统设计过程输入符合工程语言的结构化需求信息，以下从需求分析和需求转换两个方面进行阐述。

1.4.2.1　复杂系统设计问题分析

需求的来源复杂，结构多样，具有繁杂性、动态性、模糊性等特点，而需求分析的主要工作即解决上述三个问题。

针对需求的繁杂性，目前的研究多数基于东京理工大学狩野纪昭（Kano Noriaki）教授提出的卡诺（KANO）模型对需求进行分类，而有学者针对领域需求特点，使用聚类分析方法解决这一问题。另一方面，研究人员通过网络分析法（analytical network process，ANP）和层次分析法（analytical hierarchical process，AHP）等方法对需求的重要性进行了分析和排序。

针对需求的动态性，研究方法主要集中在改进的质量功能展开（quality function deployment，QFD）技术，其中包括融合马尔可夫链的质量功能展开模型和基于动态质量功能展开（dynamic quality function development，DQFD）的需求分析方法。

针对需求的模糊性，研究人员基于改进的模糊集理论和灰色系统理论等方法，降低了需求的语义模糊性，并在一定程度上对设计需求进行了补全处理。

设计需求并不能够直接用于指导复杂系统设计，因此需要将设计需求转换为复杂系统功能需求或质量特性，即将需求信息映射为工程语言。需求转换映射方法按照转换输出大致可分为两种：一种为设计需求转换为复杂系统功能（CR-F）的方法；另一种省略了功能层，由设计需求直接转换为工程技术特性、复杂系统技术特征配置（CR-DPs）等：

①CR-F：有学者提出了在满足设计约束时的需求－功能－结构转换映射方法，国内的崔剑等人通过建立需求流动链信息功能模型，提出了需求－功能－设计特征的转换映射方法。

②CR-DPs：前文所述需求分析方法中的QFD相关技术也是辅助设计需求向复杂系统技术特性转换的重要工具，其中，质量屋（house of quality，HoQ）则是QFD技术的核心工具。目前针对这一问题的研究也同样集中在改进的QFD或改进的HoQ方法等。例如，李延来等人提出了基于粗糙集理论的质量屋方法，有学者通过在QFD中融合模糊证据推理方法，提取了工程特性与设计需求的映射关系和关联程度。

1.4.2.2 复杂系统设计问题建模

复杂系统建模方法一般可分为面向对象的方法和结构化分析方法，其中面向对象的方法包括系统建模语言（SysML）、统一建模语言（UML）、美国国防部体系架构框架（DoDAF）和DoDAF的统一概要文件及其对应的元模型等；结构化分析方法包括数据流模型（IDEF1X、实体关系图）、活动或过程模型（IDEF0、文档类型定义、数据流图等）和规则模型（以产生式规则建模为主，即if-then-else-so、决策表、决策树或数据逻辑等建模方法）。

统一建模语言（unified modeling language，UML）是一种面向对象的建模语言，其中模型元素包括状态图、序列图、部署图、用例图等。UML 在电信、航空航天、国防和制造业等领域都具有广泛的应用，并且主要是对复杂、分布式或集中式对象的建模。在装备体系设计领域，UML 主要是用作标准的建模语言对体系进行建模和分析。国防科技大学先根据体系的基本特点，将体系设计过程分为不同过程、不同层次和不同角度对装备体系结构设计进行分析，然后利用 UML 构建了装备体系结构模型并进行分析。又如南京大学利用 C4ISR（计算机、控制、指挥、控制、通信、情报、监视及侦察）的体系设计框架作为指导，UML 建模规范作为过程语言对炮兵指挥信息系统进行设计。

系统建模语言（systems modeling language，SysML）是对 UML 2.0 进行重用和扩展之后形成的标准建模语言。相对于 UML 建模语言，SysML 提高了建模的可读性和正确性，同时降低了语义的二义性和不一致性。和 UML 建模语言一样，SysML 具有四层元模型结构（元－元模型、元模型、模型和用户对象），同时还包括 SysML 语义和 SysML 表示法，其中 SysML 语义主要是用于定义结构模型、行为模型、需求模型和参数模型；SysML 表示法主要用于对建模对象的表征。在国防体系设计领域，陆法等以 SysML 作为基本建模语言标准，提出了以三个基本步骤即能力需求分析、黑盒分析和白盒分析的装备体系结构框架设计方法。针对多视图产品的形式描述了武器装备的背景、组成、结构、信息流和通信关系等，王洪等利用 SysML 建模标准对武器装备体系结构进行描述，然后对武器装备体系进行建模和分析并验证了其可行性。

集成计算机辅助制造定义（integrated computer aided manufacturing definition method 或 ICAM DEFinition method，IDEF）是一种活动模型建模方法，最先源于美国空军提出的一套结构化分析和设计的技术标准，它包含多个层次的图形语言。IDEF0 是 IDEF 中的一个内容。IDEF0 作为活动模型的一部分主要是用来描述企业运行过程中的重要过程或活动，图形化地描述了一项活动发生的操作、控制者、输入和输出，一般一项活动用一个框图表示。如图 1-1-1 所示，图中描述了一个 IDFE0 的元素特征，其中箭头主要表述输入、输出、控制和机制，输入表示完成该活动所需的具体内容，一般是资源、数据或者信息等，位于框图左侧；输出表示通过活动之后产生的内容，和输入类似，也以资源、数据或者信息居多，位于框图右侧；控制表示该活动进行过程中的限制，位于框图的上方；机制表示完成活动的人员、装备和执行者等，位于框图的下方。在国防体系设计活动模型中，张玉杰针对复杂的海上防空作战的任务和过程，构建了 IDEF0 活动模型用于支撑海上作战仿真系统的开发和海上作战体系的效能评估。唐丁丁等针对通信对抗决策需求分析的需要，以 IDEF0 为基本过程建模方法描述了通信对抗决策，从而为通信对抗决策分析提供了新的思路。

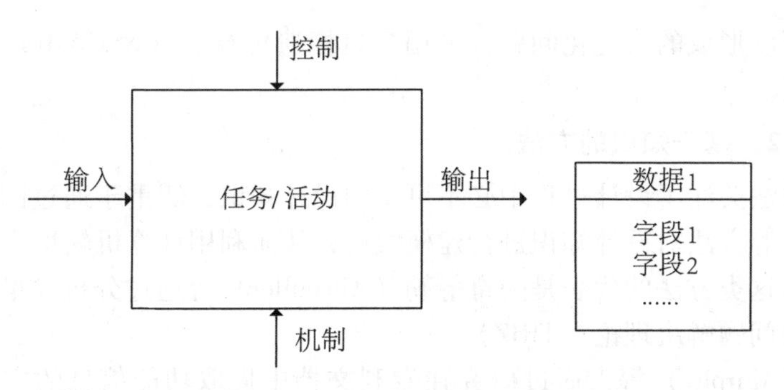

图 1-1-1　IDEF0 模型基本单元

UML 和 SysML 在建模过程中比较关注建模对象，即面向对象的建模方法，而 IDEF0 在建模过程中比较关注活动和数据流向。相对于 UML，SysML 的建模方法和思想都更先进一些，在语言二义性和不确定性的处理上都要好一些，同时易理解性和正确性较高，所以现阶段系统工程师更喜欢以 SysML 作为基本建模语言进行建模。而 IDEF 建模语言比较关注活动和数据，在建模过程中主要是用来对流程进行分析和建模，从而实现对复杂过程的建模和理解。

1.4.3　复杂系统综合设计

复杂系统设计方案生成是基于需求分析和映射结果，寻找复杂系统功能结构解空间，并对其进行分析得到若干复杂系统设计方案可行解的过程。根据搜索可行解时方法的不同，可以将复杂系统设计方案生成技术分为基于过程的方法、基于知识的方法和基于类比的方法。

1.4.3.1　基于过程的方法

该类方法重点研究复杂系统设计过程中的过程模型，首先建立标准设计过程，然后可以通过求解设计过程中各个阶段的技术提升设计效率，包括过程建模与信息表达、基于功能 - 形态 - 结构矩阵的方法、基于状态空间 - 技术路线 - 约束网络优化求解的方法等。

德国经典设计理论中提出了功能 - 结构模型（function-structure，FS），此后的研究多基于此模型做进一步改进，例如，功能 - 行为 - 结构模型（function-behavior-structure，FBS）等。国外学者基于机器学习方法发现设计规则，并利用设计规则实现了自动化方案设计。国内的张子健和宫琳等人提出了基于计算式的复杂系统设计方法，对设计需求进行了量化识别，并通过计算质量特性和结构相容性生成最佳设计方案，同时提出了方案的评价指标。康与云等人提出了基于设计结构矩阵的设计方案计算过滤方法。杨涛等人针对设计需求、复杂系统成本和复杂系统创新度形成的三优化问题，采用多目标遗传算法（NSGA-II）求解，得到了最优方案。

1.4.3.2 基于知识的方法

该类方法关注了设计过程中必不可少的设计知识，侧重于通过图模型、语言模型、本体等方法对设计知识进行建模表征，从而利用计算机辅助设计人员实现高效设计，这类方法的代表是阿奇舒勒（Altshuller）等通过分析大量专利提出的一整套发明问题解决理论（TRIZ）。

墨菲（Murphy）等人通过研究在专利文档中提取功能信息的方法，构建了功能词库，并量化了功能间的关系，从而利用功能相似性扩展复杂系统设计解空间。郝佳等在上述功能词库和大量专利数据的基础上提出了更优化的设计方案生成评价方法。唐圣等人在专利挖掘过程中融合了知识图谱技术，实现了对专利中设计知识的自动化提取，并提出了相应的设计方案生成方法。

1.4.3.3 基于类比的方法

该类方法试图通过搜索与当前设计问题具有相似性的设计原型来进行求解，从搜索方向角度，基于类比的方法可分为两种：一种为从已有复杂系统设计文档出发，进行基于实例推理、可拓学理论、复杂系统族与复杂系统谱系、复杂系统平台等的类比方法；另一种是通过在设计领域中引入生物学或心理学等其他领域思想的类比方法。

一些学者对功能推理案例进行了聚类分析，并通过约束相似性测量方法辅助设计；另外一些学者则通过理解已有的设计经验和案例，发现新的设计约束以辅助设计。国内的杜辉等人通过基于差异和规则的实例修改方法，提高实例检索效率；王体春等人构建了面向多级分解设计过程模型的多级实例库，并计算了跨级别实例传导函数以辅助设计。

1.4.4 复杂系统优化设计

复杂系统架构可视为一系列的决策，这些决策带有多个选项的变量。同时，我们也确定一系列的指标来衡量复杂系统的架构是否优秀。这种架构优化问题，其目标是要搜索选项之间各种组合方式，达到最佳的平衡。

1.4.4.1 全因子排列法进行复杂系统架构优化设计

全因子排列（full-factorial enumeration），就是把有可能成立的每一种架构都列举出来，然后分别对每个架构进行篇评估，这样就可以从中选出最佳的架构了。全因子排列是一种特别简单且透明的方式，对整个架构空间进行模拟，能够使我们更为透彻地了解问题的特征，用这种方式进行模拟所获得信息，要比仅仅对帕累托前沿中的架构进行模拟获得的信息更多一些。

"足够小"的架构优化问题，是可以用蛮力解决的，也就是说要解决这些问题，只需把每一种有可能出现的架构全都列举出来即可。一个全因子排列问题是不是足够小，要取决于权衡空间的尺寸、用机器评估每个架构所花的平均时间以及我们所容许的总体计算时间。因此，我们需要在架构的数量与评估一个架构所花的时间之间进行权衡。

1.4.4.2 启发式的机构优化算法

当架构空间的尺寸增长到数十种架构时，全因子排列法已经不能实现。在这种情况下，我们将会使用一种更为高效的方法来探索空间中的架构。这类问题通常采用元启发式优化算法（如遗传算法）来解决。元启发式（meta-heuristic）优化算法采用特别抽象且通用的启发式搜索技术（如突变、交叉等）来进行优化，这些算法对当前所要解决的问题所具备的特性，不会做出太多的假设。于是他们就显得非常灵活，因而可以来解决各种各样的问题。启发式优化未必能找到全局最优解，而且与其他一些组合优化技术相比，计算效率也会低一些，不过它的优点是简单而有效的解决各类优化问题，尤其是那些在特征上与架构优化相关的问题，例如，分类决策变量、多个非线性且不光滑的价值函数及约束规则等。

该算法有三个模块：架构生成器或列举器、架构评估器以及位于算法中心的搜索代理。搜索代理会从枚举器和评估器中获取信息，并根据使用者提供的方向和相关步骤，来决定接下来应该在权衡空间中哪个区域能进行搜索。优化算法会把所有架构都列举出来，并对其进行评估，然后把非劣的架构挑选出来。

对于简单的全因子排列法来说，列举、评估及筛选等任务之间都有着清晰的界限，而对于那些在权衡空间中的某个部分进行搜索的算法来说，这三者之间的界限则显得较为模糊。大部分汉化的搜索算法对搜索方向所做的决策，都会与筛选架构及列举新架构这两项任务紧密地耦合起来。这些新架构并不是提前列举好的，而是算法在执行过程中，通过对现有架构运用启发式搜索技术实时计算出来的。因此，架构的数量会在运行过程中逐渐增加，在理想的情况下，这个数量应该会接近帕累托前沿中的架构数量。

1.5 复杂系统设计发展方向

对于复杂系统来说，这是一个适当的、必要的抽象，因此已经取得了许多显著的成就。复杂网络研究的起源可以追溯到数学中的随机图论。在物理学家的介入下，现代统计物理方法、非线性动力学等分析方法被广泛应用于复杂网络的研究。这些方法极大地促进了复杂网络的研究工作，并取得了丰硕的成果。目前，复杂网络已广泛应用于科学技术的各个领域，如道路运输网络、航空网络、电力网络、互联网、万维网、神经网络、蛋白质在生物中的相互作用网络和基因调控网络、各种通信网络、各种社会网络、科学家合作网络、科学期刊引用网络等。近年来，通过对各种复杂网络的结构、功能和动力学的研究，人们对各种复杂系统的行为和基本规律有了前所未有的认识，并在实际工业技术层面付诸实践。

1.5.1 关于网络同步的研究

到目前为止，虽然还不能得到网络结构与网络同步特性之间的精确的数值关系，但是对于一些网络结构特征对网络同步能力的影响已经得到了定性的结论。提高网络同步能力的各种方法已经出现，这些方法基本都是在网络结构不变的情况下，通过调整节点间的耦合方式来提高网络的同步能力。

在对称耦合的情况下，改善网络同步的目的是改善网络结构的扰动。这些研究基于网络上所有相同振荡器的精确同步问题，但是在实际系统中，动态系统通常是异构的，并且网络中可能有许多类型的振荡器。这种结构的存在将使网络的同步更加复杂。要完成上述问题的答案，需要以下几个方面的工作：

①选择同步不完全振荡器的有效耦合模式。

②分析了不同振荡器类型网络的部分同步规律。

③找出社区网络的详细同步规律。

④确定网络结构和网络部分同步状态之间的关系。

1.5.2 新一代信息网络的结构与动力学研究

“十五”计划以来，中国开始建设下一代高性能信息网络。下一代高性能信息网络具有超光传输、超自动交换和超路由的特点。新一代多业务管控协同支持环境，依托分布式、层次化的网络结构，为多种业务提供支持，需要具有高可靠性和良好的可扩展性。网络用户和服务下一代高性能信息网络应该具有什么样的拓扑结构，网络将面对什么样的动态行为？澄清这些问题对于定量分析下一代信息网络的可靠性和可扩展性至关重要。近年来，复杂网络理论的兴起使我们能够将约简理论与系统论相结合，来研究下一代高性能的信息网络结构。该系统将支持各种服务所需的功能分解成许多具有适当粒度的定义良好的功能节点。物理网络上的几个功能节点以某种方式连接起来，形成某种业务流程。

1.5.3 关于合作进化与基于网络的博弈模型的研究

博弈论被认为是研究自然界和人类社会共同合作行为的最有力的手段。理解各种复杂系统中合作与竞争的演变以及合作的条件是一个意义深远和令人关注的课题。虽然博弈论和各种博弈模型都是基于社会经济中存在的现象，但博弈模型所描述的合作竞争机制也存在于自然生态系统中。因此，越来越多的生物学家开始关注它。在生物世界中，任何生物体生存的最终目标都是延续自己的基因。自私的个体往往比利他的个体获得更多的资源，从而在生存竞争中占据优势。根据达尔文的适者生存理论，个体更容易延续他们的基因。从这个角度来看，人和动物的本性都是自私的。博弈模型反映了自私个体之间的合作与竞争关系，能够很好地描述生物系统中生物之间的相互作用和进化动态。

然而，无论是在自然界还是在社会系统中，博弈论告诉我们，自私的个人博弈的结果必然是背叛。这显然是一个与实际情况不完全相符的结论。社会经济活动中的绝大多数任务不能由一个人完成，需要群体的分工与合作。

迄今为止，对博弈行为的研究还很不成熟，还有许多问题需要解决，包括合作出现的条件和促进合作的途径。

1.5.4　关于生物学复杂网络的研究

在还原论思想指导下的生命科学领域取得了辉煌的进展，成为当前最具有活力的研究领域之一。无论是科技论文的数量和质量，还是各国对该领域的资金支持都处于众学科领域的前列。但是，随着研究的深入，还原论思想的缺陷日益暴露无遗。从众多元素之间的相互关系和系统动力学角度重新审视生命科学中的问题，成为当前该领域的共识。统治生命科学的中心法则，在近年来的系统生物学研究中被抛弃。实际上，生物网络的问题是复杂网络理论发生、发展的客观基础，也是复杂网络理论的核心归宿之一。尽管大量的生物网络文章在《自然》《科学》等刊物上发表，人们对生物网络的一些基本结构和动力学特征有了粗浅的认识，但是系统生物学仍然处于起步阶段，一系列的基本问题需要澄清。

①生物网络的重构问题。生物网络研究的技术基础是高通量测试技术。从高通量数据取得诸多元素之间的网络关系，是当前面临的基本挑战之一。由于测试技术和诸多环节带来的噪声的影响，以及测试数据量远小于海量的元素之间的关系，使得该问题不只是一个数学意义上的反问题，必须引入生物信息知识对该问题进行有效限制。实际上，我们现在采用的生物网络的可靠性难以满足研究要求。

②生物网络结构决定功能，而网络动力学是结构和功能的桥梁。生物网络功能的实现过程是物质、能量、信号、信息等在网络上的传播过程。因此，网络结构如何影响动力学过程是另一个基本挑战。这里需要引入具有生物意义的网络结构测量、网络不同尺度上的动力学行为以及动力学特征与生物功能的关系。

③生物网络在医学上的应用。癌症、糖尿病、艾滋病等当前人类面临的疑难医学问题，采用生物网络方法技术进行研究，有望取得长足进展。这里需要澄清一个概念，复杂网络作为一个崭新的研究思想，不仅仅限于生物网络。实际上，现在的任务是从复杂网络的观念出发，重新认识生物问题。因此，系统生物学的含义不仅仅是生物相关的网络问题，而是从复杂网络观点认识生命科学中的问题，其地位应该与还原论相当。

1.5.5 基于互联网的信息物理研究

信息技术的飞速发展给理论研究和实际应用带来了巨大的挑战，其巨大的社会和经济价值引起了各学科的普遍关注。最近，许多理论物理学家，特别是最初从事统计力学和非线性动力学的物理学家，开始致力于信息系统的研究。事实上，信息系统，如互联网和万维网，是典型的多主体关联系统。对这种系统的群集动力学的分析正是统计力学的力量。信息物理学描述了一个新兴交叉科学的新方向——应用物理学。信息物理学不仅为传统的信息科学开辟了一个新的视野，从而获得了一些更深层次的概念理解，而且能够有效地解决信息科学中的一些重大理论和实践问题。一般来说，信息物理学的研究对象与信息科学的研究对象是一样的。如果有区别的话，前者更注重与计算机互联网和万维网直接相关的理论和应用。信息物理学虽然吸取和继承了传统信息科学的成果，但它们之间的区别是显而易见的——信息物理学主要是统计力学和非线性动力学方法和概念的应用。正是这种差异使得信息物理学的研究希望发现传统信息论没有发现或重视的现象，解释传统信息论难以解释的现象，并提出新的方案和思路来解决传统信息论难以解决的问题。

1.6 小结

本章首先从复杂与复杂性出发，介绍了复杂系统的基本概念，包括复杂系统的定义与分类、开放复杂巨系统理论、复杂适应系统理论。随后详细介绍了复杂系统设计的研究现状，并展望了复杂系统设计领域相关的研究方向。不难看出，复杂系统设计的研究虽然兴起较晚，但相关领域的研究层出不穷，如今已经有了相当多的研究成果积累。展望复杂系统设计领域相关研究的未来，可以看出，复杂系统与网络科学的结合已经成为一种趋势，相信相关研究的深入能够给科技发展做出更多贡献。

第2章 大数据管理与分析技术概述

2.1 引言

当今社会高速发展，信息技术的快速发展使得信息的传递和存储更加便捷，其意义不仅限于方便了日常生活，更催生了巨量的数据，大数据就是这个高科技时代的产物。对于很多行业而言，如何利用这些大规模数据是赢得竞争的关键。本章主要介绍大数据管理与分析技术框架，包含大数据的概念、大数据管理与分析技术的研究现状以及未来的发展方向等内容。

2.2 大数据技术概述

随着互联网的快速发展，特别是近年来，随着社交网络、物联网、云计算以及各种传感器的广泛应用，数量大、类型多、时效性强的非结构化数据层出不穷，数据的重要性日益凸显。传统的数据存储和分析技术很难处理大量的非结构化信息，大数据的概念应运而生。如何获取、汇总和分析大数据已经成为人们广泛关注的热点问题。

大数据（Big Data），即巨量数据的集合体，它是指所涉及的数据量太大，无法实现检索、管理、处理和组织成更积极的目的，以帮助企业通过当前主流软件工具在合理的时间内做出商业决策。大数据在数据量层级上的体现十分可观：著名咨询机构国际文献资料中心（International Documentation Centre，IDC）曾估计全世界在2006年产生的数据量为0.18ZB，截至2011年，这个数据量已经提升了一个数量级，达到1.8ZB。目前这种数据的增长速度仍在上升。大数据的属性可以用4个“V”来概括：第一，数据量大。从TB级别变为PB级别；第二，数据种类多。包括地理位置信息、图片、网络日志、视频等。第三，数据处理速度快，仅需1s即可从各种类型的数据中快速挖掘出高价值的信息。第四，如果合理利用数据并对其进行准确的分析，将会带来极高的价值回报。业界据此将其特点概括为 4 个“V”，即 Volume（大量）、Variety（多样）、Velocity（迅速）、Value（价值）。

2012 年底出版的《大数据时代》一书的作者维克多·埃耶·申伯格说：“大数据正在改变人们的生活和理解世界的方式，更多的变化正在蓄势待发。”美国政府认为，大数据是“未来的新石油”，将把大数据研究上升为国家意志，必将对未来科技和经济发展产生深远影响。如今，大数据集成已成为全球业务的重点。大数据的应用范围非常广泛，许多与大数据相关的问题都引起了专家学者的关注。目前，关于大数据的定义还没有统一的结论，但大数据作为一种基础资源，需要对其进行处理，以显示其潜在的价值。因此，如何更好地处理好大数据的基础资源就显得尤为重要，因为这些问题都关系到大数据核心价值的体现。

从某种程度上来讲，大数据是数据分析的前沿技术。简而言之，能够从各种类型的数据中快速获取有价值的信息就是大数据技术。随着数据规模的增加，传统的挖掘算法在处理海量数据时存在着内存有限、时间效率低、可扩展性差等诸多局限性，为了处理海量数据，有必要整合其他技术来改进大数据管理和分析算法。目前，在处理海量数据时，常用的技术有抽样技术、增量技术、分布式技术、云计算等。

抽样技术是指当需要处理的数据集过大时，可以用采样方法对原始数据集进行采样，并将获得的样本数据代表原始数据集，进行大数据管理和分析。然后，根据样本数据的结果，推导出原始数据集的结果。抽样方法通常包括随机抽样、逐步抽样、分层抽样和区域抽样。在使用采样技术处理海量数据时，往往需要考虑样本的大小。如果样本太小，样本不具代表性，最终的结果偏差会很大；如果样本太大，仍然无法在内存和效率上发挥作用。与采样技术相结合，在满足一定精度的前提下，可以提高挖掘效率，处理更多的数据。然而，这种算法的挖掘结果严重依赖于样本的选取，容易出现数据失真。这种方法在处理没有分布规律的数据时会影响数据的准确性。特别是在大数据面前，由于大数据的价值密度较低，样本数据很容易掩盖有价值的信息，使得我们无法挖掘出我们想要的信息。采样技术在处理大数据方面有一定的局限性，甚至不适合处理大数据。

增量技术通常用于处理动态增长的数据集。当新数据到来时，它不会将这些数据与现有数据组合起来重新处理，而是使用现有结果来处理新数据。该方法避免了对已有数据的再处理，使每次处理的数据量非常小，大大提高了时间效率。增量技术也可以用于处理脱机数据或静态数据。在这种情况下，我们需要以某种方式将数据集划分为一系列小数据集，然后对这些数据集进行处理。基于增量技术的大数据管理与分析算法也是当前研究的热点。它解决了在处理大数据时内存受限的问题，使算法具有良好的可扩展性。

分布式技术也是解决海量数据集或具有分布式存储的数据集的有效方法。分布式技术还通过划分数据集解决了处理海量数据时内存受限的问题。然而，与增量技术不同，分布式技术通常并行处理数据块，大大提高了时间效率。分布式技术具有适应性强、可扩展性好等优点。目前，结合分布式技术的优势，将大数据管理与分析算法和分布式技术相结合，研究新的算法是当前处理海量数据的热点方向之一，并产生了许多分布式大数据管理与分析算法。

云计算是近年来出现的一种新技术。它结合了分布式处理、并行处理和网格计算。它是效用计算、虚拟化等概念综合应用的结果。云计算为海量数据的处理和分析提供了一个高效的计算平台，即将海量数据划分成相同大小的子块并分布式存储，然后使用映射归约（MapReduce）模型进行并行编程。由于云计算的特点，它在处理海量数据方面具有一定的优势。目前，基于云计算的大数据管理与分析算法有很多种，如基于 MapReduce 的 K 均值（K-Meams）算法、基于 MapReduce 的关联规则分析等。

以下重点介绍大数据管理与分析技术中的数据采集技术、数据存储技术和数据计算技术。

2.2.1 数据采集技术

数据采集（data acquisition，DAQ），是指从传感器和其他待测设备等模拟和数字测量单元中进行自动采集信息的过程。数据分类是指将传统数据体系中没有考虑过的新数据源进行归纳与分类，可将其分为线上行为数据与内容数据两大类。线上行为数据则包括：表单数据、页面数据、会话数据等。内容数据包括：应用日志、机器数据、社交媒体数据等。目前具体的数据采集技术主要分为以下三种方法。

第一种是系统日志收集方法。很多互联网企业都有自己的海量数据采集工具，主要用于系统日志采集，如采用分布式架构，可以满足每秒几百 MB 日志数据采集和传输的需求。

第二种是网络数据采集方法。网络数据采集是指通过网络爬虫或网站开放的接口获取数据信息。该方法可以从网页中提取非结构化数据，例如，从超文本标记语言（HTML）元素标签中提取文本内容或图像内容。它将存储在统一的本地数据文件中，并以结构化的方式存储。支持图片、音视频文件或附件的储存，附件可以自动与文本关联。除了包含在网络中的内容外，还可以使用带宽管理技术来处理网络流量的收集。如百度爬虫就是典型的一种通过网络实现大数据采集的方式，它通过发现已发布在网络上未曾记录的资源，将网站对应的统一资源定位系统（URL）资源保存，之后进行网站分析，提取关键词和建立网站索引。当用户在搜索引擎中输入的关键字与保存的网站的关键字一致，就会将该网站的 URL 和某些关键字展示在用户面前，用户只需点击即可获取自己想要的网络资源。

第三种就是通过一些设备进行批量数据采集，比如射频识别（radio frequency identification，RFID）读写器和各类可编程逻辑控制器（programmable logic controller，PLC）采集设备等。这种采集方式常出现在制造业，如在车间的数据采集层通过采集设备对生产线的设备进行数据采集，通过某些协议将采集到的数据传输到某处并进行保存。由于生产线的设备品种多、数量大，并且设备经常处于连续工作的状态，因此这种情况下产生的数据量仍是可观的。

2.2.2 数据存储技术

大数据时代的特点之一是“Volume”，指的是海量的数据，因此必须采用分布式存储。传统的数据库一般采用纵向扩展（scale-up）进行存储，其性能的提高远远低于待处理数据的增长率，因此不具有良好的可扩展性。大数据时代需要的是拥有良好的横向拓展（scale-out）性能的分布并行式数据库。大数据时代的第二个特征“Variety”，是指数据类型的多样性。也就是说，大数据时代的数据类型已经不再局限于结构化数据，各种半结构化和非结构化数据应运而生。现在，这些数据类型面临的主要挑战之一是如何高效地处理它们。

传统的关系数据库强调的是“One size for all”，即一个数据库适用于所有类型的数据。然而，在大数据时代，由于数据类型的增加和数据应用领域的扩大，对数据处理技术和处理时间的要求存在很大差异。显然不可能将一种数据存储方法应用于所有的数据处理场合。因此，许多企业开始尝试“One size for one”的设计理念，并取得了一系列的技术成果。

对于大数据的存储，谷歌无疑走在了时代的前列。提出了分布式数据存储系统（BigTable）数据库系统解决方案，为用户提供了一个简单的数据模型，主要使用多维数据表。该表使用行和列关键字以及时间戳进行查询和定位。用户可以动态控制数据的分布和格式。BigTable 中的数据以子表的形式保存在子表服务器上。主服务器创建子表，最后将数据以谷歌文件系统（google file system，GFS）的形式存储在 GFS 文件系统中。同时，客户端直接与子表服务器通信，分布式锁服务器（Chubby）用于监控子表服务器的状态。主服务器可以查看 Chubby 服务器，观察子表的状态，检查是否有异常，如果有异常，则终止故障子服务器，并将其任务转移到其余服务器。

除了 BigTable 之外，很多互联网大头公司也开发了适合大数据存储的数据库系统，如雅虎下的分布式数据库系统（PNUTS）和亚马逊下的分布式数据存储平台（Dynamo）。这些数据库的成功应用促进了非关系型数据库的开发和应用热潮。这些非关系数据库模式现在统称为NoSQL（Not Only SQL，指不仅限于SQL）。目前，NoSQL还没有明确的定义。一般来说，NoSQL数据库应该具有以下特点：支持简易备份、模式自由、简单的应用程序接口、支持海量数据、一致性。

第一种是一种基于大规模并行处理（massively parallel processin，MPP）架构的新型数据库集群，主要面向行业中的大数据。它通过列存储和粗粒度索引等大数据处理技术，结合MPP架构的高效分布式计算模式，完成对分析类应用的支持。运行环境大多是低成本的PC服务器，具有高性能和高扩展性的特点，在企业分析应用中得到了广泛的应用。这种MPP产品能够有效地支持PB级结构化数据分析，这是传统数据库技术无法实现的。对于新一代企业数据仓库和结构化数据分析来说，MPP数据库是最好的选择。

第二种是在海杜普（Hadoop）技术的基础上进行扩展和封装，依托Hadoop衍生出的相关大数据技术，来处理传统关系数据库中较难处理的数据和场景，如非结构化数据的存储和计算等，充分利用Hadoop开源的优势，伴随着相关技术的进步，其应用场景也将随之扩大，其中最典型的就是目前的场景是对Hadoop进行扩展和封装，以支持互联网大数据的存储和分析。这包含有几十种NoSQL技术，它们被进一步细分。Hadoop平台在非结构化和半结构化的数据处理、复杂的数据仓库技术（extract-transform-load，ETL）过程、复杂的大数据管理和分析计算模型等方面都有较好的表现。

第三种是大数据一体机，它是为大数据的分析和处理而设计的软硬件结合体。它由一套集成的服务器，存储设备，操作系统，数据库管理系统和专门预装优化的数据查询、处理和分析软件组成。高性能大数据一体机具有良好的稳定性和垂直性能，具有可扩展性。

随着大数据应用的爆发性增长，它已经衍生出了自己独特的架构，而且也直接推动了存储、网络以及计算技术的发展。毕竟处理大数据这种特殊的需求是一个新的挑战。硬件的发展最终还是由软件需求推动的，就这个例子来说，我们很明显地看到大数据分析应用需求正在影响着数据存储基础设施的发展。

2.2.3 数据计算技术

在大数据处理过程中，核心部分是数据信息的分析和处理，因此所采用的处理技术也非常重要。说到大数据的处理技术，就不得不提“云计算”，云计算是大数据处理的基础，也是大数据分析的支撑技术。

其中，MapReduce技术是谷歌在2004年提出的一项技术。这种数据批处理技术广泛应用于大数据管理与分析、数据分析、机器学习等领域。MapReduce以其并行的数据处理方式成为大数据处理的关键技术。

MapReduce 系统主要由 map 和 reduce 两部分组成。就像 MapReduce 的核心思想一样，数据源被分成几个部分。每个部分对应一个初始键值（key/value）对，然后处理相应的 map 任务区。此时，映射部分开始处理初始键/值对，并生成一系列中间结果键/值对。此时，MapReduce 的中间进程 shuffle 将形成一组具有相同键值的值，并将它们传递给 reduce 链接。Reduce 将接收这些中间结果并合并相同的值，以形成较小值的集合。

MapReduce 系统简化了数据的计算过程，避免了数据传输过程中的大量通信开销，因此 MapReduce 可以应用于各种实际问题的解决。在大数据时代，它被广泛应用于各个领域。

2.3 大数据管理与分析技术研究现状

随着新一代信息技术的飞速发展，大数据平台技术已成为现代建模仿真领域的重要支撑技术之一。尤其是社会各行业当前对基于数据的应用愈加重视，大数据的兴起引发了各行业研究大数据、应用大数据的热潮。目前，大数据的研究和应用已成为各行业数据研究的重点。

2.3.1 大数据技术的应用现状

目前，大数据有着许多突出的表现。例如，大数据有助于政府实现市场经济调控、灾害预警、公共卫生安全防范、社会舆论监督等。大数据有助于预防城市犯罪，提高应急能力，实现智能交通。大数据可以帮助医疗机构建立患者疾病风险跟踪机制，帮助医药企业提高药品临床使用效果；大数据可以帮助航空公司节约运营成本，帮助电信企业提高售后服务质量，帮助保险公司识别弄虚作假，帮助交通部门对运输车辆的故障和危险性进行监测和分析，进行预警和维护，帮助电力企业有效识别和预警即将发生故障的设备。其实这些还不够。未来大数据应该无处不在，即使无法准确预测大数据将给人类社会带来怎样的最终形态，但我相信，只要发展步伐继续，大数据带来的变革浪潮很快就会淹没地球的每一个角落。

近年来在国家政策支持和各方面的努力下，我国大数据产业循序发展，应用不断深化，大数据已经成为当今经济社会领域备受关注的热点之一。2018 年全球大数据市场规模达到 403 亿美元，同比增长 16.14%；其中，硬件、软件和服务所产生的收入分别为 127 亿美元、167 亿美元、109 亿美元，占比分别为 31.5%、41.4% 和 27.1%。大数据逐渐成为全球互联网技术（internet technology，IT）支出新的增长点。预计大数据市场规模在 2023 年有望达到 900 亿美元。中国大数据产业起步晚，但发展速度很快。物联网、移动互联网的迅速发展，使数据产生速度加快、规模加大，迫切需要运用大数据手段进行分析处理，提炼其中的有效信息。2018 年，中国大数据市场规模达到 294 亿元，同比增长 25.64%。

关于大数据研究的认识，在数据科学与工程领域，大数据时代的新兴交叉学科中有一个三个层次的观点。大数据的研究全景可以看作一个倒立的三角形。这个倒立三角形分为三层：第一层代表形形色色的各种应用，这些应用是数据的来源，也是数据的应用场所；第二层（中间一层）代表模型和算法，是指对应用进行的理解、抽象、建模，需要在底层的计算平台上予以实现；第三层（最下面的一层）就代表 IT 计算系统或平台，这是传统信息技术行业关心和擅长的领域。这三个层次中，第一层中每一类应用有各自对应的学科去深入研究；第二层是有关的模型和算法；第三层对应的学科就是计算机或 IT 学科。

当物联网发展到一定规模后，借助条形码、二维码、RFID 等能够唯一识别产品的技术，传感器、可穿戴设备、智能感知、视频采集等技术可以实现信息的实时采集和分析。这些数据可以支持智慧能源、智慧医疗、智慧城市、智慧交通、智慧环保等概念需求，将成为大数据的收集数据来源和服务范围。

大数据研究工作主要集中在如何进行大数据存储、处理、分析以及管理的技术及软件应用上。在学术界，*Nature* 早在 2008 年就推出了 *Big Data* 专刊，从互联网技术、超级计算、生物医学等方面来专门探讨对大数据的研究。2012 年 3 月，美国公布了旨在提高和改进人们从海量信息数据中获取信息能力的“大数据研发计划”。2012 年 4 月，欧洲信息学与数学研究协会会刊（*ERCIM News*）出版专刊 *Big Data*，讨论了大数据时代的数据管理、数据密集型研究的创新技术等问题。2012 年 7 月，日本推出“新信息与通信技术（information and comm-unications technology，ICT）战略研究计划”，其中重点关注大数据应用，将大数据定位为战略领域之一。

在实际应用中，大数据也显示了它的价值。谷歌公司通过对互联网上搜索到的术语和疾病中心的数据进行分析和处理，有效及时地确定了流感传播的源头，为公共卫生机构提供了有价值的信息。这是 2009 年发表在《科学》杂志上的一篇论文。乔布斯利用大数据协助癌症治疗，丹麦癌症协会利用大数据研究手机是否致癌。美国最大的西奈山医疗中心利用大数据公司的技术，分析大肠杆菌的整个基因序列，包括 100 多万个 DNA 变体，以了解该菌株为何对抗生素产生耐药性。该技术采用拓扑数据分析方法来了解数据的特性。医疗行业的大数据不仅数量庞大，而且复杂，蕴含着丰富多样的信息价值。英特尔全球医疗解决方案（intel global medical solutions）的架构师吴文新等人也预测了医疗行业数据的快速增长，尤其是图像数据和电子病历数据。英特尔协助用友医疗进行合理的架构分析和指导，对基于大数据分析的解决方案进行探索和研究，制定了基于英特尔大数据解决方案的区域健康数据中心建设目标：快速文档检索，容量和性能的透明扩展、存储模式满足数据模式的更新。美国交通部（ODOT）利用云计算对大数据进行分析和处理，了解和处理恶劣天气下的路况，降低了冬季发生一系列车祸的概率，方便了人们的出行。在能源行业，一家通过网络提供软件服务（SaaS）的软件公司（OPOWER）利用数据分析为消费者提供能源效率。2012 年 11 月 6 日，美国总统奥巴马成功击败对手罗姆尼，再次赢得美国总统宝座。奥巴马总统胜利的秘诀是通过大数据系统对大数据进行管理和分析，并用科学的方法制定策略。它帮助奥巴马在获得有效选民、广告和筹款方面发挥了巨大作用。

科学研究领域新积累的大量计算结果和过程数据称为工程应用数据，是一种典型的大数据。由于进行了大量复杂的工程应用试验，因此经常需要进行大量的仿真试验和数据积累。这些海量的开发数据以图表、数据、模型等多种形式存储，需要快速处理以支持复杂系统的快速开发需求，并应用于复杂系统开发的整个生命周期中。具体来说，这些数据包括系统模型、知识（过程、设计和文本等）、算法和传统结构化数据（如仿真测试数据、多学科优化数据等）。

在工程开发中，随着试验、仿真和迭代设计的增加，工程应用数据将迅速膨胀，这些数据的积累将达到 PB 级，具有大容量的特点；工程应用数据可以分为图表、模型和文字模型，代表了一种研究思路，测试代表了成功或失败的经验。这些数据对工程开发具有重要的价值和意义，具有重要的价值特征。另外，工程应用数据的挖掘与分析主要研究如何根据设计、测试和制造大量的数据，并综合支持数据挖掘能够支持产品生命周期应用的各种重要信息，更好地支持产品价值的实现；当前的工程研发更注重快速、绿色，如何快速呈现试验结果、进行仿真分析、如何快速确定设计参数等，这些都需要进行快速工程应用数据的分析。同时，从大数据全生命周期应用的角度来看，数据采集和采集速度要快，存储和管理要快，分析处理要快，具有速度快的特点。大数据的发展已经上升到国家战略发展的水平，数据正成为组织财富和创新的基础。大数据的出现促进了对数据分析向机器学习的发展。在大量数据的刺激下，“机器”可以通过学习逐步提高自身的计算和运算次数，从而使挖掘和预测的功能更加准确。这也标志着我们人类社会正从信息化时代迅速向智能化时代迈进。

在我国的军事领域，2017 年，中国国务院发展研究中心工业互联网研究组、管理科学学会大数据管理专业委员会与社科文献出版社在京联合发布《大数据应用蓝皮书：中国大数据应用发展报告第 1 号（2017）》（以下简称“蓝皮书”）。蓝皮书指出，大数据时代的国防建设需要新的国防战略思想体系来指导。未来战场是各军种综合作战的联合作战。国防大数据诞生于此，能够更好地服务于未来的联合作战。国防大数据要求数据处理更高效、数据来源更可靠、数据安全系数更高。注重国防军事重大任务的数据融合，注重国防动员数据、军事情报、战场实时动态、装备使用维护数据等信息防御和数据安全管理，等等，只有掌握国防和军事大数据的优势，才能打赢未来的信息战，真正掌握未来战场的主动权。通过大数据加强综合指挥平台建设和数据共享，增强各基层单位数据采集、存储、共享意识，可以大大提高系统执行能力。对于中国来说，加强国防军事数据的开发建设迫在眉睫。充分利用国防大数据的潜在价值，树立大数据理念，完善体制机制，加强数据专业技术人才培养，具有十分重要的战略意义，建设大数据决策支持系统，促进我国国防和军队建设。

2016 年 11 月，国防大学与中国移动集团公司联合举办“大数据与国家安全”研讨会。与会专家认为，要推进大数据与国家安全深度融合，走军民合作共享大数据分析应用之路。国防大数据需要跨国界、跨部门使用数据，最大限度地提高数据效率。但是，现有数据的生成和管理过于细致，在真正意义上的数据共享方面还存在诸多障碍。同时，对于数据自足、交叉、共享等问题，各单位要加强深入合作，实现数据互补和数据互操作，最大限度地发挥大数据在国防领域的作用。

2020 年，全球新型冠状病毒肺炎疫情暴发，借助着我国完善的移动互联网基础，大数据技术在疫情防控中发挥了重大作用。通过对各年龄段的致死率以及治愈率等医疗数据的分析，可以让民众清晰地了解易感人群有哪些，推断哪些地区、哪些年龄段的人员更易感染新型冠状病毒肺炎，医疗机构也可以借此推出更加合理的新型冠状病毒肺炎诊疗方案，例如，通过对新型冠状病毒肺炎基因序列的分析以及患者的临床诊断，中国制定了隔离周期为 14 天的隔离政策以及相应的治疗方案。同时，在此次疫情暴发时，利用大数据技术进行数据挖掘，获得确诊人员曾乘坐的交通工具、曾停留的地点等相关交通信息，可以合理地推断哪部分人员是潜在感染者。对这些潜在的感染者进行隔离，能够极大地降低新型冠状病毒肺炎在社区扩散的风险，一个比较典型的应用是健康码。健康码可以记录每个人的出行轨迹，如果用户曾到过高风险区域，则该用户的健康码为红色，需要经过 14 天的自我隔离等措施后，该用户的健康码才能回归正常。如果某人被感染了，在保护其个人信息的前提下，其交通信息通过健康码就能够被追溯。将确诊患者乘坐过的交通工具予以公示，能够使潜在患者及时获取信息并采取措施防范感染。更进一步的，用采集到的感染者数量及其地域分布情况等数据搭建数学模型，来预测下一阶段新型冠状病毒肺炎的发展趋势，可以对政府决策提供有力的参考。例如，美国的多所大学曾就新型冠状病毒肺炎疫情使用简单的易感-感染-恢复模型（SIR 模型）进行预测，其预测结果为 2020 年底美国因新型冠状病毒肺炎死亡的人数将达到10万。5月，美国的新型冠状病毒肺炎住院患者数量将达到最高峰。8月至12月，美国有73%的可能性迎来新型冠状病毒肺炎疫情的第二次暴发。尽管和实际依然有部分出入，但是大数据在预测性能上，依然是有一定的指导作用的。

可以看到，大数据技术越来越多地被应用在人们生活中的方方面面，相应的大数据技术研究涉及各个学科和各个行业，使社会各组成之间的联系更加紧密，社会的运行和发展越来越离不开大数据技术。

2.3.2 大数据管理与分析技术研究现状

大数据管理与分析是一门较为新颖的科学技术研究。最早出现于20世纪末，其主要面向商业群体方面的应用，大数据管理与分析技术就是在种类繁多且复杂多变的数据中找出一些不易发现且具有很高潜在价值的数据，也可以理解为就是从繁多的数据中，找到对企业有潜在价值的数据，进行不断的转化与分析，将得出的数据运用到企业运营当中，从而促进企业的发展进程。

2.3.2.1 大数据管理与分析技术的研究方向

（1）聚类研究

聚类研究是将实体或概念性的物质整合起来，将相似的物质组合成一个整体。这种研究方法是由若干相同或相似的物质按性质分成若干组的研究方法，称为聚类研究。从根本上讲，聚类研究就是对数据进行分类，从中发现一些潜在的价值。但是，它与常用的分类方法有一定的区别。目前，聚类的研究方法主要有两种，一种是硬聚类，即对间隔较近的数据进行整合。其次是模糊聚类方法。模糊聚类的研究方法是根据不同的属性对数据进行综合。虽然这两种方法不同，但目的相同。因此，在大数据管理与分析技术的研究过程中，可以采用模糊聚类和硬聚类相结合的方法。聚类算法有很多种，包括分区聚类、层次聚类、基于密度的聚类等。

（2）联系研究

自然界中，各种物质之间有一定的相关性。一种物质的变化会引起另一种物质的相应变化。例如，在同一生态系统中，植被的减少会导致食草动物的减少，而食草动物的减少则会导致食肉动物的减少。因此，数据关联的研究是基于自然生态系统变化相关性的。通过对大量相关数据的不断分析和研究，可以合理地找到有意义的数据。关联研究也是进行数据挖掘研究的有效途径。

（3）神经网络研究

神经网络的研究是指神经网络对一些大的数值数据进行一系列的总结，得到计算机和人工无法分析的模型趋势数据。神经网络研究包含在自主学习的数学模型中。它既可以有引导学习，也可以有非导向聚类。然而，无论是将引导学习还是非导向聚类引入神经网络，它们都是以相同的形式呈现的。目前，常用的神经网络在大数据管理与分析技术的研究方法主要有反向传播神经网络（back propagation neural network，BP）和径向基神经网络（radial basis function，RBF）。

（4）可见性技术研究

在大数据管理与分析技术发展过程当中最常见的辅助类技术就是可见性技术。它通过表格、动图、视频等表达手法准确生动地引领发掘、引领操作、展现成果等，可见性技术很好地解决了大数据管理与分析过程当中所遇到的一系列表达上面的难题。为客户能够更好地运用和熟悉提供了便捷，对大数据管理与分析技术的面向群体的扩展起到了推动作用。

2.3.2.2 大数据管理与分析技术的运行过程

（1）数据准备

前期数据准备是通过挖掘从大量的数据中准备所需的数据。数据准备是一个长期的、不规则的数据积累过程。由于第一批数据对采矿有不利影响，需要进行前期准备，经过一系列手段处理后，才能进行大数据管理和分析。数据准备质量是影响技术质量的首要因素。

（2）大数据管理与分析

大数据管理与分析是整个运营的重要组成部分。根据其基本要求，只有运用有效的方法才能找出数据的规律。

（3）模型预测

研究模式的预测研究是对发现的数据进行综合统计分析，得到有意义的数据，描述成年人能够理解的表达形式。

（4）数据应用

数据应用是对估计和分析的数据在实际操作中的应用，是整个过程中最重要的部分，也是数据挖掘技术的根本目的。

2.3.2.3 大数据管理与分析技术的应用举例

（1）在市场上的应用

在市场销售中，最早开始用到大数据管理与分析技术。通过对消费者的消费特征进行分析，然后采取有效的营销措施来提升经济收益。在电商行业中，许多企业使用大数据技术采集有关客户的各类数据，并通过大数据分析建立“用户画像”来抽象地描述一个用户的信息全貌，从而可以对用户进行个性化推荐、精准营销和广告投放等，如图1-2-1所示。

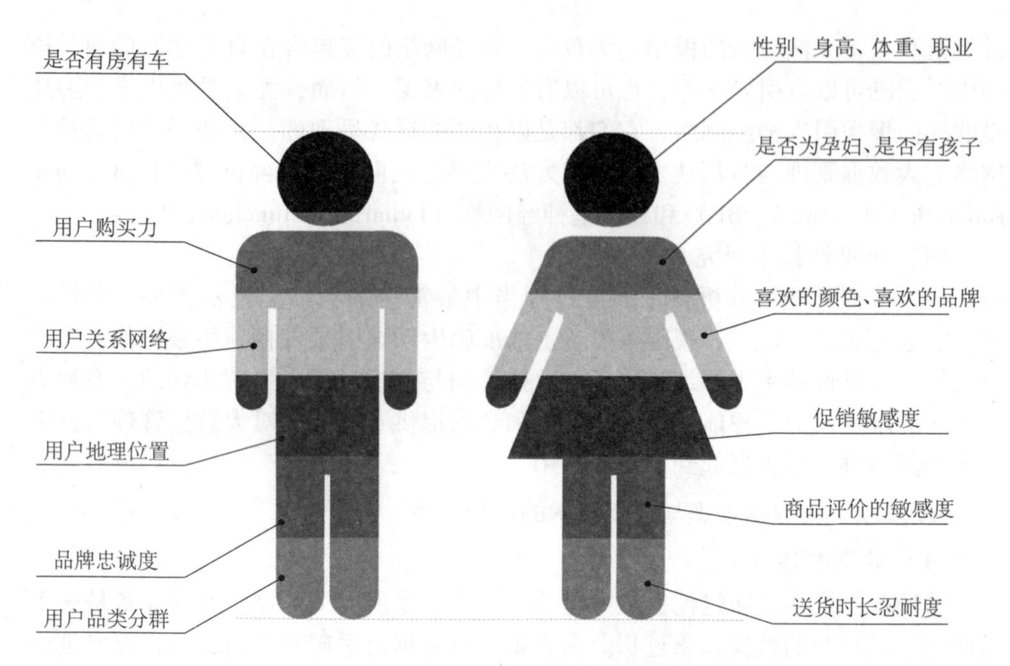

图 1-2-1 用户画像举例

（2）在电脑网络上的应用

电脑网络对于大数据管理与分析的需求较高，就比如一些网站搜索及运用度上，都是通过对数据进行挖掘然后进行统计分析得出最适合消费者需求的数据，并且针对得到的数据制定相关的策略。如在社交软件脸书（Facebook）中，保存着两类最宝贵的数据：一类是用户之间的社交网络关系，另一类是用户的偏好信息。Facebook 推出了一个称为“立即个性化（instant personalization）”的推荐接口，它能根据用户好友喜欢的信息，给用户推荐他们的好友最喜欢的物品。很多网站都使用了 Facebook 的推荐 API 来实现网站的个性化。这是典型的大数据在网络中的应用。

（3）在通信行业上的运用

大数据管理与分析技术的持续稳定发展，推动了通信行业的发展，而其在通信行业的应用具体就体现在通信市场的大数据里找出适合其发展的道路，将企业的实际条件进行整合，形成一个较为庞大的数据库，对这些数据进行挖掘就成了促进企业发展的主要途径。在我国，移动、联通以及电信公司在发展过程中广泛地使用云服务，同时也部署更多的硬件探针获取更多的数据。

2.4 大数据管理与分析技术发展方向

从2009年开始，“大数据”逐渐成为互联网信息技术行业的热门词汇。美国互联网数据中心指出，互联网上的数据每年将增长50%，每两年便将翻一番，而目前世界上90%以上的数据是最近几年才产生的。“大数据”作为一个较新的概念，目前尚未直接以专有名词被我国政府提出来给予政策支持。不过，在工信部发布的物联网“十二五”规划中，把信息处理技术作为四项关键技术创新工程之一被提出来，其中包括了海量数据存储、大数据管理与分析、图像视频智能分析，这都是大数据的重要组成部分。而另外三项关键技术创新工程，包括信息感知技术、信息传输技术、信息安全技术，也都与“大数据”密切相关。大数据技术的战略意义不在于掌握庞大的数据信息，而在于对这些含有意义的数据进行专业化处理。

通过对国内外大数据研究工作的分析，可以发现对大数据平台的研究还比较零散。大数据平台架构大多基于Hadoop技术，大量的研究集中在大数据的挖掘和分析方法上，没有相关的技术体系支持大数据平台的开发。然而，大数据管理与分析技术在大数据应用中的研究与应用尚处于发展阶段。公安、电子政务等许多商务信息系统还处于初级处理层面，缺乏综合开发应用、智能分析判断和科学决策预警。

除了更好地解决社会问题、商业营销问题和科技问题外，未来大数据还将有一个可预见的以人为本的大数据政策趋势。人才是地球的主人。大部分数据与人类有关。我们应该通过大数据来解决人的问题。比如建立个人数据中心，将每个人的日常生活习惯、体征、社交网络、知识能力、爱好、性情、疾病、爱好、情绪波动等都存储下来。换句话说，从人出生的那一刻起，每一分每秒，录音机都会存储除了思考以外的一切。这些数据可以充分利用。医疗机构将实时监测用户身体健康状况，教育机构将为用户制定教育培训计划。服务行业将为用户提供即时健康的生活习惯社交网络，可以为你提供合适的人交朋友，并为志同道合的人组织各种聚会活动。政府可以有效干预用户的心理健康问题，防止自杀和刑事案件的发生。金融机构可以帮助用户进行有效的财务管理，为用户的资金使用提供更有效的建议和规定，为用户提供更适合的道路运输服务。

鉴于此，大数据的研究与应用逐渐成为一项数据工程，迫切需要一个新的平台来支持跨领域、异构的大数据全生命周期的管理、分析和处理。因此，大数据技术仍面临诸多挑战。面对野外大数据，大数据在全生命周期集成协同环境中的采集、存储、管理、分析和处理将面临前所未有的挑战。具体来说，它将面临以下困难：

（1）大数据采集问题

第一个问题是如何在不损失价值的前提下尽可能缩小大数据的规模，比如数据清洗、删除等，即如何有效地处理大数据，在不损失价值的前提下缩小大数据的规模；如何提取高附加值的概念，知识和智慧来自一个平面大数据。

（2）大数据存储问题

对于结构化数据，海量数据的查询、统计和更新效率较低；对于非结构化数据，如图片、视频等文件，存储和检索困难；对于半结构化数据，难以将其转换为结构化数据或按非结构化数据存储，其次，大数据存储后如何进行维护，这也是一个难点。

（3）大数据管理问题

如何管理分布的、多态的、异构的大数据仍然缺乏有效的手段。

（4）大数据分析与处理问题

分布式计算和并行计算可以提供有效的支持，但如何有效地利用现有的分布式并行技术来进行大数据的分析和处理是需要研究的问题。

（5）大数据领域的应用问题

如何应用大数据辅助具体的现场应用，例如快速治安防控、警情研判和决策。同时，如何挖掘行业信息资源的价值，提高领域大数据的利用率，也是需要研究的问题。

针对以上大数据发展过程中面临的问题，可以对大数据技术未来的发展方向做出合理的推断：

（1）大数据采集发展方向

根据当下大数据采集面临的问题，我们可以推断多数据采集源采集和高速采集是大数据采集技术的发展趋势。在将来，实时数据质量监控技术和数据清洗技术将有可能是大数据采集的关键技术。与此同时，随着云计算技术的进一步发展，在未来，我们可以预测大数据采集系统将通过强大的集群和分布式计算能力来提高数据采集性能以及数据质量监控性能，并使用强大的分布式云计算技术来实现数据抽取、数据清洗以及数据质量检查工作。

（2）大数据存储发展方向

在未来，为了能更快捷地读写数据和尽可能降低存储成本，利用分布式存储代替集中式存储技术进行存储是不可避免的，分布式存储方式可通过数据节点读写数据，设置合理的存储结构可便于快速检索数据，目前已有的分布式存储模式被分为两类：联机事务处理（on-line transaction processing，OLTP）和联机分析处理（on-line analytical processing，OLAP）。从目前市场来看，云存储、软件定义存储和基于多云、混合云和软件定义的存储环境的超融合存储是目前市场主流。据此我们可以预测与上述内容相关的内存和持久性内存数据库、数据结构和图形数据库等技术在未来将会得到较好的发展。

（3）大数据管理发展方向

随着机器学习和人工智能技术的进一步发展，它们在各种企业的舞台上也开始崭露头角，许多企业开始慢慢尝试使用机器学习和人工智能进行数据管理。在2020年十大数据和分析趋势中，高德纳（Gartner）咨询公司分析师指出：“由于技能短缺，数据呈指数级增长，企业需要实现数据管理任务的自动化。供应商正在增添机器学习和人工智能（AI）功能，使数据管理过程能够自我配置和自我调整，使高技能的技术人员能够专注于更高价值的任务。”同样，易通全球跨境电商有限公司（e-services group，ESG）指出：“智能数据管理或数据的智能重用将在2020年变得更加普遍。我们相信，那些成功地将其平台改造为包括工具和工作流程以使兼容数据共享变得更加容易的供应商，将会在市场上获得持久的优势。”因此，通过智能算法对数据进行清洗、删选以及分类等业务将是未来大数据管理的发展方向之一。

（4）大数据分析与处理发展方向

目前比较流行的大数据分析方式即通过分布式计算，将复杂任务分解成若干个子任务，同时执行单独子任务，我们称之为分布式并行计算。相比于传统计算，分布式计算更加快捷、高效，可以在有限的时间内处理大量的数据，完成复杂度更高的计算任务。在未来，大数据的可视化分析处理可使数据更便于理解和更利于决策。同时通过搭建模型架构进行数据分析，使数据流更加合理的流动，使用智能算法进行数据分析等，都是未来大数据分析与处理发展方向之一。

（5）大数据应用领域发展方向

主要有以下发展方向：

①数据资产管理。随着大数据应用技术在行业中的深入发展，企业和企业将逐渐开始重视数据资产管理。数据资产管理方法体系的构建，即从体系结构、研发、质量、标准、安全、分析和应用的统一，从而实现技术向业务价值的转化和实现。虽然已经有更多的企业尝试采用大数据应用技术，也尝试在商业场景中使用人工智能技术，但整个行业仍然缺乏数据资产管理的方法论。因此，数据资产管理仍然是企业数据部门面临的一个挑战。但大型互联网龙头企业和科技型企业仍在探索数据资产管理的新方法，如全链路智能管理系统、数据资产贡献度、资产定义与研发管理有机结合等，数据基线测量和质量规范的仪器化和可视化。可以预见，在未来，数据资产管理将成为大数据应用技术的应用发展方向之一。

②增强分析。增强分析的定义是：专注于增强智能的特定领域，利用机器学

习改变分析内容的开发、消费和共享。增强分析作为现代分析、业务流程管理、数据准备、数据管理、流程挖掘和数据科学平台的关键功能，将迅速推广为主流应用。然而，在实际的行业应用中，增强分析所带来的商业价值并不是很大。事实上，传统的自助式商业智能分析（BI）与算法平台由于还没有脱离工具的范围，与实际的业务场景还有很大距离。此外，从 BI 到人工智能（artificial intelligence，AI），数据抽取、数据预处理、数据融合等复杂问题还需要解决。因此，只要普通业务用户能够快速、方便地访问数据并进行验证分析，就可以实现自动分析。增强分析是数据科学应用的深化，是大数据的应用发展方向之一。

③AI 驱动的数据基础设施。大多数企业已经为机器学习和深度学习技术部署了人力、工具和基础设施，一些行业解决方案也逐步实施。然而，在现实世界中，构建基于人工智能的生态系统的关键不是算法本身。“人工智能驱动商业价值”的命题意味着高成本和高资源投资。在大多数领域，人工智能驱动的生产力还没有达到规模效应，如何解决数据基础设施的自动化仍然是一个难题。从 2020 年的大数据平台和工具市场来看，人工智能解决方案工具越来越多。从人工智能建模和人工智能算法框架工具，逐渐演变为数据开发、流程调度、a/b 实验、数据分析、服务管理等工具，实现人工智能驱动的数据基础设施。这一趋势意味着过去专业的数据科学家、数据工程师和开发人员共同努力实现人工智能解决方案，并逐渐转变为开发者可以通过人工智能驱动的数据基础设施（如开发测试工具、建模工具、分析工具等）独立实现人工智能应用的开发过程，而数据科学家更关注算法本身的构造和优化。基于 AI 驱动数据是大数据的应用发展方向之一。

④面向 AI 的分布式计算框架。随着人工智能和机器学习技术的发展，对面向人工智能的分布式计算系统的需求越来越迫切。Hadoop 等开源分布式社区已经成为事实上的大数据处理标准，其在行业中的应用也在不断深化。各种商业版本也在迭代，以满足更多的行业解决方案。然而，由于 Hadoop 的初衷不是构建人工智能应用，因此在性能、任务并行性、任务状态可变、异构计算（如 GPU 和 CPU）等方面存在一些问题和瓶颈。目前，开源社区已经有了一些面向人工智能的分布式计算框架。与 MapReduce 等并行批处理体系结构不同，AI 分布式体系结构要求支持更细粒度的任务依赖，如少量的数据训练、灵活的任务依赖和异构计算的优化。与此同时，大数据商业化公司 Cloudera（现与 Hortonworks 合并）等 Hadoop 分销制造商势必会调整和重组其在人工智能和机器学习应用方面的产品，以提供更多基于云的人工智能解决方案。面向 AI 的分布式计算框架在大数据应用是未来大数据应用发展方向之一

⑤数据安全。在大数据时代，服务安全和隐私保护是近两年提到的关键词。未来一到两年，企业将越来越重视数据安全管理的应用，信息安全投资预算将快

速增长。事实上，从 2017 年到 2018 年，国内大数据市场已经有很多专注于数据安全的供应商，提供隐私访问控制、数据加密脱敏、信息风险监控、数据沙盒等产品应用，这一领域的赛道规模不大，市场相对分散。细分领域的厂商主要集中在客户本地化部署上。未来，以数据安全为服务的云托管服务将更加普及，将成为大数据应用技术的发展趋势。

2.5　小结

本章首先重点从数据采集、数据存储、数据计算三个方面对大数据技术进行了介绍，可以看出，大数据技术的突飞猛进与通信技术、设备的运算能力是分不开的。机器学习与深度学习算法的应用让海量的数据成了宝贵资源。此外，本章还详细介绍了大数据管理分析技术的研究与应用现状和技术的发展方向。可以说，在如今的信息时代，大数据已经融入人类日常生活的方方面面。相信在未来，大数据还会在更多的领域为人类带来更多的便利。

第3章 面向复杂系统设计的大数据管理与分析技术体系

3.1 引言

本章的主要内容是建立面向复杂系统设计的大数据管理与分析技术体系，并介绍技术体系中各模块的相关内容，从而形成本书技术篇内容的基本叙述框架。其中，技术体系模块包括复杂系统设计流程、大数据管理流程与技术、大数据分析技术、面向复杂系统设计的大数据应用平台以及多数据分析方法集成的复杂系统设计技术等。本章接下来的内容将对技术体系框架以及各模块研究内容进行具体介绍。

3.2 面向复杂系统设计的大数据管理与分析技术体系

基于复杂系统设计流程，针对复杂系统设计各个阶段的技术需求与科学问题，本章构建了面向复杂系统设计的大数据管理与分析技术体系框架，如图1-3-1所示。

图1-3-1 面向复杂系统设计的大数据管理与分析技术体系框架

上述技术体系框架主要分为复杂系统设计流程、大数据管理流程、大数据分析技术、面向复杂系统设计的大数据应用平台以及多数据分析方法集成的复杂系统设计技术五个模块。各模块的相关研究内容如下。

3.2.1　复杂系统设计流程

在本书中，将复杂系统设计流程划分为业务调研、需求分析、综合设计以及评估优化四个阶段，各阶段相关研究的内容与现状在本书第一章已进行综述介绍。复杂系统设计流程模块是本章所构建的技术体系的基础，随着复杂系统过程相关数据量的指数级增长，设计流程各阶段产生了新的技术需求和科学问题，本书所介绍的技术方法均源自于运用大数据管理与分析技术对上述技术需求和科学问题进行求解和实践的过程。

3.2.2　大数据管理流程

大数据管理流程模块形成了可以指导设计主体的大数据管理工作的方法论，并为复杂系统设计过程构建了优质的数据支撑，将大数据管理流程分为数据调研与采集、数据预处理、数据存储、数据管理以及数据安全与维护五个阶段。其中数据调研与采集包含业务数据调研、需求数据调研以及数据采集等内容，数据预处理包含数据清洗、数据集成与建仓、数据变换以及数据规约等内容，数据存储包含分布式存储策略和新型数据存储架构等内容，数据管理包含数据组织、节点管理、数据查询、数据更新、日志采集、元数据管理、主数据管理以及数据血缘关系构建等内容与技术，数据安全与维护包含数据安全分析、敏感数据隔离交换、数据防泄漏、数据加密以及数据库安全加固等内容与技术。

3.2.3　大数据分析技术

算法尤其是机器学习算法的兴起，给大数据的处理提供了更多的可能。该模块主要介绍大数据分析过程中应用到的具体技术，包括各类算法的概念及细节，分为大数据挖掘与分析技术和其他数据分析与应用技术。

3.2.4　面向复杂系统设计的大数据应用平台

该模块主要内容是介绍面向复杂系统设计的大数据应用平台设计技术与构建流程，从而支撑结合大数据方法的复杂系统设计技术的实践与应用。大数据应用平台设计包括平台总体设计、数据库与交互设计以及微服务架构设计三个过程，在具体实践应用中，又需要考虑平台安全管理和运维管理等方面相关工作。其中，平台总体设计包括总体架构设计和接口设计等内容，微服务架构设计则包含业务服务设计、基础服务设计和支撑平台设计三个层面。

2.2.5 多数据分析方法集成的复杂系统设计技术

该模块通过结合多种大数据分析技术方法，针对复杂系统设计技术需求，基于复杂系统设计流程，形成多数据分析方法集成的复杂系统设计技术。该模块具体内容包括多数据分析方法集成的复杂系统设计业务分析与实体建模技术、复杂系统综合设计技术以及复杂系统综合评估与优化设计技术，从而在方法论层面形成基于大数据分析技术的复杂系统设计技术体系。

3.3 小结

本章基于复杂系统设计过程，结合大数据管理流程与大数据分析技术知识体系，构建了面向复杂系统设计的大数据管理与分析技术知识体系框架，并针对框架中的各个模块基本内容以及模块之间的逻辑关系进行了概述。关于本章内容，仍有一些开放性的问题需要在此补充说明：

一是本章所构建的知识体系框架是基于本书主要内容形成的，该体系框架中相关的模块内容相对于广义的复杂系统设计领域和大数据管理与分析领域而言具有一定的局限性。

二是在复杂系统设计流程模块中，对设计过程的划分主要是基于传统设计过程并针对复杂系统体系结构设计问题而形成。因此，从更广泛的复杂系统设计问题角度而言，本章所介绍的设计流程是不够细致全面的；而从设计科学领域角度出发，对复杂系统设计流程的划分与界定方式仍是一个开放性的问题。

第2篇　技术篇

导　　语

本篇首先将介绍较为基础通用的大数据管理流程与分析技术，其次将面向复杂系统设计领域介绍大数据应用平台与多数据分析方法集成型复杂系统设计相关技术。其中，基础大数据管理与分析技术相关内容包括大数据管理流程与大数据分析技术，进一步地，面向复杂系统设计领域科学问题，结合技术大数据相关技术方法，本篇将介绍面向复杂系统设计的大数据应用平台以及集成型复杂系统设计过程模型。

第1章 大数据管理流程

1.1 引言

随着数据科学、人工智能等技术的飞速发展，数据已经成为复杂系统设计主体所具备的重要资源，而基于数据提升复杂系统设计效率和质量已经成为业务发展和经济增长的新引擎。在开展面向复杂系统设计的大数据相关项目之前，需要有明确的目标、数据的内外部相关标准以及大数据方案实施的规范流程等作为指导，才有可能真正提高面向复杂系统设计的大数据管理水平，进而提升支持设计过程的数据应用能力。

本章的主要内容是建立面向复杂系统设计的大数据管理标准流程，形成可以指导设计主体的大数据管理工作的方法论，并为复杂系统设计过程构建优质的数据支撑。大数据管理过程可以分为数据调研与采集、数据预处理、数据存储、数据管理以及数据安全与维护五个阶段，其流程如图 2-1-1 所示。上述过程的每一个阶段中，包含着在需求与目的、特点与优势等层面上存在差异的具体技术。接下来，本章将对大数据管理流程五个阶段的具体技术方法进行介绍。

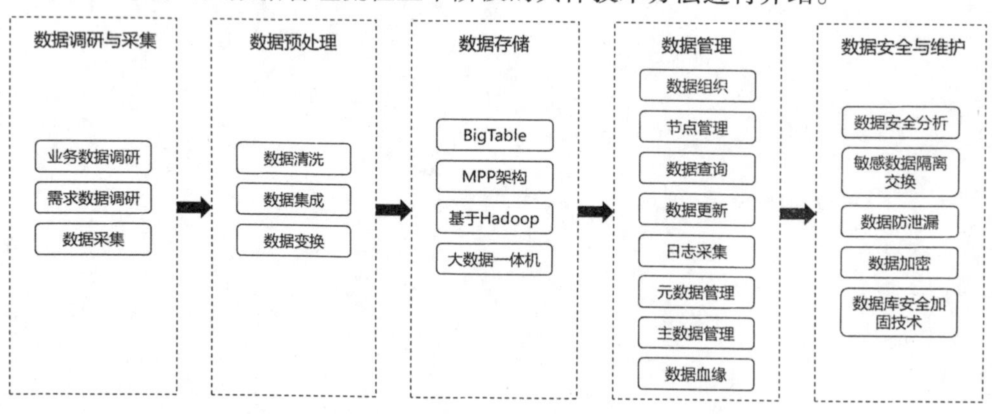

图 2-1-1 面向复杂系统设计的大数据管理标准流程

1.2 数据调研与采集

数据调研与采集是大数据项目实践的第一步，该阶段采集的原始数据是大数据管理与分析流程的源头。

1.2.1 数据调研

数据调研过程可大致分为业务数据调研和需求数据调研两个部分，其中，业务数据调研是指针对项目发起方宏观业务情况和业务过程中数据存储、使用及流向等情况进行调研；需求数据调研是指面向项目实施过程的具体需求数据的调研与整理。

1.2.1.1 业务数据调研

业务数据调研首先应了解项目发起方的基本情况、业务范围、战略规划、公司组织与机构部署、IT 建设规划、管控需求等宏观内容，然后通过深入业务部门的方式，了解其具体业务运行情况和流程，以便明确实际业务对象；进一步地，详细调研项目发起方信息化建设现状，明确其各部门的数据存储、数据使用情况以及数据流向，从而为数据迁移、转换、清洗等操作形成实际业务层面指导。综上所述，将业务数据调研过程分为基础层业务调研和数据层业务调研，具体流程与技术如下。

（1）基础层业务调研

基础层业务调研的流程如图 2-1-2 所示。

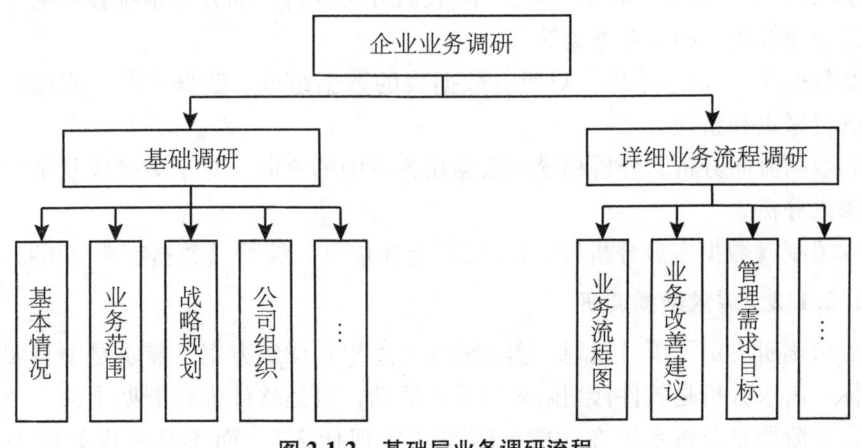

图 2-1-2 基础层业务调研流程

①总体调研。总体调研主要是指企业整体运营状况的调研和高层管理需求的调研，如公司未来几年的战略规划、公司组织与机构部署、IT 建设规划、企业管控需求等内容。

②详细业务流程调研。可以按业务流程顺序，对企业的各个业务部门参照调研提纲或调研问卷的内容进行业务流程调研，共同绘出完整跨部门的业务流程图（包括工作流、数据流等），并描述每个流程节点所包括的处理和数据规范以及各部门对业务改善的建议和管理需求目标等。

（2）数据层业务调研

数据层业务调研的流程如图 2-1-3 所示。

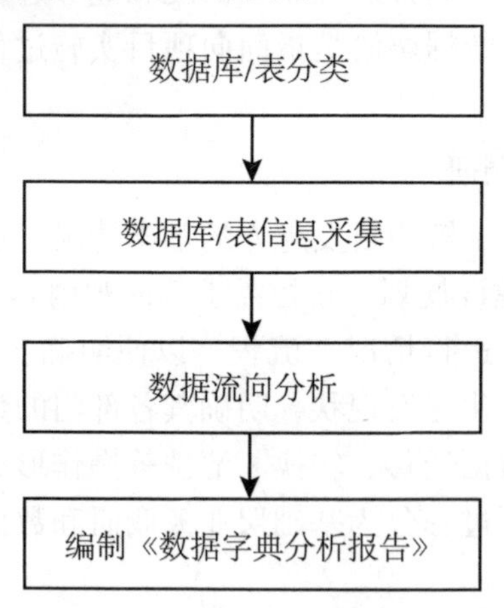

图 2-1-3　数据层业务调研流程

①数据库/表分类。将所有数据库/表做分类分析，如分为系统参数类、代码类、综合业务类、相关业务类等。

②数据库/表信息采集。对所有数据表的数据组成、数据来源、用途、完整性等进行采集和整理。

③数据流向分析。分析和描述数据在各表中的流向，对于关键或复杂的业务点做深入分析。

④编制《数据字典分析报告》。综合上述信息，编写《数据字典分析报告》。

1.2.1.2　需求数据调研

需求调研决定了项目规划、实施的核心思想和详细方案。需求是项目实施的风向标。需求分析是软件计划阶段的重要活动，也是软件生存周期中的一个重要环节，该阶段是分析系统在功能上需要“实现什么”，而不是考虑如何去“实现”。需求分析的目标是把用户对待开发软件提出的“要求”或“需要”进行分析与整理，确认后形成描述完整、清晰与规范的文档，确定软件需要实现哪些功能，完成哪些工作。此外，软件的一些非功能性需求（如性能、可靠性、响应时间、可扩展性等）、软件设计的约束条件、运行时与其他软件的关系等也是软件需求分析的目标。

（1）需求数据调研流程

需求数据调研流程如图2-1-4所示。

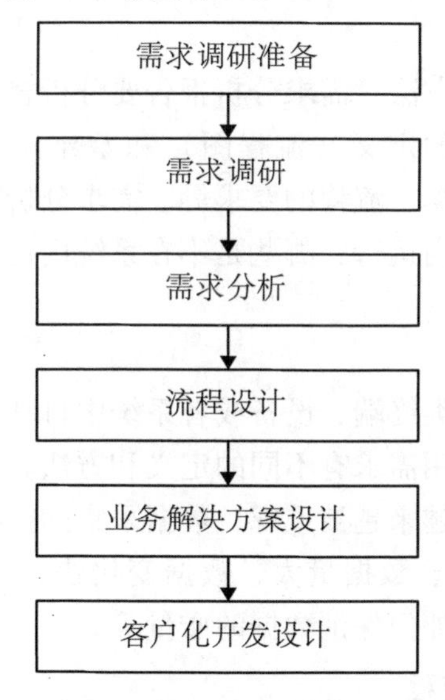

图2-1-4 需求数据调研流程

①需求调研准备。制定详细业务和管理需求调研计划，准备调研提纲和问卷，准备调研场地或安排调研培训等。

②需求调研。按计划完成调研，编写和汇总需求调研报告或调研日志。

③需求分析。双方共同分析确认的需求，重点分析业务流程和问题，提出初步解决思路和优化方案，提交需求分析报告。

④流程设计。对主要的业务流程进行优化设计，大项目可单独提交流程设计方案。

⑤业务解决方案设计。双方根据需求分析和流程设计等，共同编写业务解决方案初稿，并让双方成员充分理解。

⑥客户化开发设计。根据需求分析和业务解决方案，确定客户化开发需求，并和开发人员共同确定客户化开发详细设计（功能、流程、界面、算法、数据库

设计等），并和客户确认客户化开发需求部分（功能、流程、界面、算法）。

（2）需求数据调研方法

需求数据调研过程中可能会涉及需求分类方法以及需求报告撰写方法，具体如下。

①需求分类方法。Ⅰ类需求是软件可以解决，并且能带来关键效益的，放在首位；Ⅱ类需求是软件可以解决，客户方领导非常关注的需求，放在第二位；Ⅲ类需求则是软件可以解决，客户方普通操作者关注的需求；Ⅳ类需求软件很难甚至无法解决。

②需求分析报告撰写方法。需求分析报告要分析客户方需求和业务流程的优劣，包括建议、目标流程的定义（流程图）和差异分析、数据规则的变化、管控需求的实现方式和对数据、流程的要求等。需求分析报告中还要明确每个业务流程未来哪些是要在系统内运行，哪些是不在系统内运行的。

1.2.2 数据采集

数据采集，是指从各类终端、设备或者系统中自动采集各类信号、数据等信息的过程，根据不同的应用需求有不同的定义和方法。数据采集是所有数据系统必不可少的，随着大数据越来越被重视，数据采集的挑战也变得尤为突出。这其中包括：数据源多种多样、数据量大、数据变化快、如何保证数据采集的可靠性、如何避免重复数据、如何保证数据的质量等。

1.2.2.1 数据采集流程

如图 2-1-5 所示，数据采集过程首先需要确定数据源，在大数据时代，数据的来源众多，例如，手机、控制器、终端系统、传感器、互联网等。对于不同的数据源采用不同的采集方式，从而收集海量且种类丰富的数据，存储于数据库中。这些原始的数据通常具有不同的格式，为了方便数据的存储与利用，需要制定标准的格式对数据进行标准化。最后，在上位机发出请求后，将所需的数据传输于上位机。

1.2.2.2 数据采集方法

数据采集相关技术方法可从采集数据状态和采集方式等两个维度进行分类。在采集数据状态方面可分为离线数据采集和实时数据采集，在采集方式方面可分为系统日志采集和互联网数据采集等技术方法。

（1）离线采集

在数据仓库的语境下，ETL 基本上就是数据采集的代表，包括数据的提取

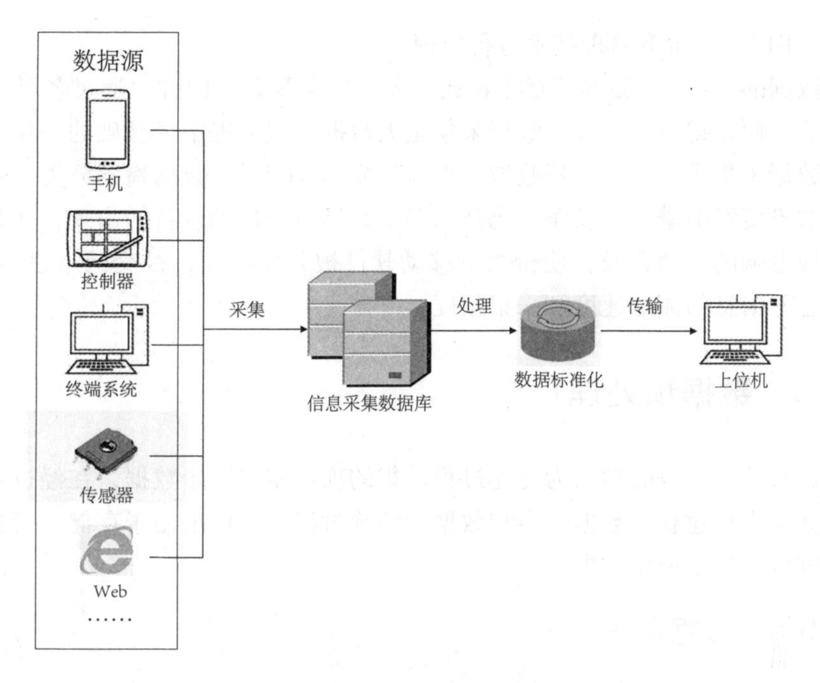

图 2-1-5　数据采集流程图

（extract）、转换（transform）和加载（load）。在转换的过程中，需要针对具体的业务场景对数据进行治理。

（2）实时采集

实时采集主要用在考虑流处理的业务场景，比如，用于记录数据源的执行的各种操作活动、网络监控的流量管理、web 服务器记录的用户访问行为等。

（3）系统日志采集方法

很多互联网企业都有自己的海量数据采集工具，多用于系统日志采集，如 Hadoop 的 Chukwa，Cloudera 的 Flume，Facebook 的 Scribe 等，这些工具均采用分布式架构，能满足每秒数百 MB 的日志数据采集和传输需求。

（4）网络数据采集方法

网络数据采集是指通过网络爬虫或网站公开应用程序接口（application programming interface，API）等方式从网站上获取数据信息。该方法可以将非结构化数据从网页中抽取出来，将其存储为统一的本地数据文件，并以结构化的方式存储。它支持图片、音频、视频等文件或附件的采集，附件与正文可以自动关联。除了网络中包含的内容之外，对于网络流量的采集可以使用基于数据包的深度检测技术（deep packet inspection，DPI）或深度/动态流检测（deep/dynamic flow inspection，DFI）等带宽管理技术进行处理。

大数据的“大”，原本就意味着数量多、种类复杂，因此，通过各种方法获取数据信息便显得格外重要，数据采集是大数据处理流程中最基础的一步，目前常用的数据采集手段有传感器收取、射频识别（RFID）、数据检索分类工具如百度和谷歌等搜索引擎，以及条形码技术等。并且由于移动设备的出现，如智能手机和平板电脑的迅速普及，使得大量移动软件被开发应用，社交网络逐渐庞大，这也加速了信息的流通速度和采集精度。

1.3 数据预处理

数据预处理阶段的输入为上述过程采集的项目相关原始数据，在经过数据清洗、数据集成与建仓、数据变换和数据归约等过程后，输出便于存储、管理与分析的维度统一的结构化数据。

1.3.1 数据清洗

数据清洗是指发现并纠正数据文件中不符合要求的数据，包括检查数据一致性，处理无效值和缺失值等。数据从多个业务系统中抽取而来而且包含历史数据，这样就避免不了有的数据是错误数据、有的数据相互之间有冲突，主要包括不完整的数据、错误的数据、重复的数据三大类。数据清洗的目的是过滤那些不符合要求的数据，将过滤的结果交给业务主管部门，确认是否过滤掉还是由业务单位修正之后再进行抽取。

数据清洗的原则是把有用的数据留下，无用的数据删掉。那么对于一般数据而言，数据清洗的流程是：

①去除重复的数据，通常情况直接剔除即可。

②对于缺少数据的处理，先要找到缺少的数据，并判断数据是否为空值，找到缺失值后进行合适的处理，如从数据中剔除。

数据清理标准模型是将数据输入数据清理处理器，通过一系列步骤“清理”数据，然后以期望的格式输出清理过的数据。数据清理从数据的准确性、完整性、一致性、唯一性、适时性、有效性几个方面来处理数据的丢失值、越界值、不一致代码、重复数据等问题。数据清理具体应用及一般方法如下。

1.3.1.1 不完整数据（缺失值）

①删除元组。删除元组是指将存在遗漏信息属性值的对象（元组，记录）

删除，从而得到一个完备的信息表。

②填补。填补方法是指用一定的值去填充空值，从而使信息表完备化。

③不做处理。

1.3.1.2 噪声数据

噪声是被测量变量的随机误差或方差，这些数据对数据的分析造成了干扰。噪声的处理方法包括回归和异常值检测。

1.3.1.3 重复记录

数据库中属性值相同的记录被认为是重复记录，通过判断记录间的属性值是否相等来检测记录是否相等，相等的记录合并为一条记录（即合并/清除）。

1.3.1.4 数据不一致

从多数据源集成的数据可能有语义冲突，可定义完整性约束用于检测不一致性，也可通过分析数据发现联系，从而使得数据保持一致。

1.3.2 数据集成

科学数据整合研究是从传统的数据整合研究发展而来的。与数据整合不同的是，科学数据整合还需要研究科学数据的表示、元数据标准、科学数据格式转换以及从混合科学数据源中提取语义信息等。传统的科学数据整合被分成三个部分，即语法、结构以及语义角度进行整合。

1.3.2.1 数据集成方法

科学数据集成可以定义为一个三元组<G，S，M>。G表示全局视图（global schema），S表示异构数据源，M为G到S的映射，也叫中间件（mediator）。科学数据集成就是通过M将异构数据源信息S映射到全局视图G，用户可以通过全局视图G来获取不同数据源S的科学数据。

科学数据集成过程中的关键问题是中间件的构建，一个好的中间件可以高效准确地进行科学数据集成。目前，中间件构建方法主要有两种，分别是基于XML和基于语义（模型）的中间件构建。

（1）基于XML集成中间件构建

其基本思路是将各个异构数据库的元数据信息通过相应的映射文件转换成全局虚拟视图。首先，每个异构数据库需要按照一定的规则，通过包装器（wrapper）生成自己的可扩展标记语言（extensible markup language，XML）视图。当客户端进行查询时，根据客户端的查询需求，生成集成的XML查询视图V。然后查询视图 V 通过中间件的分析，将针对逻辑虚拟视图的查询转换为针对各个物理数据库的子查询，并将查询结果以 XML 文档返回。该方式可以让用户灵活定制查询规则，将各个 XML 子文档过滤、合并。最后将合成的 XML 文档加入相应的样式文件，通过用户访问接口返回给客户端。

（2）基于语义（模型）的中间件构建

由于 XML 只是在语法级别上对科学数据进行了整合，随着"大数据"时代的到来，以及科学研究需求的提升，仅仅依靠语法层面上的科学数据集成已经不能满足科学家的需要了。这样基于语义（模型）的中间件构建就随之产生。基于语义（模型）的中间件构建在 XML 包装器上面又加了一层 CM-Wrapper，其主要作用是将隐藏在资源背后的语义信息揭示出来。CM-Wrapper 由三部分组成 OM（S）、KB（S）和 CON（S）。

$$CM(S) = OM(S) + KB(S) + CON(S) \qquad (2\text{-}1\text{-}1)$$

其中，OM（S）为对象模型（object model），是科学数据中的对象存储器，运用面向对象的方法将科学数据表示存储起来。KB（S）为知识库（knowledge base），在对象模型的基础上生成逻辑规则（logic rules），将隐含在科学数据中的语义信息明确表示出来。CON（S）为基于上下文理解的模型（contextualization），综合运用领域地图和时序地图方法将科学数据中与其相关联的概念规则以及时序信息抽取表示存储起来。

除了在 XML 包装器上增加 CM-Wrapper，在中间件引擎上还增加了集成视图定义（integrated view definition，IVD）。利用领域地图和时序地图对用户的查询进行面向对象的逻辑分析和解释。

基于 XML 的中间件构建和基于语义（模型）的中间件构建的主要区别在于，基于语义（模型）的中间件构建将 XML 的对象进行分类，标准各对象间的关系，采用胶合映射（glue maps），把不同的模型整合在一起用来解释用户查询意图。

1.3.2.2 数据集成模式映射关系构建

不管采用基于 XML 的中间件构建还是基于语义（模型）的中间件构建，两种方法都涉及原始数据和用户查询意图映射的问题。目前，模式间映射关系构建的基本方法主要有两种：全局视图映射（global-as-view，GAV）方法和本地视图映射（local-as-view，LAV）方法，如图 2-1-6 所示。

GAV 方法是将各本地数据源的局部视图映射到全局视图，即全局模式被描述为源模式上的一组视图。用户查询直接作用于全局视图。GAV 方法的优点是查询效率比较高，缺点是用这种方法构建出来的映射关系的可扩展性较差，不适

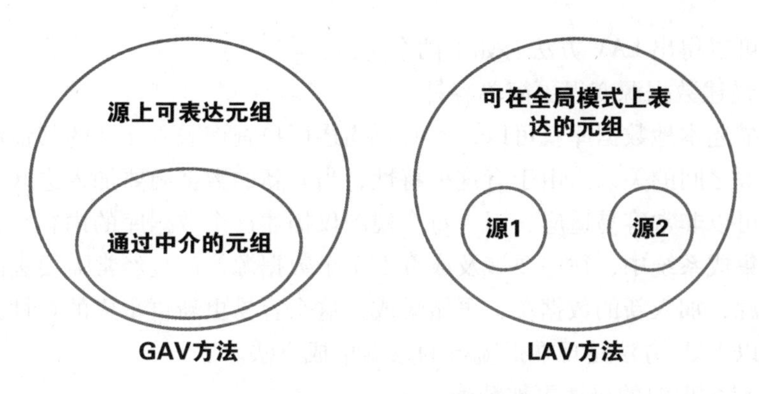

图 2-1-6　GAV 和 LAV 方法

合数据源存在动态变化的情况。因为任何一个局部数据源发生改变，全局视图都必须进行修改，维护起来较困难，开销也比较大。

LAV 方法是将全局视图映射到各数据源上的本地局部视图，即各数据源模式被描述为全局模式上的视图。当用户提交某个查询时，中介系统通过整合不同的数据源视图决定如何应答查询。这种方法可看成是利用视图回答查询。该方法的优点是映射关系的可扩展性好，适合于信息源变化比较大的情况，缺点是可能会造成信息丢失、信息查询效率偏低。

举个例子来具体说明 GAV 和 LAV 两种方法的使用。

例如，在全局模式上有一个类 paper（Author，Journal），表示某篇论文的作者和发表期刊，在某个具体数据源上提供了作者关系 Institute（Author1，Author2）。如果按照 LAV 的方式，可以把作者关系数据源表示为：

Institute（Author1，Author2）：paper（Author1，Journal）& paper（Author2，Journal）

如果需要查询和“T. B. Lee”一个机构的作者在哪些期刊上发表过文章，查询表达式如下：

paper（"T. B. Lee”，Journal）& paper（Author2，Journal）

LAV 数据集成系统可以立刻发现数据源 Institute 能够回答这个查询，从而把这个查询转发给这个数据源处理。相反，如果是 GAV 方式，由于是用具体数据源的视图来描述全局模式上的类，全局模式上的 paper 被描述为：

papers　（Authon1，null）：_Institute　（Authon1，Authon2）

papers　（Authon2，null）：_Institute　（Author1，Authon2）

原来的 Author1 和 Author2 之间的 Institute 关系在这个描述中就丢失了，也就无法回答给定作者查找与其所在同一机构其他作者发表论文期刊的查询。

由此可以得出 LAV 方法有如下两个优点：

（1）描述数据源变得更简单容易

只用描述本地数据库就可以，不必再描述用户查询需要涉及的其他的数据源和各数据源之间的关系。由于有这种特性，当有新的数据源要加入进来时，数据集成系统可以非常容易适应，因为每个视图仅描述这个数据库的内容。在实际应用的数据集成系统中，往往要涉及成百上千个数据源，而且经常需要去除旧的不用的数据源，加入新的数据源，再做集成，这个容易更新再集成的特性是极其重要的，所以 LAV 方法是现在最流行的数据集成方法。

（2）对数据源的描述更加精确

因为对数据源的描述（source description）在视图定义语言的表达能力中起着关键作用，系统能够选取一个最小数量的数据源集合来回答一个特定的查询，可以节省时间和系统开销。

为了结合两种方法的优点，出现了 GLAV（global-local-as-view）映射方法。它是由全局模式上的视图与各数据源上的视图相结合形成的。GLAV 方法可以结合 GAV 和 LAV 的优势，能够为数据集成系统提供更具表达能力的语义映射。

在“大数据”环境下，上述科学数据整合方法的有效性还没有得到验证。面对海量的科学数据，能否有效地将这些数据集成起来仍然是现在数据整合领域面临的最大挑战。

1.3.2.3 数据整合系统

在科学数据整合领域，各个国家和大型科研机构都进行了积极的实践，下面介绍一个具有代表性的系统。

里昂（LEON）项目始于 2002 年，是美国国家科学基金会信息技术研究计划（ITR）资助的一个项目。该项目最开始由 10 多位课题负责人（principal investigator，PI）作为一个合作研究项目，目的是开发一个支持地球科学研究界之间的数据共享和集成的网络基础设施平台。2007 年，科罗拉多州丹佛召开国家地理信息系统研讨会。会上提出未来地球科学研究愿景：“在未来，科学家可以坐在一个终端面前，能够很容易获得大量存储在不同地方的科学数据，并可以没有障碍地进行可视化、分析和模拟这些数据。”LEON 的开发为实现这一目标迈出了坚实的一步。

LEON 由不同的子项目组成，主要有：开放地球框架（open earth framework），主要实现地质和地球物理数据整合，分析和可视化环境；集成数据浏览器（integrated dataviewer），提供一个完全互动的、真实的 3D 和 4D 工具，用来显示和检索不管是地球内部还是在地球表面上的任何数据接口。由美国国家科学基金会资助，以帮助地球科学家获得高分辨率和高精度的地球三维表面数据。LEON 负责整合地形数据，将接口的地形数据集成在门户，合成地震记录生成工具。基于网格设计的应用程序，用来帮助地震学家和其他研究人员计算合成三维区域地震波。PIP 项目，一个基于互联网的系统，提供了丰富的化石和沉积岩数据库。LEON 实现门户无缝搜索。这大大方便了生物地理学和地质时期的气候研究。

随着“大数据”时代的来临，上述这些整合系统不得不面对海量科学数据处理的问题。目前，还没有发现能够在“大数据”时代对海量科学数据进行有效整合的系统。

1.3.3 数据变换

为了提高高维数据集合数据挖掘效率，探讨了采用数据变换进行数据维数消减的方法及其应用，提出了一个通用的数据变换维数消减模型，给出了应用主成分分析方法计算模型中的数据变换矩阵的方法，相应的数据变换应用实例表明，通过数据变换用相当少的变量来捕获原始数据的最大变化是可能的。

从数据分析的角度来看，分析数据时，常将多元数据投影到二维平面上，利用散点图成对分析变量之间的关系，但这样简单的投影可能会隐藏更复杂的关系，要分析这些更复杂的关系就需要沿不同方向进行投影，即对变量进行不同的加权线性组合。当采取某种控制策略，选取 p 方向，就可以将 p 个原始输入变量变换为 p' 个变量集合。基于这一想法下面给出数据变换的一个通用模型。

假设 $\boldsymbol{X}$ 是有 n 行 p 列的输入数据矩阵，即 n 个数据实例，p 个变量，$\boldsymbol{X}_i$（$i=1, 2, \cdots, p'$）表示第 i 个变量数据列；$\boldsymbol{\alpha}$ 是 p 行 p' 列的线性变换矩阵，这里的列代表一个投影方向，$\boldsymbol{\alpha}_i$（$i=1, 2, \cdots, p'$）表示第 i 个投影方向，$H=\{h_i \mid i=1, 2, \cdots, p'\}$ 是一组非线性变换函数，$\boldsymbol{F}=(\boldsymbol{F}_1, \boldsymbol{F}_2, \cdots, \boldsymbol{F}_p)$ 是输入矩阵 $\boldsymbol{X}$ 经过 $\boldsymbol{\alpha}$ 线性变换后具有 p' 个变量的输出数据矩阵，$\mathbf{Z}=(\mathbf{Z}_1, \mathbf{Z}_2, \cdots, \mathbf{Z}_{p'})$ 是 F 经过非线性变换函数 H 处理后的最后输出数据矩阵，则：

$$\boldsymbol{F}_1=(f_{11}, f_{21}, \cdots, f_{n1})^{\mathrm{T}}=\boldsymbol{X\alpha}_1 \tag{2-1-2}$$

$$\boldsymbol{F}_2=(f_{12}, f_{22}, \cdots, f_{n2})^{\mathrm{T}}=\boldsymbol{X\alpha}_2 \tag{2-1-3}$$

$$\vdots$$

$$\boldsymbol{F}_{p'}=(f_{1p'}, f_{2p'}, \cdots, f_{np'})^{\mathrm{T}}=\boldsymbol{X\alpha}_{p'} \tag{2-1-4}$$

$$\mathbf{Z}_1=h_1(\boldsymbol{F}_1)=(h_1(f_{11}), h_1(f_{21}), \cdots, h_1(f_{n1}))^{\mathrm{T}} \tag{2-1-5}$$

$$\mathbf{Z}_2=h_2(\boldsymbol{F}_2)=(h_2(f_{12}), h_2(f_{22}), \cdots, h_2(f_{n2}))^{\mathrm{T}} \tag{2-1-6}$$

$$\vdots$$

$$\boldsymbol{Z}_{p'} = h_{p'}(\boldsymbol{F}_{p'}) = (h_{p'}(f_{1p'}),\ h_{p'}(f_{2p'}),\ \cdots,\ h_{p'}(f_{np'}))^{\mathrm{T}} \tag{2-1-7}$$

如果用 H（$\boldsymbol{F}$）表示将 $\boldsymbol{F}$ 中每列数据中的元素经过非线性变换函数 h_i（$i=1, 2, \cdots, p'$）处理后得到的输出数据矩阵，则将输入数据矩阵 $\boldsymbol{X}$ 经过 $\boldsymbol{\alpha}$ 线性变换和 H 非线性变换得到输出数据矩阵 $\boldsymbol{Z}$ 的通用模型公式可简单表示为如下形式：

$$\boldsymbol{Z} = H(\boldsymbol{X\alpha}) \tag{2-1-8}$$

模型中 $\boldsymbol{\alpha}$ 和 H 的选取可以根据不同的目标，采用不同的选取控制策略，现有的一些数据分析统计方法可以借鉴的有很多，如可以通过平滑数据寻找合适的 h 形式；可以根据模型对数据的最小二乘法拟合来选择；可以使用标准的迭代过程估计 $\boldsymbol{\alpha}$ 中的参数等。

下面以主成分分析法为例来说明上述通用模型中 $\boldsymbol{\alpha}$ 的选取及实现。

主成分分析是按照数据点和它们在某一 k 维空间上的投影的差异平方和比向其他空间投影时更小（$1 \leqslant k \leqslant p-1$）为原则来选取投影方向和投影个数，其目标是捕捉数据的最大变化性，并降低数据集合的维度。数学上也已证明一组使样本方差最大化，且无关的线性组合决定的空间能满足这一原则。

1.3.3.1 主成分变换矩阵的构建

假设 n 行 p 列的输入数据矩阵 $\boldsymbol{X}$ 是以均值为中心的，即每个变量的值是用这个变量相对于样本均值的偏差来表示的。设 $\boldsymbol{\alpha}$ 为当 $\boldsymbol{X}$ 沿其方向投影时会使方差最大化的 $p \times 1$ 列向量（未知），则 $\boldsymbol{X}$ 中所有数据向量沿 $\boldsymbol{\alpha}$ 方向的投影值就可表示为 $\boldsymbol{X\alpha}$，产生一个 $n/1$ 的投影值列向量，沿 $\boldsymbol{\alpha}$ 方向投影的方差即可定义为：

$$\mathrm{Var}(\boldsymbol{X}_{\alpha}) = (\boldsymbol{X\alpha})^{\mathrm{T}}(\boldsymbol{X\alpha}) = \boldsymbol{\alpha}^{\mathrm{T}}\boldsymbol{X}^{\mathrm{T}}\boldsymbol{X\alpha} = \boldsymbol{\alpha}^{\mathrm{T}}\boldsymbol{C\alpha} \tag{2-1-9}$$

其中，$\boldsymbol{C} = \boldsymbol{X}^{\mathrm{T}}\boldsymbol{X}$ 是数据的 $p \times p$ 协方差矩阵（因为 $\boldsymbol{X}$ 的均值为0），由此可见，最大化的投影数据方差 $\mathrm{Var}(\boldsymbol{X}_{\alpha})$ 可表示为 $\boldsymbol{\alpha}$ 和数据协方差矩阵 $\boldsymbol{C}$ 的函数。

为了得到唯一解，必须标准化权重向量 $\boldsymbol{\alpha}$，限制 $\boldsymbol{\alpha}$ 各元素的平方和为1，即 $\boldsymbol{\alpha}^{\mathrm{T}}\boldsymbol{\alpha}-1=0$。有了这个标准化约束，上述最大化问题可以变为以下量的最大化：

$$\mu = \boldsymbol{\alpha}^{\mathrm{T}}\boldsymbol{C\alpha} - \lambda(\boldsymbol{\alpha}^{\mathrm{T}}\boldsymbol{\alpha}-1) \tag{2-1-10}$$

这里的 λ 是拉格朗日乘子，上式对 $\boldsymbol{\alpha}$ 求导并令其等于0，则得到：

$$\frac{\partial \mu}{\partial \boldsymbol{\alpha}} = 2\boldsymbol{C\alpha} - 2\lambda\boldsymbol{\alpha} = 0 \tag{2-1-11}$$

这样便得到了线性代数中熟悉的特征值形式：

$$(\boldsymbol{C} - \lambda\boldsymbol{E})\boldsymbol{\alpha} = 0 \tag{2-1-12}$$

其中，$\boldsymbol{E}$ 是单位矩阵。由此，可求出协方差矩阵 $\boldsymbol{C}$ 最大特征值对应的特征向量 $\boldsymbol{\alpha}_1$，$\boldsymbol{\alpha}_1$ 即是数据矩阵的第一主成分。然后，求出与 $\boldsymbol{\alpha}_1$ 正交的、$\boldsymbol{C}$ 的次大特征值对

应的特征向量$\boldsymbol{\alpha}_2$，$\boldsymbol{\alpha}_2$是数据矩阵的次大主成分，依此类推，得到k个主成分（$1\leqslant k\leqslant p-1$）。显然，这是$k$个互不相关的线性组合，且数据点在这$k$个线性组合决定的$k$维空间上的投影的差异平方和最小。这里得到的$k$个主成分$\boldsymbol{\alpha}_1$，$\boldsymbol{\alpha}_2$，…，$\boldsymbol{\alpha}_k$组成的数据矩阵即可作为上述通用模型中的投影变换矩阵$\boldsymbol{\alpha}$，k小于变量个数p。

1.3.3.2　主成分变换矩阵的选取

假设数据矩阵$\boldsymbol{X}$沿$\boldsymbol{\alpha}_j$方向的投影数据为$\boldsymbol{F}_j$（$1\leqslant j\leqslant k$）第j个特征值λ_j：

$$\mathrm{Var}(\boldsymbol{F}_j)=\mathrm{Var}(\boldsymbol{X}\boldsymbol{\alpha}_j)=\boldsymbol{\alpha}_j^{\mathrm{T}}\boldsymbol{C}\boldsymbol{\alpha}_j=\lambda_j \tag{2-1-13}$$

由于假定$\boldsymbol{\alpha}_i$和$\boldsymbol{\alpha}_j$（$i\neq j$）正交，即主成分是不相关的，因此$\boldsymbol{F}_i$和$\boldsymbol{F}_j$的协方差等于0，投影数据之间的方差—协方差矩阵可表示成如下对角矩阵形式：

$$\mathrm{Var}(\boldsymbol{F})=\begin{bmatrix}\lambda_1 & \cdots & 0\\ 0 & \lambda_1 & 0\\ \vdots & \ddots & \vdots\\ 0 & \cdots & \lambda_1\end{bmatrix} \tag{2-1-14}$$

即投影数据的方差为$\sum_{j=1}^{k}\lambda_j$。

$$\frac{\mathrm{tr}(\mathrm{Var}(\boldsymbol{F}))}{\mathrm{tr}(\mathrm{Var}(\boldsymbol{X}))}=\frac{\sum_{j=1}^{k}\lambda_j}{\sum_{j=1}^{p}\lambda_j}\times 100\% \tag{2-1-15}$$

见式（2-1-15），表示从p个原始变量变换成$k<p$个变量后重新生成的数据变化性（统计信息）和原始数据矩阵中的可变性的比例，通常被称为k个主成分的累计贡献率，由方差—协方差矩阵的迹测量。

用投影数据矩阵$\boldsymbol{F}-$（$\boldsymbol{F}_1$，$\boldsymbol{F}_2$，…，$\boldsymbol{F}_k$）来逼迫真实数据矩阵$\boldsymbol{X}$的方差，则表示为：

$$\frac{(\mathrm{trVar}(\boldsymbol{X})-\mathrm{tr}(\mathrm{Var}(\boldsymbol{F}))}{\mathrm{tr}(\mathrm{Var}(\boldsymbol{X}))}=\frac{\sum_{j=k+1}^{k}\lambda_j}{\sum_{j=1}^{p}\lambda_j} \tag{2-1-16}$$

因此，选择主成分的适当个数k的方法就是逐步增大k值，直到累计贡献率大于某个指定阈值，或误差平方小于某个可接受的阈值。

1.4　数据存储

大数据时代的特征之一“Volume”，就是指巨大的数据量，因此必须采用分布式存储方式。传统的数据库一般采用的是纵向扩展（scale-up）的方法，这种方法对性能的增加速度远远低于所需处理数据的增长速度，因此不具有良好的扩展性。大数据时代需要的是具备良好横向拓展（scale-out）性能的分布式并行数据库。大数据时代的特征之二“Variety”，就是指数据种类的多样化。也就是说，大数据时代的数据类型已经不再局限于结构化的数据，各种半结构化、非结构化的数据纷纷涌现。如何高效地处理这些具有复杂数据类型、价值密度低的海量数据，是现在必须面对的重大挑战之一。

传统的关系型数据库讲求的是“One size for all”，即用一种数据库适用所有类型的数据。但在大数据时代，由于数据类型的增多、数据应用领域的扩大，对数据处理技术的要求以及处理时间方面均存在较大差异，用一种数据存储方式适用所有的数据处理场合明显是不可能的，因此，很多公司已经开始尝试“One size for one”的设计理念，并产生了一系列技术成果，取得了显著成效。

针对大数据的存储问题，Google 公司无疑又走在了时代的前列，它提出了 BigTable 的数据库系统解决方案，为用户提供了简单的数据模型，这主要是运用一个多维数据表，表中通过行、列关键字和时间戳来查询定位，用户可以自己动态控制数据的分布和格式。BigTable 的基本架构如图 2-1-7 所示，BigTable 中的数据均以子表形式保存于子表服务器上，主服务器创建子表，最终将数据以 GFS 形式存储于 GFS 文件系统中；同时客户端直接和子表服务器通信，Chubby 服务器用来对子表服务器进行状态监控；主服务器可以查看 Chubby 服务器以观测子表状态检查是否存在异常，若有异常则会终止故障的子服务器并将其任务转移至其余服务器。

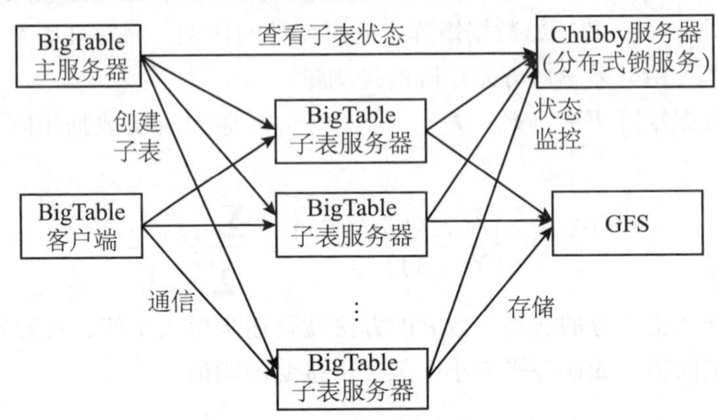

图 2-1-7　BigTable 基本框架图

除了 BigTable 之外，很多互联网公司也纷纷研发适用于大数据存储的数据库系统，比较知名的有 Yahoo！的 PNUTS 和 Amazon 的 Dynamo。这些数据库的成功应用促进了对非关系型数据库的开发与运用的热潮，这些非关系型数据库方案现在被统称为 NoSQL（Not Only SQL）。就目前来说，对于 NoSQL 没有一个明确的定义，一般普遍认为 NoSQL 数据库应该具有以下特征：模式自由、支持简易备份、简单的应用程序接口、一致性、支持海量数据。

除了上述的 BigTable 之外，在中国大数据的互联网上还有常用的三种数据存储方法：

第一种是采用 MPP 架构的新型数据库集群，重点面向行业大数据，采用无共享结构（shared nothing），通过列存储、粗粒度索引等多项大数据处理技术，再结合 MPP 架构高效的分布式计算模式，完成对分析类应用的支撑，运行环境多为低成本个人电脑服务器（PC Server），具有高性能和高扩展性的特点，在企业分析类应用领域获得极其广泛的应用。这类 MPP 产品可以有效支撑 PB 级别的结构化数据分析，这是传统数据库技术无法胜任的。对于企业新一代的数据仓库和结构化数据分析，目前最佳选择是 MPP 数据库。

第二种是基于 Hadoop 的技术扩展和封装，围绕 Hadoop 衍生出相关的大数据技术，应对传统关系型数据库较难处理的数据和场景，例如，针对非结构化数据的存储和计算等，充分利用 Hadoop 开源的优势，伴随相关技术的不断进步，其应用场景也将逐步扩大，目前最为典型的应用场景就是通过扩展和封装 Hadoop 来实现对互联网大数据存储、分析的支撑。这里面有几十种 NoSQL 技术，也在进一步地细分。对于非结构、半结构化数据处理、复杂的 ETL 流程、复杂的数据挖掘和计算模型，Hadoop 平台更擅长。

第三种是大数据一体机，这是一种专为大数据的分析处理而设计的软、硬件结合的产品，由一组集成的服务器、存储设备、操作系统、数据库管理系统以及为数据查询、处理、分析用途而特别预先安装及优化的软件组成，高性能大数据一体机具有良好的稳定性和纵向扩展性。

随着大数据应用的爆发性增长，它已经衍生出了自己独特的架构，而且也直接推动了存储、网络以及计算技术的发展。毕竟处理大数据这种特殊的需求是一个新的挑战。硬件的发展最终还是由软件需求推动的，就这个例子来说，我们很明显地看到大数据分析应用需求正在影响着数据存储基础设施的发展。

1.5 数据管理

大数据是指无法在可承受的时间范围内用常规软件工具进行捕捉、管理和处理的数据集合。归结为四个特点就是四“V”，即大量（Volume）、高速（Velocity）、多样性（Variety）和价值（Value）。大数据首先体现在数据量上：全球著名咨询机构 IDC（国际文献资料中心）在 2006 年估计全世界产生的数据量是 0.18ZB，而截至 2011 年这个数字已经提升了一个数量级，达到 1.8ZB。这种数据产生的速度仍在增长，预计 2015 年将达到 8ZB。随着数据量的增长，得到庞大的数据源和样本数据后，人们并不能容忍对于这些庞大的数据处理响应时间。因此，大数据需要在数据量提高的前提下，对数据的处理和响应能力进行提高，从而确保数据延迟可以在人们的接受范围之内。因此数据处理要得到有效的保证，那如何存储和组织管理这些海量数据，值得我们去探索和研究。

1.5.1 数据组织

数据组织是按照一定的方式和规则对数据进行归并、存储、处理的过程，一般多用于地理信息系统（GIS）中。它主要分为两种类别，即基于分层的数据组织和基于特征的数据组织。基于分层的数据组织和基于特征的数据组织处在同一抽象层次上，都以实体模型和场模型为基础，但基于特征的数据组织在面向对象数据模型的基础上使用面向对象的技术方法来组织数据，而基于分层的数据组织主要在矢量数据模型、栅格数据模型以及关系数据模型的基础上使用分层的方法来组织数据；虽然随着技术手段的不断发展和完善，分层的数据组织方法也渗入了面向对象技术，但这并没有构成真正的面向对象的数据模型。可见，二者存在根本的差别。

数据分析是大数据处理的核心，但是用户往往更关心结果的展示。如果分析的结果正确但是没有采用适当的解释方法，则所得到的结果很可能让用户难以理解，极端情况下甚至会误导用户。数据解释的方法有很多，比较传统的就是以文本形式输出结果或者直接在电脑终端上显示结果。这种方法在面对小数据量时是一种很好的选择。但是大数据时代的数据分析结果往往也是海量的，同时结果之间的关联关系极其复杂，采用传统的解释方法基本不可行。可以考虑从下面两个方面提升数据解释能力。

（1）引入可视化技术

可视化作为解释大量数据最有效的手段之一率先被科学与工程计算领域采用。通过对分析结果的可视化，用形象的方式向用户展示结果，而且图形化的方式比文字更易理解和接受。常见的可视化技术有标签云（tag cloud）、历史流（history flow）、空间信息流（spatial information flow）等。可以根据具体的应用需要选择合适的可视化技术。

（2）让用户能够在一定程度上了解和参与具体的分析过程

这个既可以采用人机交互技术，利用交互式的数据分析过程来引导用户逐步地进行分析，使得用户在得到结果的同时更好地理解分析结果的由来。也可以采用数据起源技术，通过该技术可以帮助追溯整个数据分析的过程，有助于用户理解结果。

1.5.2 节点管理

一个完整的流程由若干个节点组成。在大数据的整个管理流程里，节点可以理解为流程中的一个工作环节或者处理环节。每一个节点可以配置多项流程填报的相关属性。一个完整的流程还必需包含节点到节点间的流转路径，即连接两个节点的“节点连线”，从而确定一个流程在任务流转时经过节点的顺序。节点管理即对节点进行“增、删、改、查”等操作。

例如，Hadoop 管理平台，节点管理模块是 Hadoop 平台设计的关键技术模块之一。平台的节点管理包括节点信息管理和节点管理两部分。在测试目前常用的节点管理算法（如随机算法、轮询算法、最小负载算法）的基础上，平台采用了一种基于抖动系数的最小负载算法。该算法有效提高了负载均衡，能够对各个子节点进行动态监测，还可以监控布置于各地电网系统的分布式服务器中的数据资源、知识资源以及系统资源等。

Hadoop 平台在管理自身数据低效性的方案是将 Hadoop 数据存储在存储区域网络（storage area network，SAN）上，但这也造成了它自身性能与规模的瓶颈。如果你把所有的数据都通过集中式 SAN 处理器进行处理，那么就与 Hadoop 的分布式和并行化特性相悖。所以针对这个问题，我们要运用到节点管理，要么针对不同的数据节点管理多个 SAN，要么将所有的数据节点都集中到一个 SAN。

1.5.3 数据查询

在分布式环境下大数据系统都需要处理海量数据，为了减少搜索的数据量，很多系统使用布隆过滤器（Bloom Filter）技术来快速减少不相关数据。另外很多应用系统都是以 NoSQL 数据库作为其数据管理平台，而在 NoSQL 数据库中大部分都是以键值（Key-Value）作为其基础存储模式。Key-Value 模型下的系统只支持针对键（Key）简单查询，因此很多应用都借助辅助索引，来使得系统能够支持更为复杂的查询，但是其查询处理代价相对较高。一些研究者还针对一些大数据的数据管理平台建立分布索引来提高数据操作能力。另外，一些特定应用（如微博实时搜索）需要对数据进行实时搜索，则研究者提出了相应的实时索引技术。

Bloom Filter 技术可以对数据进行过滤，能够快速判断一个数据块或者文件是否包含所查询的数据。Bloom Filter 是一个空间效率极高的随机数据结构，该结构使用位数组来简洁表示一个数据集合，因此能够快速地判断一个数据集合是否包含特定元素。该结构在很多大型应用系统中都得到使用，例如，BigTable 就是用 Bloom Filter 来对查询数据进行过滤，从而减少查询处理需要扫描的数据量来提高查询处理响应速度。

而在 Key-Value 模型下 NoSQL 数据库通常是以 Key 作为检索条件，即在查询处理时需要指定相应 Key。但是在实际应用中大部分是针对列（Column）值查询处理，因此需要对 Column 建立一个辅助索引来支持此类操作处理。

Apache Hadoop 也成为商业智能（BI）领域不可或缺的大数据处理工具，之后又推出的数据仓库 Hive，方便了大数据的日常处理。但是它们都有一个共同的缺点，即处理大数据的时延较长，时延的问题在处理增长速度越来越快的大数据面前显得尤为明显。Google 发布 Dremel 解决了这个问题，对外提供了实时大数据查询服务。它提出的分布式查询方法被多家公司的产品借鉴，包括 Cloudera，之后 Cloudera 发布了 Impala。与 Hive 相比，Impala 的处理速度更快。相对于传统的 MapReduce 来说，Impala 提供了高效率、便捷的大数据查询服务。但其使用 Hibernate 作为查询语言且不支持统一光盘格式（universal disc format，UDF），限制了它的表达能力，使其始终不能完全地替代 MapReduce。MapReduce 又因其使用 Java 为基础，以批处理的方式提供服务，它完成任务的时延已不能满足最新的大数据分析需求。

1.5.4 数据更新

大数据时代“Velocity”的重要性越来越明显，数据是不断地产生、收集和加载到大数据分析系统中的，在静态数据上设计和优化的数据分析操作，一方面难以反映最新的数据，不适合许多在线应用的需求，另一方面可能受到数据更新操作的干扰，无法实现最佳的性能。因此，我们需要在大数据分析系统的设计中，不仅仅专注于大数据分析操作本身，而是把大数据从更新到分析作为数据的生命周期来对待，把 Velocity 作为重要的考虑因素，体现在系统的设计中。陈世敏提出了 MASM 算法。该算法基于 LSM 树（log-structured merge tree，LSM）的基本思路，把在线更新存储在内存和固态硬盘两层的数据结构中。在归并操作时，我们需要把数据更新记录按照主键的顺序进行排序。但是，每个查询操作都进行一次外存排序显然会引起较大的代价。

李卓然基于 MASM 算法又进行了优化，在数据更新系统和固态硬盘中加入两层数据结构，归纳并操作时，需要将数据更新的记录按照主键的顺序进行排列组合，并简化外部内存的排列程序，当缓冲完成之后，算法对缓冲区域中的数据更新记录进行修改，从而将排序之后的数据更新记录记载在固态的硬盘中，编写一个新的文件，之后便不再修改。对于主键范围之内的数据查询工作，需要创建一个运算部件，将数据更新记录的数值范围精确到固定的区域之内，使程序员能够及时并便捷地找到数据更新的差异和规律从而对整个大数据分析提供一个准确的把握。

1.5.5 日志采集

在大数据云计算背景下，在生产应中产生了大量的分布式、易丢失的日志信息，这些数据数量庞大且结构特异，如何对其妥善存储是需要解决的问题。Flume 是一种分布式的日志收集系统，围绕业务数据海量、高可扩展、高可靠性等需求设计开发，为海量数据分析提供基础数据支撑。它将各个服务器中的数据收集起来并送到指定的地方去，其主要构架如图 2-1-8 所示，Flume 的核心是把数据从数据源（Source）收集过来，再将收集到的数据送到指定的目的地（Sink）。为了保证输送的过程一定成功，在送到目的地（Sink）之前，会先缓存数据（Channel），待数据真正到达目的地（Sink）后，flume 再删除自己缓存的数据。在整个数据的传输过程中，流动的是事件（Event），即事务保证是在 Event 级别进行的。Event 将传输的数据进行封装，是 Flume 传输数据的基本单位，如果是文本文件，通常是一行记录，Event 也是事务的基本单位。Event 从 Source 流向 Channel，再到 Sink，本身为一个字节数组，并可携带 Headers（头信息）信息。Event 代表着一个数据的最小完整单元，从外部数据源来，向外部的目的地去。

Flume 具备高可扩展性，支持多级流处理，可根据不同业务需求及功能需求对 Flume 的 agent 组件进行不同方式的组合，从而构建出耦合度低、可用性高、扩展性强的采集系统。如图 2-1-8 所示，即是复杂的 Flume 流，通过 Channle、Sink 和不同的分析存储系统及 Source 组合完成复杂的采集分析任务。

1.5.6 元数据管理

元数据管理以数据仓库的数据环境为核心，贯穿于系统的整个生命周期，包括规划、业务分析、设计、实现、维护、扩容。元数据协助企业的规划和设计，为系统开发提供指导。

元数据是描述数据仓库内数据的结构和建立方法的数据，可将其按用途的不同分为两类：技术元数据（technical metadata）和业务元数据（business metadata），通过有效的元数据管理，不仅可以提高业务人员与技术人员的沟通效率，而且可以帮助数据管理工作者提高对数据的管理的深度，提升管理效率，因此，元数据需求对象不仅包括业务用户和技术用户，还包括数据管理用户。

在数据仓库系统中，根据元数据工作机制，本身含有五类系统管理功能，而

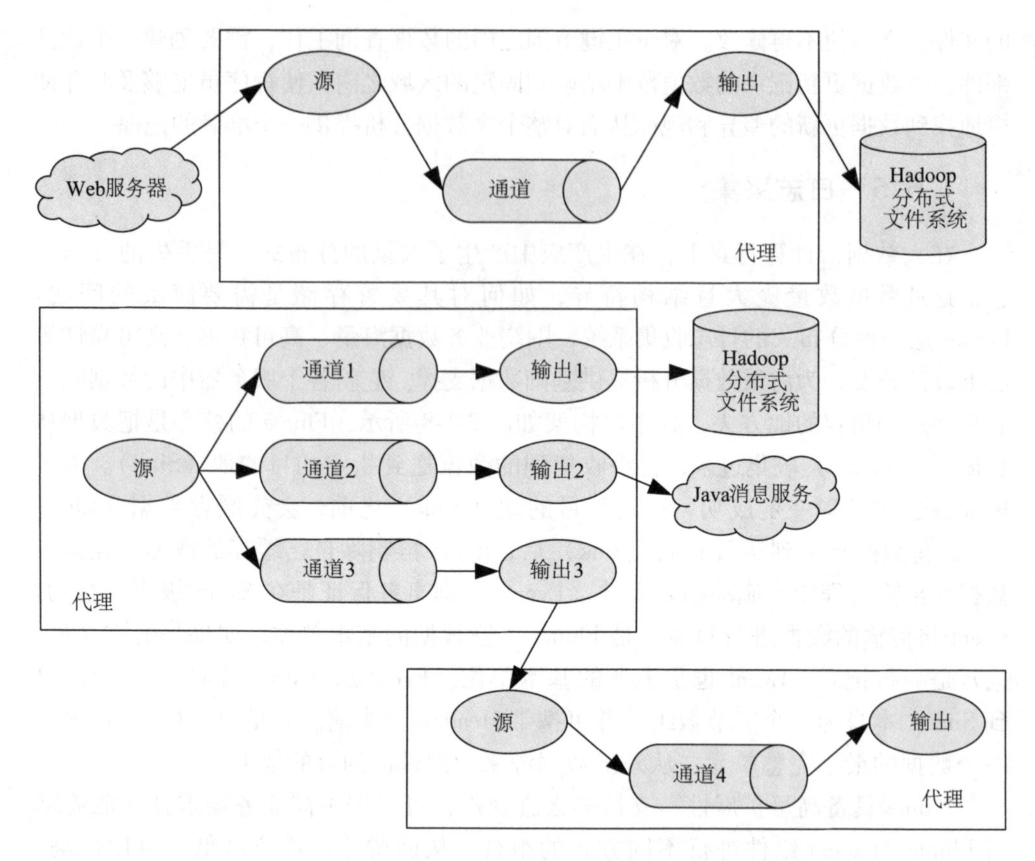

图 2-1-8 复杂的 Flume 流

元数据管理系统的构建，不仅能实现信息资产的有效管理和使用，使企业信息在经营层面可得到有效的整合，而且在软件应用的全生命周期内发挥作用。加强了业务部门和 IT 部门的沟通，为业务部门提供实时有效的应用信息，帮助企业成长为数据驱动型企业，帮助企业解决数据孤岛问题，创建知识传承的平台并统一指标定义和管理，明确管理人员的职责。

1.5.6.1 元数据管理流程

元数据管理包括开发词汇表、定义数据元素和实体、制定规则和算法以及描述数据特征。最基础的管理是管理收集、组织和维护元数据。一些学者认为，元数据管理是指元数据政策的执行以及与元数据标准的一致性的管理思想。同时，为了确保元数据的连续性和质量，并激发员工的积极性，须通过 Web 浏览器来补充这一政策以促进提取过程。元数据管理应对元数据全生命周期的各阶段进行规范化管理，确立在信息生命周期的每个阶段，将有效细心管理的原则形成制度化的框架，以促进互操作性和开放性。

元数据管理流程各个阶段如下：

（1）需求分析

观察元数据生命周期模型各部分的具体内容，在其“需求评估与内容分析”部分，出现两处对需求调查的环节，分别是“获取元数据基础需求”和“元数据深层次需求调查”，这两个环节对了解元数据管理者、开发者、使用者的切实需求都是极为有意义的，所获得的资料能够为元数据的开放共享提供支持。

（2）预处理阶段

这个阶段是元数据管理的策划阶段，主要确认需要遵循的相关政策法规以及建议采用的元数据标准，面向数据资源业务流程开展模型构建和规划可参考都柏林核心元数据倡议、元数据应用纲要都柏林核心应用程序配置文件指南。

（3）生成阶段

应确定元数据的来源范围，即来自企业控制的实体生成或委托的所有元数据资源。在此阶段还应明确相关的元数据开放许可协议，以明确可开放的元数据资源。在生成阶段应考虑数据对数据安全和隐私保护的要求。进行数据清理，将涉及隐私、安全和版权的数据进行脱敏处理，可在元数据核心元素集中设定相应的元素以描述开放程度和公共获取安全级别。

（4）发布阶段

首先应对元数据质量进行把控，以发布优质元数据。同时应统一元数据格式，对资源互换和跨平台操作提供便利。

（5）保存管理阶段

对元数据资源进行维护，以便于管理者对这些元数据资源进行监管。其步骤包括设置保存元数据、设置管理元数据、设置版本元数据和设置记录保存元数据。

1.5.6.2 元数据管理方法

（1）确定通用元数据标准

数据的拆分、重组、分析和挖掘都需要元数据的参与。元数据标准贯穿全生命周期。为保证元数据规范在功能、结构、格式、设计方法、扩展规则、语义语法规则等多方面的统一，最大范围内实现数据资源互操作和数据共享，需要统一企业数据开放元数据标准。

（2）统一元数据格式

元数据格式直接影响数据可读性和兼容性，是数据开放获取跨平台互操作的重要保障。目前的主流元数据格式，基本包含供逗号分隔值（comma separated values，CSV）格式、Java 脚本对象符号（java script object notation，JSON）格式、可扩展标记语言（extensible markup language，XML）格式等。

1.5.7 主数据管理

主数据（master data）是指在一个企业范围内，各个信息系统之间共享的基础数据，它具有准确性、一致性以及完整性等特点，比如企业内部的人员数据、组织机构数据等。对企业的基础数据进行统一管理有利于企业内部各个应用系统间数据交互效率的提升，同时基础数据的一致性、准确性也为高层领导的战略决策提供了数据支撑。

1.5.7.1 主数据管理流程

主数据管理是指一组约束和方法，用来保证企业内某一主题域的数据在各个系统内的实时性、含义和质量。企业的主数据管理不仅仅是对主数据基础属性的维护，还应涉及对主数据全生命周期的管理，包括前期业务数据调研、主数据确认、主数据建模、主数据系统建设以及后期维护管理要求等一系列的管理流程。一套完备的主数据管理方法有利于企业整体把控主数据，也更能将其高效地应用于企业信息化建设中。

主数据管理流程各阶段如下：

（1）主数据识别

主数据识别是实施主数据管理的前提及基础，只有识别出企业的主数据，才能更准确地确认企业的主数据实施范围。在识别主数据的过程中，往往需要结合企业的实际情况进行业务分析，同时在考虑主数据定义及特点的基础上识别企业内部的业务数据及基础数据。业务数据通常对实时性要求较高，且变化频率较快，因此绝大多数的业务数据不能作为主数据进行管理。

（2）主数据确认

主数据管理人员形成主数据类别及元数据类别初稿后，由于涉及业务部门较多，因此需要上级领导协调各业务部门参与主数据类别及元数据类别确认。每个业务部门结合部门需求及系统建设情况，对形成的初稿进行反馈。通过与各业务部门反复沟通确认，主数据管理人员根据反馈意见及主数据管理要求，形成最终的主数据类别及元数据类别建模文档。

（3）主数据管理系统建设及主数据建模

要进行企业主数据的管理，主数据管理平台的建设必不可少。主数据管理平台在企业中起到数据总线的作用，在主数据管理平台建设完成后，企业主数据管理者可以对企业内各类主数据进行基于平台的操作。主数据管理平台主要由建模、整合、治理、共享四个核心环节构成，是企业范围内信息化环境的数据中枢，为企业内其他异构应用系统提供唯一的、完整的、准确的主数据信息。

（4）主数据接口规范编写

通过在主数据管理平台对主数据进行建模，完成主数据整合、主数据治理等工作，最后将主数据管理平台内的主数据同步至企业内其他应用系统中，实现主数据的应用。由于涉及主数据管理平台与企业内各个异构系统之间进行数据交互的工作，为了保证不同应用系统间数据交互接口可以顺利进行联调，需要企业主数据管理者制定各类主数据标准接口规范，形成标准接口规范文档，供系统开发者进行接口开发使用。主数据标准接口文档需要明确系统间接口格式、使用协议类型、接口传递数据文件格式等一系列与接口相关的信息，确保企业内各个异构应用系统开发者可以依据接口规范文档顺利进行接口代码的编写以及与主数据管理平台的接口联调工作。

（5）主数据管理要求制定

要保证企业主数据得到合理高效的利用，针对主数据的管理要求必不可少。在管理层面上，需要建立主数据责任人体系，将每一类主数据分别指定专人进行管理及维护。每类主数据管理人员需确保所管辖范围内的主数据的准确性、一致性、唯一性以及完整性。只有在管理层面上对每一类主数据的管理提出明确的要求，才能保证整个企业内部的主数据管理有条不紊地进行。

1.5.7.2　主数据管理方法

（1）主数据建模

企业主数据管理者根据前期确认的元数据与主数据类别建模文档对元数据以及主数据进行建模，实现对元数据与主数据的定义和管理，同时在数据库内生成对应的数据库表，用于后续主数据管理及维护。

（2）主数据整合

主数据整合主要涉及每类主数据数据源的确认、数据抽取方式的确定等。为了确保企业主数据的准确性和唯一性，要求每类主数据只能有一个数据源系统，只有数据源系统可以对该类主数据进行管理操作。

（3）主数据治理

在建模初期，企业主数据管理者要根据企业信息化要求制定每类主数据规范，该规范需严格规定每类主数据的每个属性字段的含义及相应的字段要求等内容。在数据治理阶段，企业主数据管理者要根据每类主数据规范对抽取到主数据管理平台中的数据进行规范化处理，进而保证上层应用系统使用的主数据准确、一致和完整。

（4）主数据分享

主数据管理平台将已经建模整理好的主数据同步到企业各个异构应用系统中进行应用。该步骤往往通过应用系统间的接口实现。

1.5.8 数据血缘关系构建

数据与数据之间会形成多种多样的关系，可称之为数据血缘关系。数据血缘关系记载数据处理的整个历史，包括数据的起源和处理这些数据的所有后继过程，对于分析数据、跟踪数据的动态演化、衡量数据的可信度、保证数据的质量等尤为重要。数据血缘关系的目的总结起来有如下几个方面。

（1）数据溯源

数据来源广泛，例如：各系统的数据、互联网的数据、通过数据交易从第三方获取的数据等。不同来源的数据质量参差不齐，对分析处理的结果影响也不尽相同。当数据发生异常，需要对数据进行溯源，从而追踪到异常发生的原因，把风险控制在适当的水平。而数据的血缘关系体现了数据的来龙去脉，能帮助追踪数据的来源。

（2）评估数据价值

数据的价值在数据交易领域非常重要，涉及数据的定价。数据血缘关系可以提供数据受众、数据更新量级和数据更新频次，给数据价值的评估提供依据。

（3）数据归档、销毁的参考

如果数据没有了受众，就失去了使用价值。从数据血缘关系中可以获取没有受众的数据，从而评估这类数据是否需要归档或者销毁。

数据的血缘关系作为数据治理很重要的部分，需要引起格外的重视，其构建流程如图 2-1-9 所示，首先需要确定目标数据，然后通过分析数据库的构成以及数据依赖关系，确定目标数据作用的对象数据，将目标数据作为对象数据的父亲，从而构建数据间的血缘关系。然后，将对象数据作为目标数据进行分析，直到不存在后继的子数据，从而构建完整的数据血缘关系。

1.6 数据安全与维护

随着大数据技术的不断深入应用，大数据时代下的信息安全防护所面临的风险相比以前也发生了根本性的变化。从信息安全的角度考虑和出发，大数据时代

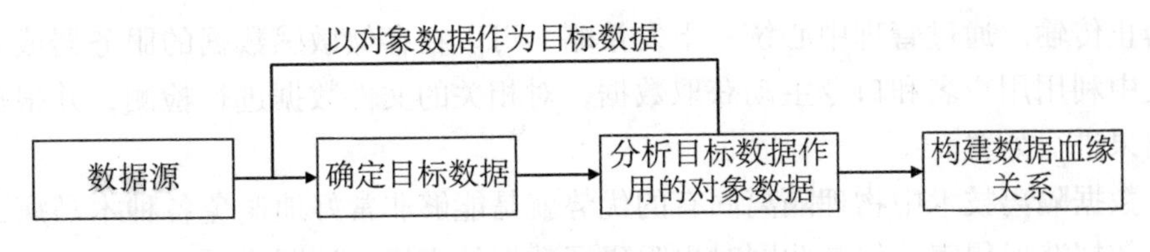

图 2-1-9　数据血缘关系构建流程

下数据安全主要面临多项挑战。例如，数据质量及安全难以保证，尤其是跨系统、跨平台测试数据难以获取并验证，数据质量难以保证；用户因为对业务系统不熟悉而导致在使用过程中进行误操作给业务系统造成难以恢复的损失；外部非授权人员（如黑客）对数据库进行恶意入侵，获取或者删除数据库里的数据；数据具有易复制的特征，所有针对数据的安全事件发生后，无法进行有效的追溯和审计；数据具有易流动的特征，大量数据的汇集不可避免地加大了泄露的风险，在数据传输过程中或多或少会存在主动或意外的数据泄漏；数据具有难管理的特征，大数据技术成为黑客的攻击手段；业务系统用户、维护人员、外部访问用户在访问业务数据时，操作数据库的行为缺乏综合审计。在“大数据时代下的数据安全管理体系讨论”中，提出并实现了大数据时代安全管理体系及技术平台。

1.6.1　数据安全分析技术

当前网络与信息安全领域，正在面临着多种挑战。一方面，企业和组织安全体系架构的日趋复杂，各种类型的安全数据越来越多，传统的分析能力明显力不从心；另一方面，新型威胁的兴起，内控与合规的深入，传统的分析方法存在诸多缺陷，越来越需要分析更多的安全信息并且要更加快速地做出判定和响应，同时信息安全也面临大数据带来的挑战。

以安全对象管理为基础，以风险管理为核心，以安全事件为主线，运用实时关联分析技术（如 Hadoop、Spark、HDFS、MapReduce 等）、智能推理技术和风险管理技术，通过对海量信息数据进行深度归一化分析，结合有效的网络监控管理、安全预警响应和工单处理等功能，实现对数据安全信息深度解析，最终帮助企业实现整网安全风险态势的统一分析和管理。

1.6.2　敏感数据隔离交换技术

利用深度内容识别技术，首先对用户定义为敏感、涉密的数据进行特征的提取，可以包括非结构化数据、结构化数据、二进制文件等，形成敏感数据的特征库，当有新的文件需要传输的时候，系统对新文件进行实时的特征比对，敏感数据禁止传输。通过管理中心统一下发策略，可以在存储敏感数据的服务器或者文件夹中利用用户名和口令主动获取数据，对相关的文件数据进行检测，并根据检测结果进行处置。

数据隔离技术中物理隔离固有的优势就是能够非常好地避免各种木马病毒对内网数据造成侵害，但与此同时也阻碍了数据的交换。该网络隔离交换系统就是为解决这一矛盾提出的，该系统在保证两个网络安全隔离的同时，还可以保证数据库信息的自动交换。网络隔离交换系统的关键设备是设置在部门内外网之间的隔离交换器，它的作用和上文中的隔离舱和内外舱门相同。

系统的核心是内外网隔离和数据自动交换，如图 2-1-10 所示，当外网中有数据向内网传送时，外网主机首先会给隔离交换器发送一个请求（即宇航员向隔离舱提出入舱请求），当得到准许后（在隔离舱中对宇航员身份进行确认），隔离交换器利用相关命令触发电子开关 1 使其与外网主机接通，而此时的电子开关 2 与内网是断开的，这时隔离交换器就可以接受来自外网的数据（宇航员进入隔离舱）。数据传送完后，隔离交换器利用电子开关使其与内外网断开，对“舱内”的数据进行病毒查杀（宇航员在隔离舱内，接受有害物质的清除工作），然后通过电子开关 2 使其与内网连通，这样就可将数据安全传入内网中（宇航员进入内舱）。

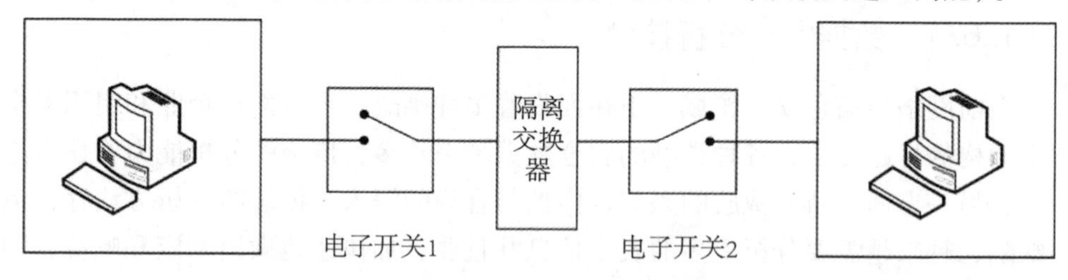

图 2-1-10　数据隔离交换装置示意图

数据交换网技术是指在两个隔离的网络之间建立网络数据交换缓存区来负责网络信息的交换或传输。交换网络的两端可以使用防火墙、多重网关技术或物理网间技术，再结合交换网络内部的漏洞扫描系统、审计系统等安全措施，从而创建一个立体的交换网络安全防护系统。根据网络交换的数据量的大小、实时性要求、安全需求等，不同类型的网络可以选择适合自己的数据交换技术。表2-1-1总结了各个数据交换技术的安全性以及适合场合。

表 2-1-1　数据交换方式的安全性

数据交换方式	安全性	适合场合
人工方式	安全性最好，物理隔离	适合临时的小数量的数据交换

续表

数据交换方式	安全性	适合场合
数据交换网	物理上连接，采用完整安全保障体系的深层次防护（防护、监控、审计），安全程度依赖当前安全技术	适合提供大数据服务或实时的网络服务，支持多业务平台建设
网闸	物理上不同时连接，对攻击防护好，但协议的代理对病毒防护依赖当前技术	适合定期的批量数据交换，但不适合多应用的穿透
多重安全网关	从网络层到应用层的防护	不适合内外网之间的数据交换。适合办公网络与互联网的隔离，也适合内外之间的隔离
防火墙	网络层的安全防护	适合网络的安全区域的隔离，适合同等级安全级别的网络隔离

1.6.3 数据防泄漏技术

随着大数据的发展和普及，数据的来源和应用领域不断地扩大和发展。我们在生活中的很多地方，都会留下可以被记录下的痕迹。比如，我们在浏览网页的时候，我们在登录网关输入账号和密码的时候，我们在登记银行卡账号、身份证号码、手机号码的时候。我们可能在互联网上留下自己的重要信息。出门在外，随处可见的摄像头和传感器，也会一一记录下我们每个人的行为和位置信息。通过这些随手可得的“大数据”进行相关的专业分析，数据专家就可以轻而易举地得到我们的行为习惯和个人重要信息。这些信息被各种企业合理利用，企业更能找到用户的喜好，决定生产信息，不断提高经济效益。但是这些重要的信息也很容易被不法分子所盗取，他们的违法行为会对我们个人的信息、财产等造成很大的安全性问题，所以大数据时代的数据防泄漏问题变得尤为重要。

为了解决大数据时代的数据隐私问题，学术界和工业界纷纷提出自己的解决办法。首先被提出的是保护隐私的数据挖掘（privacy preserving data mining）概念；后来针对位置服务的安全性问题，一种 k - 匿名方法被提出，即将自己与周围的（k-1）个用户组成一个数据集合，从而模糊了自己的位置概念；差分隐私（different privacy）保护技术可能是解决大数据隐私问题的有力武器；在 2010 年，一种隐私保护系统 Airavat 被提出，将集中信息流控制和差分隐私保护技术融入云计算的数据生成与计算阶段，防止 MapReduce 计算过程中的数据隐私泄露。

数据控制类技术主要采用软件控制、端口控制等有效手段对计算机的各种端口和应用实施严格的控制和审计，对数据的访问、传输及推理进行严格的控制和管理。通过深度内容识别的关键技术，进行发送人和接收人的身份检测、文件类型检测、文件名检测和文件大小检测，来实现对敏感数据在传输过程中进行有效管控，定时检查，防止未经允许的数据信息被泄露，保障数据资产可控、可信、可充分利用。

数据过滤类技术在网络出口处部署数据过滤设备，分析网络常见的协议，对上述所涉及的协议内容进行分析、过滤，设置过滤规则，防止敏感数据的泄露。

1.6.4 数据加密技术

为了保证大数据在传输过程中的安全性，需要对信息数据进行相应的加密处理。数据加密系统对要上传的数据流进行加密，对要下载的数据同样要经过对应的解密系统才能查看。因此需要在客户端和服务端分别设置一个统一的文件加/解密系统对传输数据进行处理。同时，为了增强其安全性，应该将密钥与加密数据分开存放。比如 Linux 系统中 Shadow 文件的作用，该文件实现了口令信息和账户信息的分离，在账户信息库中的口令字段只用一个 x 作为标示，不再存放口令信息。

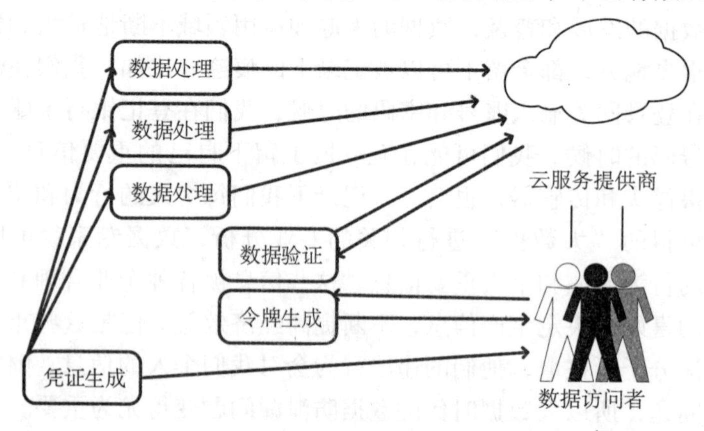

图 2-1-11　面向公有云的加密存储框架

微软研究院的 Kamara 等人提出了面向公有云的加密存储框架，如图 2-1-11 所示。在该框架中，数据处理 DP、数据验证 DV、令牌生成 TG 和凭证生成 CG 是核心组件，这些组件工作在数据所有者的可信域中。数据处理组件负责在数据存储到云中前对数据进行分块、加密、编码等操作；数据验证组件负责验证存储在云中的数据块的完整性；令牌生成组件负责生成数据块访问令牌，云存储服务根据用户提供的令牌提取相应的密文数据；凭证生成组件负责为授权用户生成访问凭证。在访问授权时，数据所有者会将共享文件的令牌和凭证发往授权用户。

授权用户使用令牌从云中提取共享文件的密文，使用凭证解密文件。该框架的主要特点有两个：数据由所有者控制；数据的安全性由密码机制保证。该框架除了能解决数据存储的隐私问题和安全问题外，还能解决数据访问的合规性、法律诉讼、电子取证等问题。

1.6.5　数据库安全加固技术

由于两个主要的原因，数据库系统越来越容易遭到入侵者的攻击。一是企业越来越多地增加对存储在数据库中数据的访问，增加的数据访问极大地增加了数据被窃取和滥用的风险。要求访问数据库中数据的人员包括内部职工、审计人员、供应链的合作伙伴等。二是数据库的攻击者已经发生了变化。过去攻击者的目的只是为了炫耀才能，很少造成数据失窃。如今的攻击者的动机往往是经济上的，这些攻击者有组织并且死心塌地地寻求可以使其发财的信息，如信用卡号、个人身份证号等敏感及机密信息。

甲骨文（Oracle）数据库为业界提供了最佳的安全系统框架。但是，要让这个框架起作用，数据库管理员必须遵循最佳方案并持续监视数据库活动。比如，要限制访问数据和服务、验证用户、遵守最少权限原则。

Oracle 数据库的访问大部分必须通过网络，Oracle 客户端通过 TCP/IP 通信协议连接到数据库服务器，Oracle 客服端和数据库服务器的通信使用 Oracle 专用的协议透明网络底层（transparent network substrate，TNS），同数据库连接的建立必须通过 TNS 监听器，监听器是应用程序与数据库交换数据的桥梁和中介，如图 2-1-12 所示。因此，监听器必须是安全的，如果监听器不安全，网络黑客就会捕获出有用的数据库信息。所以，Oracle 数据库系统安全的一个重要方面是监听程序的安全，使得监听程序不被黑客所掌控。如果控制了监听程序就可以管理、停止监听，使数据库应用系统崩溃。

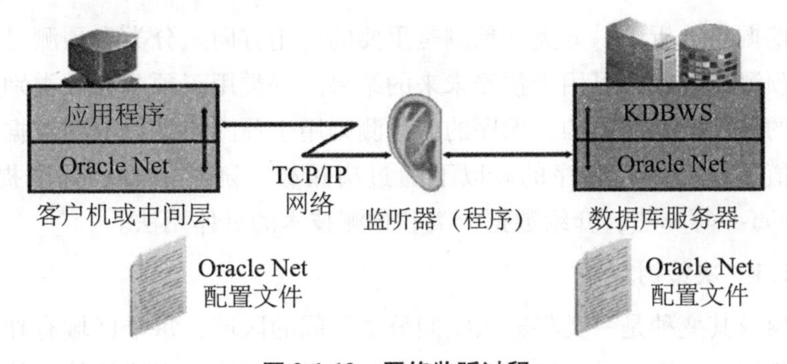

图 2-1-12　网络监听过程

第 2 章　大数据分析技术

2.1 引言

算法，尤其是机器学习算法的兴起，给大数据的处理提供了更多的可能。本章主要介绍大数据分析过程中应用到的具体技术，包括各类算法的概念及细节，分为大数据挖掘与分析技术和其他数据分析与应用技术。

2.2　大数据挖掘与分析技术

大数据挖掘与分析，通常指通过算法搜索隐藏于大数据中的信息的过程。一般地，大数据的挖掘与分析利用计算机，通过统计、在线分析处理、情报检索、机器学习、专家系统和模式识别等诸多方法来实现隐藏数据的挖掘。本节重点介绍大数据挖掘与分析技术中的数据分类与预测技术、关联分析技术、聚类技术、异常数据与特异群组挖掘技术、深度学习与强化学习五个方面。

2.2.1　数据分类与预测技术

数据挖掘与分析中，分类和预测是重要的应用方向。分类和预测是两种使用数据进行预测的方式，可用于预测未来的结果。分类用于预测离散类别的数据对象，数据的属性值是离散的、无序的。预测则用于预测连续取值的数据对象，数据的属性值是连续的、有序的。以下通过决策树、随机森林、梯度提升、XG-Boost、Relief-F 等算法，介绍数据分类和预测技术的具体用法。

2.2.1.1　决策树算法

决策树及其变种是一类将输入空间分成不同的区域，每个区域有独立参数的算法。决策树分类算法是一种基于实例的归纳学习方法，它能从给定的无序的训练样本中，提炼出树型的分类模型。树中的每个非叶子节点记录了使用哪个特征来进行类别的判断，每个叶子节点则代表了最后判断的类别。根节点到每个叶子节点均形成一条分类的路径规则。而对新的样本进行测试时，只需要从根节点开始，在每个分支节点进行测试，沿着相应的分支递归地进入子树再测试，一直到达叶子节点，该叶子节点所代表的类别即是当前测试样本的预测类别。

为了实现“任务 - 装备系统”的关联，直接从使命任务推荐与其相关的装备系统，如防御目的预警与监视，则可以直接推荐“预警卫星、地面接收站、预警中心”。为了构建决策树，以使命任务 - 能力指标 - 装备系统作为树的节点，以其所包含的特征作为分类依据，可采用信息增益、信息增益率、基尼指数等作为选取节点的计算依据，以此生成决策树，且 ID3 决策树（iterative dichotmizer 3）算法以信息增益作为叶子结点选取标准、C4. 5 决策树以信息增益率为叶节点选取标准、CART 决策树（classification and regression tree）以基尼指数为叶节点选取标准。且历史体系结构模型数据样本量越大，通过使命任务获得装备系统的结构越准确。其中信息增益 $\mathrm{Gain}(D, a)$、信息增益率 $\mathrm{Gain\_ratio}(D, a)$、基尼指数 $\mathrm{Gini}(D)$的计算公式如下。

信息增益定义为：

$$\mathrm{Gain}(D,a) = \mathrm{Ent}(D) - \sum_{v=1}^{V} \frac{|D^v|}{|D|}\mathrm{Ent}(D^v) \tag{2-2-1}$$

D 为样本集总量，D^v为使用特征 a 对样本集进行划分时第 v 个分支结点，包含了 D 中所有在属性 a 上取值为 av 的样本。

信息增益率定义为：

$$\mathrm{Gain\_ratio}(D, a) = \frac{\mathrm{Gain}(D, a)}{\mathrm{IV}(a)} \tag{2-2-2}$$

其中

$$\mathrm{IV}(a) = -\sum_{v=1}^{V} \frac{|D^v|}{|D|}\log_2 \frac{|D^v|}{|D|} \tag{2-2-3}$$

Gini 指数定义为：

$$\mathrm{Gini}(D) = \sum_{k=1}^{|y|}\sum_{k' \neq k} p_k p_{k'} \tag{2-2-4}$$

属性 a 的基尼指数定义为：

$$\mathrm{Gini}(D)\_\mathrm{index}(D,a) = \sum_{v=1}^{V} \frac{|D^v|}{|D|}\mathrm{Gini}(D^v) \tag{2-2-5}$$

决策树算法的基本流程如下：

①将构成样本的所有特定类别属性和所有的特定参数组成属性集作为根

节点。

②将数据库中的所有样本进行处理，划分为训练集和测试集。

③由根节点开始，通过信息增益准则、增益率准则或者基尼指数准则来确定最优划分属性，根据训练集的样本数据生成初始决策树。其中，各个属性划分为根节点以及各个内部节点，预测的各个装备系统为叶节点。

④根据测试集对初始决策树的泛化性能进行评估，并进行剪枝处理。

2.2.1.2 随机森林算法

随机森林算法对原始数据集做很多次放回抽样，每次抽取和样本量同样多的观测值，由于是放回抽样，每次都有一些观测值没有抽到，一些观测值会重复抽到，如此会得到很多不同的数据集，然后对于每个数据集建立一个决策树，因此产生大量决策树。但是，在随机森林每棵树的每个节点，拆分变量不是由所有变量竞争，而是由随机挑选的少数变量竞争，而且每棵树都长到底。拆分变量候选者的数目限制可以避免由于强势变量主宰而忽略的数据关系中的细节，因而大大提高了模型对数据的代表性。随机森林的最终结果是所有树的结果的平均，也就是说，一个新的观测值通过许多棵树（比如 n 棵）得到 n 个预测值，最终用这 n 个预测值的平均作为最终结果。

随机森林算法有以下优势：

①随机森林算法几乎不需要输入的准备。它们不需要测算就能够处理二分特征、分类特征、数值特征的数据。随机森林算法能完成隐含特征的选择，并且提供一个很好的特征重要度的选择指标。

②随机森林算法训练速度快。性能优化过程刚好又提高了模型的准确性，调低给定任意节点的特征划分，能简单地处理带有上千属性的数据集。

③通用性。随机森林算法可以应用于很多类别的模型任务。

2.2.1.3 梯度提升树算法

梯度提升树作为集成学习的一个重要算法，在被提出之初就和支持向量机（support vector machines，SVM）一起被认为是泛化能力较强的算法。具体而言，梯度提升树是一种迭代的决策树算法，它基于集成学习中的提升方法（boosting）思想，每次迭代都在减少残差的梯度方向新建立一颗决策树，迭代多少次就会生成多少颗决策树。其算法思想使其可以发现数据中有区分性的特征以及特征组合，业界中，Facebook 使用其来自动发现有效的特征、特征组合，来作为 LR 模型中的特征，以提高点击率预测的准确性。总之，梯度提升树主要结合回归树和提升树的思想，并提出利用残差梯度来优化回归树的集成过程。

梯度提升树本身并不复杂，就是对集成学习的原理、决策树原理和各种损失函树有一定的结合。梯度提升树的主要优点有：

①可以灵活处理各种类型的数据，包括连续值和离散值。

②在相对少的调参时间情况下，预测的准备率也可以比较高。这个是相对SVM来说的。

③使用一些健壮的损失函数，对异常值的鲁棒性非常强。

2.2.1.4 XGBoost

XGBoost算法思想就是不断地添加树，不断地进行特征分裂来生长一棵树，每次添加一个树，其实是学习一个新函数，去拟合上次预测的残差。当我们训练完成得到 k 棵树，我们要预测一个样本的分数，其实就是根据这个样本的特征，在每棵树中会落到对应的一个叶子节点，每个叶子节点就对应一个分数，最后只需要将每棵树对应的分数加起来就是该样本的预测值。

XGBoost目标函数定义为：

$$\text{Obj} = \sum_{(i=1)}^{n} l(y_i, \hat{y}_i) + \sum_{k=1}^{K} \Omega(f_k) \tag{2-2-6}$$

目标函数由两部分构成，第一部分用来衡量预测分数和真实分数的差距，另一部分则是正则化项。正则化项同样包含两部分，T 表示叶子结点的个数，w 表示叶子节点的分数。γ 可以控制叶子结点的个数，λ 可以控制叶子节点的分数不会过大，防止过拟合。

XGBoost可以广泛用于数据科学竞赛和工业界，是因为它有许多优点：

①使用许多策略去防止过拟合，如正则化项、收缩和列特征抽样（shrinkage and column subsampling）等。

②目标函数优化利用了损失函数关于待求函数的二阶导数。

③支持并行化，这是XGBoost的闪光点，虽然树与树之间是串行关系，但是同层级节点可并行。具体的对于某个节点，节点内选择最佳分裂点，候选分裂点计算增益用多线程并行。训练速度快。

④添加了对稀疏数据的处理。

⑤交叉验证，早停法（early stop），当预测结果已经很好的时候可以提前停止建树，加快训练速度。

⑥支持设置样本权重，该权重体现在一阶导数 g 和二阶导数 h，通过调整权重可以去更加关注一些样本。

2.2.1.5 Relief-F特征选择算法

Relief算法最早由基拉（Kira）提出，最初局限于两类数据的分类问题。Relief 算法是一种特征权重算法，根据各个特征和类别的相关性赋予特征不同的权重，权重小于某个阈值的特征将被移除。Relief 算法中特征和类别的相关性是基于特征对近距离样本的区分能力。

算法从训练集 D 中随机选择一个样本 R，然后从和 R 同类的样本中寻找最近邻样本 H，称为 Near Hit，从和 R 不同类的样本中寻找最近邻样本 M，称为 Near Miss，然后根据以下规则更新每个特征的权重：如果 R 和 Near Hit 在某个特征上的距离小于 R 和 Near Miss 上的距离，则说明该特征对区分同类和不同类的最近邻是有益的，则增加该特征的权重；反之，如果 R 和 Near Hit 在某个特征的距离大于 R 和 Near Miss 上的距离，说明该特征对区分同类和不同类的最近邻起负面作用，则降低该特征的权重。以上过程重复 m 次，最后得到各特征的平均权重。特征的权重越大，表示该特征的分类能力越强，反之，表示该特征分类能力越弱。Relief 算法的运行时间随着样本的抽样次数 m 和原始特征个数 N 的增加线性增加，因而运行效率非常高。

该算法用于处理目标属性为连续值的回归问题。Relief-F 算法在处理多类问题时，每次从训练样本集中随机取出一个样本 R，然后从和 R 同类的样本集中找出 R 的 k 个近邻样本（Near Hits），从每个 R 的不同类的样本集中均找出 k 个近邻样本（Near Misses），然后更新每个特征的权重。

Relief-F 算法步骤如下：

①现有不同类别的样本若干，对每类样本称作 Xn。

②从所有样本中，随机取出一个样本 A。

③在与样本 a 相同分类的样本组内，取出 k 个最近邻样本。

④在所有其他与样本 a 不同分类的样本组内，也分别取出 k 个最近邻样本。

⑤计算每个特征的权重。

对于每个特征权重有：

$$W(A) = W(A) - \sum_{j=1}^{k} \frac{\text{diff}(A,R,H_j)}{mk} + \sum_{\text{class}(R)} \left[\frac{p(C)}{1 - p(\text{Class}(R))} \sum_{j=1}^{k} \frac{\text{diff}(A,R,M_j(c))}{mk} \right] \tag{2-2-7}$$

$$\text{diff}(A,\ R_1,\ R_2) = \begin{cases} \dfrac{|R_1[A] - R_2[A]|}{\max(A) - \min(A)} & \text{如果 } A \text{ 是连续的} \\ 0 & \text{如果 } A \text{ 是离散的，且 } R_1[A] = R_2[A] \\ 1 & \text{如果 } A \text{ 是离散的，且 } R_1[A] \neq R_2[A] \end{cases} \tag{2-2-8}$$

其中，p（C）为该类别的比例。p（Class（R））为随机选取的某样本的类别的比例。

可以看到，权重意义在于，减去相同分类的该特征差值，加上不同分类的该特征的差值（若该特征与分类有关，则相同分类的该特征的值应该相似，而不同分类的值应该不相似）。最后可以根据权重排序，得到合适的特征。

在实际调优分析问题中，将某个具体调优目标（即综合评价指标）视为一种类别；在防御节点之后的系统指标分配设计过程中，将不同的数据视为不同的特征维度；通过上述 Relief-F 算法，找到影响调优目标的各个指标或指标分配数据，并将对调优目标的调优幅度在上述数据中进行回归。

2.2.2　关联分析技术

关联分析，也称关联挖掘，属于无监督算法的一种，它用于从数据中挖掘出潜在的关联关系。或者说，关联分析就是在交易数据、关系数据或其他信息载体中，查找存在于项目集合或对象集合之间的频繁模式、关联、相关性或因果结构。以下从基于规则的关联分析方法及关联规则挖掘算法（Apriori 算法）等方面介绍关联分析技术。

2.2.2.1　基于规则的关联分析方法

关联规则要处理的数据集的不同属性之间必然存在某种隐藏规律，这种规律可能是群体法则，也可能是自然法则。关联规则就是将这种隐藏规律以数学的方式挖掘出来，一般将隐藏规律称之为规则。规则的一般表现形式是"如果……就会"，"如果"表示的是事务发生的前提，"就会"表示的是事务发生的结果。但实际上，从各式各样的数据中挖掘出来的规则并不是都有意义，假如我们得到的一个关联规则是"如果有一个人购买了 A 基金，就会有较大的概率购买 B 基金"，这样的关联规则实际上并不能明确地指引我们对基金进行组合销售。此时，就需要对挖掘出来的关联规则进行优劣评价。这个评价的指标主要有两条：置信度和支持度。在给出置信度、支持度的规范定义之前，首先需要对关联规则相关理论做出明确定义。设 $I=\{I_1, I_2, I_3, I_4, \cdots, I_n\}$为项目集合或项集，其中，$I_k$（$1<k<n$）是一个单独的项目，$D=\{D_1, D_2, D_3, D_4, \cdots, D_n\}$为事务集合，其中，$D_k$（$1<k<n$）是一个独立的事务，且 D_k 是 1 的子集。

定义 1：在一条规则中 $A \geqslant B$ 中，都是两个事务集合，A 事务集合表示规则成立的条件，B 事务集合表示规则成立的结果，则该条规则的置信度可用条件概率 P（B/A）表示，根据概率论的相关知识：

$$\text{confidence}\ (A \geqslant B) = P\ (B/A) = P\ (BA)\ /A \tag{2-2-9}$$

定义 2：在一条规则 $A \geqq B$ 中，A，B 都是两个事务集合，A 事务集合表示规则成立的条件，B 事务集合表示规则成立的结果，则该条规则的支持度可用概率 $P\ (AB)$ 表示，即：

$$\text{support}\ (A \geqq B) = P\ (AB) \tag{2-2-10}$$

下面将给出具体例子对置信度和支持度两个定义进行具体说明。

假设 5 名顾客在某商场的购买记录见表 2-2-1。

表 2-2-1　5 名顾客的商场购买记录

顾客	购买记录
小田	苹果，可乐
小王	苹果，薯片，纸巾
小李	苹果，冰激凌
小张	苹果，冰激凌，可乐
小孙	冰激凌

将苹果、可乐、薯片、纸巾和冰激凌分别用 A、B、C、D、E 来代替。可以将上述统计记录换成一张二维表，见表 2-2-2。

表 2-2-2　字母替换后的二维表

	A	B	C	D	E
A	4	1	1	2	2
B	1	2	1	0	0
C	1	1	1	0	0
D	2	0	0	2	0
E	2	0	0	0	2

其中的数字表示所处横栏的物品与所处纵栏的物品共同的购买记录，例如，第三行第四列的 1 代表在所有的购物记录中，可乐与薯片一起购买的次数为 1 次。

下面求解关联规则 $B \geqq C$ 的置信度和：

$\text{confidence}\ (B \geqq C) = P\ (CAB) = P\ (CB)\ /P\ (B)$

由表 2-2-2 可知，可乐的购买次数为 2 次，总共的购物记录为 5 条，那么可以得出：

$$P\ (B) = 2/5 = 0.4$$

$$P\ (CB) = 1/5 = 0.2$$

由此可知，$\text{confidence}\ (B \geqq C) = 0.2/0.4 = 0.5$

$$\text{support}\ (B \geqq C) = 0.2$$

这个结论表示在所有顾客当中，有20%的顾客会购买可乐和薯片两种物品，而在已经购买了可乐的顾客当中，有50%的顾客会继续购买薯片。

可能出现的情况见表2-2-3。

表2-2-3 可能出现的情况

项集	支持度
A	0.5
B	0.4
C	0.4
AB	0.3
AC	0.2
BC	0.15
ABC	0.05

上述情形得出的关联规则见表2-2-4。

表2-2-4 上述情形得出的关联规则

规则	置信度
$BC \geqq A$	0.33
$AC \geqq B$	0.25
$AB \geqq C$	0.17

以规则$BC \geqq A$为例，在BC已经发生的条件下，A发生的概率是33%，但是，在通常情况下，A发生的概率是56%，这样看来，这条规则根本没有意义。

其实，如果只依靠支持度和置信度来约束挖掘，那么挖掘出来的规则很有可能就是这种毫无意义的规则，所以在关联规则中需要引进另一个概念来对规则进行约束。

定义3：在一条规则$A \geqq B$中，A，B都是两个事务集合，A事务集合表示规则成立的条件，B事务集合表示规则成立的结果，则该条规则的提升度可以由以下式子表示：

$$\text{lift}(A \geqq B) = \text{confidence}(A \geqq B) / \text{support}(B) = P(B/A) / P(B) \tag{2-2-11}$$

通过观察式（2-2-11）可以了解到，一条规则的提升度其实是相比于不使用该规则，使用该规则可以提升多少可能。一般来说，提升度大于1，则说明规则是有价值的，以定义为例，假设lift（$A \geqq B$）=1，说明confidence（$A \geqq B$）=1.5×support（B），即使用规则要比不使用规则A发生的概率提高了1.5倍。

除去上述提到的三个基本定义之外，关联规则理论中还有几个比较通用的概念，下面一一给出。

定义4：满足发现关联规则的最小支持度阈值称为关联规则的最小支持度。

定义5：如果一个项的支持度大于最小支持度，那么该项被称为频繁项，一个数据集中所有的频繁项构成的集合称为频繁集。

定义6：满足发现关联规则的最小置信度阈值称为关联规则的最小置信度。

定义7：如果一个规则既满足最小支持度，又满足最小置信度，则称该规则为强关联规则，否则称之为弱关联规则。

2.2.2.2 Apriori 算法

在关联规则挖掘的发展历史上，频繁模式挖掘是被众多研究人士大量研究的热点问题。早在1994年，一种发现频繁项集的基本算法 Apriori 就被提出，Apriori 算法最早被运用于购物篮分析中，挖掘订单商品之前潜在的有趣相关性，从而分析顾客的购买习惯来调整营销策略并增加购买力。Apriori 算法是布尔关联规则挖掘频繁项集的原创性算法，它使用一种逐层搜索迭代的方法，从 L_{k-1} 项集中找出 L_k 项集，其中 $k \geqslant 2$。然后从找出的频繁集中，通过频繁项集挖掘强关联规则。关联规则指有关联的规则，形式上这样定义：两个不相交的非空集合 X 和 Y，如果有 $X \geqslant Y$，说明 $X \geqslant Y$ 是一条关联规则。关联规则有两个重要的指标支持度和置信度，其中支持度：support（$X \geqslant Y$）表示集合 X 与集合 Y 中的项在一条记录中同时出现的次数比上数据记录的个数，置信度 confidence（$X \geqslant Y$）表示集合 X 与集合 Y 中的项在一条记录中同时出现的次数比上集合 X 出现的个数。支持度和自信度越高，说明规则越强，关联规则挖掘就是挖掘出满足一定强度的规则。算法的具体流程如下：

①首先通过扫描源事务数据库，累计每一个事务项的出现次数，这里的次数就是项的频数，也就是支持数。将其与预先设置好的最小支持度所对应的频数进行对比，所有支持度大于等于最小支持度的项被称为频繁1项集，该集合记为 L_1。

②扫描 L_1，将 L_1 中的项进行自连接，形成频繁2项集的候选集 C_2。

③遍历 C_2 中的项，分别扫描数据库记录下项的频数从而获取支持度，所有支持度不低于最小支持度的项集则为频繁2项集，该集合记为 L_2。

④算法继续重复步骤2的过程，形成频繁3项集的候选集 C_3。

⑤算法继续重复步骤3的过程，生成频繁集 L_3。

⑥如此循环，直到不能再找到频繁 k 项集，此时频繁项集挖掘完成。

Apriori 算法在候选集计算支持度的时候会多次扫描数据库，为了提高频繁项集逐层产生的效率，可以利用先验性质来压缩搜索空间[7]。两个基本的先验知识：任何频繁项集的子集一定是频繁项集；任何非频繁项集的超集一定不是频繁项集。算法的这一先验知识可以运用于算法的两步过程中，这两个过程由连接步和剪枝步组成。

①连接步：在产生 k 频繁项集 L_k 的时候，需要将 L_{k-1} 与自身连接，在满足条件下，产生候选项集 C_k。假设 I_i 与 I_j 是频繁项集 L_{k-1} 中的两个项，其中 $I_i[m]$ 表示 I_i 中的第 m 项。L_{k-1} 与 L_{k-1} 自连接，基于性质任何频繁项集的子集一定是频繁项集，如果他们的 $k-2$ 项是相同的，即存在 $(I_i[1]=I_j[1])(I_i[2]=I_j[2])\cdots(I_i[k-2]=I_j[k-2])$，那么 I_i 和 I_j 是满足规则连接的，连接结果项集为 $\{I_i[1]I_i[2]I_{i3}[2]\cdots I_i[k-2]I_j[k-1]\}$。

②剪枝步：L_k 的子集是 C_k，所以说明在 C_k 中存在大量不是频繁集的候选集，但是所有的 L_k 项集中的项一定包含在 C_k 中。根据频繁集的定义，当扫描数据库 C_k 项集支持度大于最小支持度，则说明其是频繁的，然而候选集的数目庞大时会增加计算量，利用先验性质任何非频繁项集的超集一定不是频繁项集，可以大大压缩 C_k。因此，如果一个候选集只要它的任意一个非空子集不存在于 L_{k-1} 中，就可以将该候选集从 C_k 中删除。

频繁项集挖掘完成在这基础上，关联规则的产生是针对频繁集的每个非空真子集，如果 $\frac{\text{support}(l)}{\text{support}(s)}\geqslant \min(\text{conf})$，则产生关联规则 $s\rightarrow(l-s)$，其中 $\min(\text{conf})$ 是最小置信度阈值。

2.2.3　聚类技术

聚类是根据最大化簇内相似性、最小化簇间相似性的原则，将数据对象集合划分成若干个簇的过程。相似性是定义一个簇的基础，聚类过程的质量取决于簇相似性函数的设计，不同的簇相似性定义将得到不同类别的簇。具有某种共同性质的对象取决于挖掘目标的定义。不同的簇相似性定义得到不同的簇，甚至还有不同形状、不同密度的簇。但不管怎样，传统聚类算法是处理大部分数据对象具有成簇趋势的数据集，将大部分数据对象划分成若干个簇。然而，在一些大数据应用中，大部分数据并不呈现聚类趋势，而仅有少部分数据对象能够形成群组。

2.2.3.1　聚类算法简述

聚类分析算法是一种古老又新颖的分析算法，聚类分析是一种在很久以前就存在的一种分析统计的技术，但是将聚类分析的思想结合现代计算机的算法是一种比较新颖的计算机网络技术。

简单来说，聚类分析就是通过将数据对象进行聚类分组，然后形成板块，将毫无逻辑的数据变成了有联系性的分组数据，然后从其中获取具有一定价值的数据内容进行进一步的利用。由于这种分析方法不能够很好地就数据类别、属性进行分类，所以聚类分析法一般都运用在心理学、统计学、数据识别等方面。

聚类算法的分类可以有多种标准，在此列举如下几个方面：

①凝聚式/分割式：前者是先将每一个样本都认为是一个独立的簇，然后逐渐合并（merge）；而后者则是先将所有样本都归为一个相同的簇，然后使用某种规则分割。

②单一特征（顺序）/多特征（同时）：两者的区别是，前者一次分簇只使用一个特征，后者一次分簇同时使用多个特征，目前主流算法均是多特征同时使用的。

③硬聚类/模糊聚类：硬聚类就是把数据确切地分到某一类中，属于 A 类就是 A 类，不会跑到 B 类。模糊聚类就是把数据以一定的概率分到各类中，聚类的结果往往是样本 1 在 A 类的概率是 0.7，在 B 类的概率是 0.3。

④分层/分割：分层聚类（层次聚类）具有类别层次，分割聚类所有类别同层次。

2.2.3.2 聚类算法举例

本书将聚类算法分为基于图的聚类、基于网格的聚类、基于模型的聚类、层次聚类、基于距离的聚类 、基于密度的聚类。其中，层次聚类的距离算法主要基于三个方法，分别是最近距离（single-link），最远距离（complete-link）和最小方差（minimum-variance），其中前两者是应用最广泛的。此外，根据算法从上而下/从下而上计算的不同，又分为聚合式（agglomerative）和分裂式（divisive）两种。

single-link 和 complete-link 的算法思路类似，不同之处在于前者在度量两个簇的距离时使用最近距离，而后者使用最远距离。此外也有算法使用 average-link，即平均距离。不论使用哪种 link 方法，在完成簇距离度量后，基于最近距离标准，两个簇被合并为一个大簇或一个大簇被分成两个子簇。在完成聚合/分解时，single-link 倾向于形成松散的簇，而 complete-link 则较为紧密。这是由于 single-link 的计算方式会使得一些本身离得较远的簇，仅由于临近的两个点就被归为同一个簇。

聚合式聚类算法首先将所有样本都归为一个簇，再将距离最远的两个簇分离，直到所有样本都被分为单独的簇。而分裂式聚类算法首先将每一个样本都视为一个簇，构建所有无序样本对之间的距离列表，并顺序排列，再将目前距离最近的两个簇合并，直到所有样本都落到一个簇中。层次聚类算法的主要缺点有：

鲁棒性较差，对噪声和离群点敏感，对于已分簇的样本不再回顾；算法复杂度，不做调整难以适应大数据环境下的计算要求。

在大数据领域，考虑到计算的复杂度，分割聚类的使用范围比层次聚类要广泛。分割聚类又分为基于距离、基于密度、基于分布等多种不同的算法。

K-means是使用平方误差算法中最简单和广泛使用的一个。该算法首先进行一次随机的初始化分割，然后根据样本和簇中心的距离，不断将样本重新分配，直到收敛条件被满足。收敛条件一般是指，没有任何重分配需要操作，或误差不再缩小。该算法由于需要进行初始化，容易陷入局部最优。且对离群点、噪声敏感。算法步骤如下：

①随机选择 k 个样本点（或随机点）作为簇中心。

②将每一个样本点分配给距离簇中心最近的簇。

③使用新的簇成员重新计算簇中心点。

④如果收敛条件未满足，回到步骤2。

K-means有很多变体，其中一些寻求更好的初始分割，而另一些则允许在K-means算法簇聚类结果的基础上，进行簇的分割和聚合操作。一般来说，当一个簇的方差高于一个预设阈值时，会被分割开；而当两个簇中心的距离低于某个预设值时，会被合并。使用此类变体算法即可在初始化分割较差的情况下获得最优结果。K-means的一个主要问题是无法处理如下的不规则形状聚类，因此有学者针对此类情况开发了基于密度的聚类方法。

图论聚类中，最著名的算法是基于最小生成树（minimum spanning tree, MST）构建，然后删除长度最大的MST边界来生成簇。层次聚类和图论聚类有相关性，使用single-link获得的簇是最小生成树的子图；使用complete-link获得的簇是最大完备子图。

谱聚类是由图聚类衍生出的一类聚类方法，该方法对样本点和簇的分布无预设，且可应用于大规模数据聚类中，无须做随机初始化，可以获得全局最优解。谱聚类的缺点是必须选择合适的相似度图，且对参数很敏感。

基于密度的聚类指，只要邻近区域的密度（对象或数据点的数目）超过某个阈值，就继续聚类。常见算法为DBSCAN算法（density-based spatial clustering of applications with noise)，主要针对大规模无规则形状的聚类应用场景。

基于网格的聚类算法的原理就是将数据空间划分为网格单元，将数据对象集映射到网格单元中，并计算每个单元的密度。根据预设的阈值判断每个网格单元是否为高密度单元，由邻近的稠密单元组形成“类”。其思路类似基于密度的聚类，但以网格划分开。

该类方法的优点是执行效率高，因为其速度与数据对象的个数无关，而只依赖于数据空间中每个维上单元的个数。但缺点也不少，比如对参数敏感、无法处理不规则分布的数据、维数灾难等。STING（statistical information grid）和CLIQUE（clustering in quest）是该类方法中的代表性算法。

此外，聚类还可以通过期望最大化算法、最邻近聚类、模糊聚类、人工神经网络、遗传算法等完成，可以称为基于模型的聚类算法。

最大期望算法（expectation-maximization algorithm，EM）是一种基于最大似然，最初被应用于缺失值问题的算法。1997 年由 Mitchell 首次提出可应用于聚类算法中。在 EM 算法框架中，每一个分布及分布混合的参数都是未知的，均应从样本中估计。EM 算法首先初始化一个参数向量，然后迭代地对样本重打分，再利用这些样本进行参数估计。

最近邻聚类方法的步骤是：首先任意选择一个样本点作为第一个簇的中心点，再计算其余样本点到该点的距离，若高于距离阈值则另该点为新的簇中心点，若低于阈值，则将该点归到距离最近点的簇中，循环直到没有点未被归类。

模糊聚类与其他聚类方式不同之处在于它将每一个样本对每一个簇的“归属”使用隶属度函数表达，即同一个样本可能隶属于多个簇，但其在不同簇的隶属度之和为 1。

2.2.4 异常数据与特异群组挖掘技术

数据中存在的异常总会对分析的结果产生影响，对大数据而言，这种异常的影响尤为明显。因此，如何发现的异常数据以及数据中的异常群组，显得尤为重要。以下分别介绍异常数据挖掘技术以及特异群组挖掘技术的要点。

2.2.4.1 异常数据挖掘技术

少部分数据对象的挖掘通常被认为是异常检测任务。在特异群组挖掘问题中，相对于不在任何群组中的大部分数据对象而言，少部分相似对象形成的群组是一种异常。目前大多数异常挖掘算法的目标是发现数据集中那些少数不属于任何簇，也不和其他对象相似的异常点（point anomalies）。除异常点检测外，存在一些算法用于发现异常点成簇的情况，称为微簇（micro-cluster 或 clustered anomalies）挖掘，但是该任务也对剩下的大部分数据有聚类假设，即微簇问题在一个数据集中包含点异常、微簇和簇。集体异常（collective anomalies）挖掘任务只能出现在数据对象具有相关性的数据集中，其挖掘要求探索数据集中的结构关系。目前集体异常挖掘主要处理序列数据、图数据和空间数据。

在数据挖掘的过程中，数据库中可能包含一些数据对象，它们与数据的一般行为或模型不一致，这些数据对象被称为异常点，对异常点的查找过程称为异常数据挖掘，它是数据挖掘技术中的一种。异常数据挖掘又称孤立点分析、异常检测、例外挖掘、小事件检测、挖掘极小类、偏差检测等。孤立点可能是“脏数据”，也可能是与实际对应的有意义的事件。从知识发现的角度看，在某些应用里，那些很少发生的事件往往比经常发生的事件更有趣、也更有研究价值，例外的检测能为我们提供比较重要的信息，使我们发现一些真实而又出乎预料的知识。因此，异常数据的检测和分析是一项重要且有意义的研究工作。

异常数据挖掘有着广泛的应用，如欺诈检测，用异常点检测来探测不寻常的信用卡使用或者电信服务，预测市场动向，在市场分析中分析客户的极低或极高消费异常行为，或者在医疗分析中发现对多种治疗方式的不寻常的反应，等等。通过对这些数据进行研究，发现不正常的行为和模式，有着非常重要的意义。

如图 2-2-1 所示，对异常点数据的挖掘可以描述如下：给定一个 n 个数据点或对象的集合以及预期的异常点的数目 k，目标是发现与剩余的数据相比为异常的前 k 个对象。

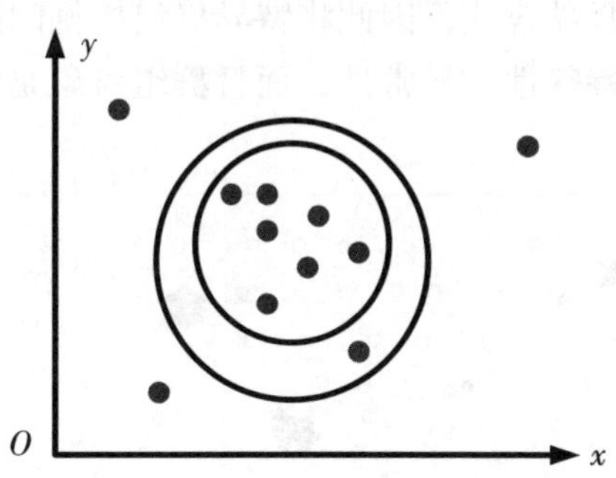

图 2-2-1　异常点数据示例

异常点可分为分类型异常点和数值型异常点，也可按变量数目分为单变量异常点和多变量异常点，也可以按数据范围分为全局异常点和局部异常点。

异常点数据挖掘的任务可以分成两个子问题：

①给出已知数据集异常点数据的定义。

②使用有效的方法挖掘异常点数据。对数据模式的不同定义以及数据集的构成不同，会导致不同类型的异常点数据挖掘，实际应用中根据具体情况选择异常数据的挖掘方法。异常数据的挖掘方法可以分为如图 2-2-2 所示的四种。

2.2.4.2　特异群组挖掘技术

数据挖掘技术是数据开发技术的核心。其中挖掘高价值、低密度的数据对象

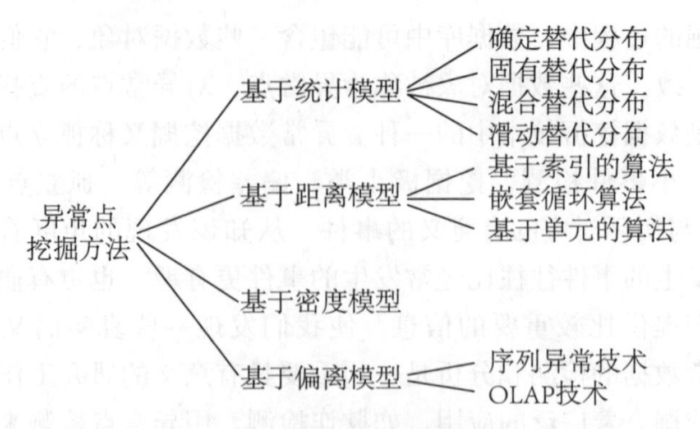

图 2-2-2　异常点挖掘算法分类

是大数据的一项重要工作，甚至高价值、低密度常常被用于描述大数据的特征。存在这样一类数据挖掘需求：将大数据集中的少部分具有相似性的对象划分到若干个组中，而大部分数据对象不在任何组中，也不和其他对象相似。将这样的群组称为特异群组，实现这一挖掘需求的数据挖掘任务被称为特异群组挖掘。特异群组（peculiarity group），意指这些群组具有特殊性、异常性；强调这些群组中的对象具有强相似性、紧黏合性，因此将特异群组挖掘问题的进一步深化，即挖掘的特异群组不仅具有特殊性、异常性，而且群组对象是强相似、紧黏合的。如图 2-2-3 所示。

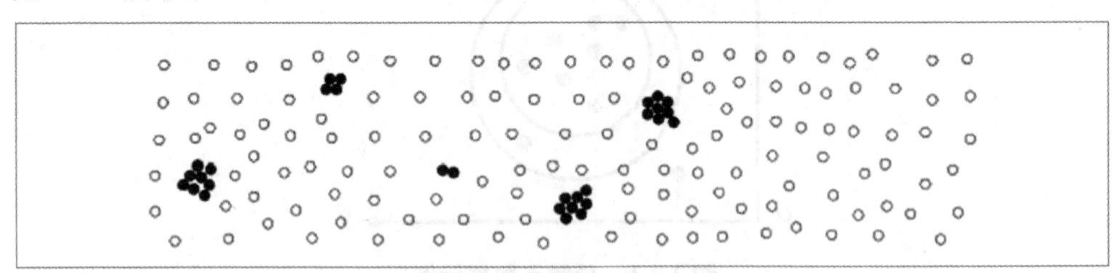

图 2-2-3　大数据集里的特异群组

特异群组挖掘是在大数据集中发现特异群组，找出的是少部分具有相似性的数据对象。与聚类的共同之处是，特异群组中的对象也具有相似性，并将相似对象划分到若干个组中，这在一定程度上符合传统簇的概念。但是，特异群组之外的对象数目一般远大于特异群组中对象的数目，并且这些对象不属于任何簇，这和聚类的目的是不同的。下面介绍特异群组挖掘形式化描述。

设 F_d为 d – 维特征空间，$D = \{O_1, O_2, \cdots, O_i, \cdots, O_n\}$ 是对象集合，$O_i \in F_d$。两个对象 O_i和 O_j间的相似性 f 由相似性函数 sim（O_i，O_j）计算（$0 \leqslant f \leqslant 1$）。

定义 1：相似对象。给定一个相似性阈值 δ，对于一个对象 O_i（$O_i \in D$），如果数据集中至少存在另一个对象 O_j，使得 sim（O_i，O_j）$\geq\delta$。那么对象 O_i 称为对象集合 D 中关于 δ 的相似对象。在特异群组挖掘问题中，由于大部分数据对象都是不相似的，只有群组中的对象才是相似对象，表现出相异于大部分对象的特性，因此，在特异群组挖掘问题中，相似对象被称为特异对象，特异对象的集合记为 P，剩下不在 P 中的对象记为 $D \setminus P$。相应地，度量数据对象是否为相似对象的相似性函数被称为特异度度量。特异度度量是定义一个特异群组的基础。

对于一个数据集，形成特异群组集合的数据对象相对整个数据集中的数据对象是少数的。在很多情况下，指定合适的相似性阈值对用户而言是困难的。例如，在证券市场合谋操纵账户挖掘中，多个账户在一定时间段内的多次相同交易行为是价格操纵的基本行为。简单直观地，可以以相同交易行为的数量 l 来定义两个账户的相似度，用这个数量作为相似性阈值。然而，在实际实施过程中，这个相似性阈值对用户而言是困难的。

但是，对于特异群组挖掘需求而言，用户更容易知道的是他们希望发现的特异对象的数量。例如，作为证券监管者，希望发现的是涉嫌操纵股价的账户数量。进一步，特异群组挖掘问题是挖掘"少量"数据对象构成的特异群组，一般观点认为20%已经很少了，但在许多应用中，如证券市场合谋操纵账户挖掘这个例子中，10%都不是"少量"，操纵账户可能小于0.2%或更小，才被认为是"少量"，这个数量完全由实际问题的用户理解所决定。例如，用户可以根据预算的经费和时间等指定其期望的特异对象数量。同时，这也是用户的直接需求，用户易于理解和指定。于是，对特异群组挖掘问题进行定义。

定义2：τ－特异群组挖掘。特异群组挖掘是在一个数据集中发现特异群组的过程，这些特异群组形成的集合包含 τ 个数据对象，τ 是一个相对小的值（$\tau \ll n \times 50\%$，n 是数据集中对象总个数）。

性质1：相似性阈值的存在性。给定一个特异对象的数量的阈值 τ，存在一个潜在的相似性阈值 δ，对于 τ 个特异对象形成的集合 P 中每一个对象 O，都存在至少另一个对象 Q 与其相似，sim（O，Q）$\geq\delta$。此性质说明了数据集中具有相似性的数据对象（特异对象）的数量 τ 可以反映数据集中对象间的相似性阈值，即选择一个特异对象数量作为代替相似性阈值的方法是合适的。特异对象的数量 τ 不仅易于用户描述其需求，而且因为 τ 相对较小，算法可以利用 τ 设计剪枝策略，以提高大数据集特异群组挖掘算法的效率。

定义3：对象的特异度评分，特异对象。一个对象 O_i 的特异度评分 ω 是 O_i 和该数据集中其他对象间的最大相似性值，即 ω（O_i）$=\max l \leq j \leq n$，$j \neq i$，S

(O_i, O_j)，其中 S (O_i, O_j) 表示对象 O_i和 O_j的相似性度量值。给定一个特异度评分阈值 $\delta>0$，当一个对象 O 的特异度评分 ω (O_i) $>\delta$，则该对象 O 是一个特异对象。表示在整个数据集中特异对象的集合。在特异度评分定义的基础上，定义特异群组。

定义4：特异群组。一个特异对象的集合 G 是一个候选特异群组，当且仅当 $|G|\geqslant 2$，并且 G 中的每两个对象都是相似的，即对于 O_i，$O_j\in G$，有 S (O_i, O_j) $|\geqslant\delta$。如果不存在任何一个 G 的超集是一个候选特异群组，那么 G 是一个特异群组。特异群组的紧致性度量如下。

定义5：紧致性。一个特异群组 G 的紧致性 ζ 是该群组中所有对象的总体特异度评分之和，即 $\zeta=\Sigma i=l|G|\omega$ (O_i) ($O_i\in G$)。

前已述及，特异度评分阈值 δ 在实际应用中用户是很难设置的。为了克服这个困难，用户可以设置一个特异群组集合的对象总数阈值 τ，这对于用户以及特异群组挖掘问题本身而言是一个容易设置和接受的阈值。这两个阈值（τ 和 δ）之间的关系如下。

给定一个相对小的阈值 τ ($\tau\geqslant 2$)（特异群组集合中的对象个数相对较少，因此 τ 的值相对较小），可以找到具有最高特异度评分的 τ 个对象。那么，第 τ 个对象的特异度评分就是相应的特异度评分阈值 δ，即这 τ 个对象具有最高的特异度评分值，并且包含 τ 个对象的特异群组集 C 的紧致度最大。

在对象特异度评分定义基础上，给出进一步深化的特异群组挖掘任务定义。

定义6：τ - 特异群组挖掘。特异群组挖掘问题是找到数据集中所有的特异群组，满足特异群组集合的紧致度最大，且 $|C|=\tau$，其中 τ ($\tau\geqslant 2$) 是一个给定阈值。对于 τ - 特异群组挖掘问题，传统的聚类算法无法直接使用。因为，聚类算法通常要求用户指定一个相似性阈值（或相关参数），而这样的限制不能保证结果中相似对象的数量满足阈值 τ。一种修改是通过多次调用聚类算法调整参数值，终止的条件是当簇中对象的数量满足用户指定的数量 τ。但是，由于重复多次的聚类算法调用，造成大量冗余的计算。更坏的情况是，当多个参数之间相关时，这是相当困难的。虽然，层次聚类方法看上去能够简单地使用一个对象数量的阈值作为参数提前终止聚类，且易于处理任何形式的相似性。然而，对象间相似性的计算具有相当高的复杂度。

还有一些聚类算法给出如何选择参数阈值的指导（如 DBSCAN 算法中的 minPts =4）或者自动调整参数阈值（如 Syn C 算法）。但是，对于一般用户，根据参数阈值指导选择参数仍然是一项困难的工作，并且算法推荐的默认值在很多情况下并不适合，因此用户仍然必须做出许多尝试；而自动参数调整方法在某些应用场景中会显示出局限性，例如，当为了满足特异群组中用户指定数量 τ 对象时，自动策略如最小描述长度（minimum description length，MDL）原则并不适合。此外，Top-c 聚类是一种试图将相似性度量阈值转化为簇个数的聚类算法，即将数据集中的数据对象划分到符合簇质量定义的 c 个簇中，然而，簇的数量 c 并不能决定对象的数量，即 c 个簇可能包含数据集中大量的数据对象（如 70%）。因此，简单地修改聚类算法处理 τ－特异群组挖掘问题不是很好的解决方案，原因是两者的目的不同。值得指出的是，布雷格曼气泡团簇（bregman bubble clustering，BBC）算法挖掘 c 个密集的簇，包含 τ 个对象，这和特异群组挖掘问题的出发点相似。然而，一方面，BBC 算法需要指定 c 个簇的代表点，然后将对象指定到与代表点相近的对象中，直到 τ 个点被聚类。对于用户而言指定这样的代表点是困难的；另一方面，BBC 试图同时限制对象的数量和簇的数量 c，因此又遇到了 τ 个对象必须划分到 c 个簇的困境。考虑到上述问题，下面给出一个特异群组挖掘（abnormal group mining，AGM）框架算法。该算法是一个两阶段算法，如图 2-2-4 所示。第一阶段是找到给定数据集中的最相似的数据对象对，并采用剪枝策略将不可能包含特异对象的对象对删除，然后从候选对象对中计算得到特异对象；第二阶段将对象对划分到特异群组中。在第一阶段，采用 Top k 相似点对查询策略找到 Top k 个相似点对，在这些相似点对中的对象被认为是候选对象。不难证明，k 与 τ 之间的关系为 $k=\tau\times(\tau-1)/2$。因为 τ 是一个相对小的数，对于较小的 k，具有剪枝策略的 Top k 相似点对查询算法有良好的运行效率。即使对于高维数据对象，相似点对查询算法复杂度也可以降为 $O((dn/B)^{1.5})$，其中 d 为数据对象的维度，n 为数据对象集中对象数，B 为数据集

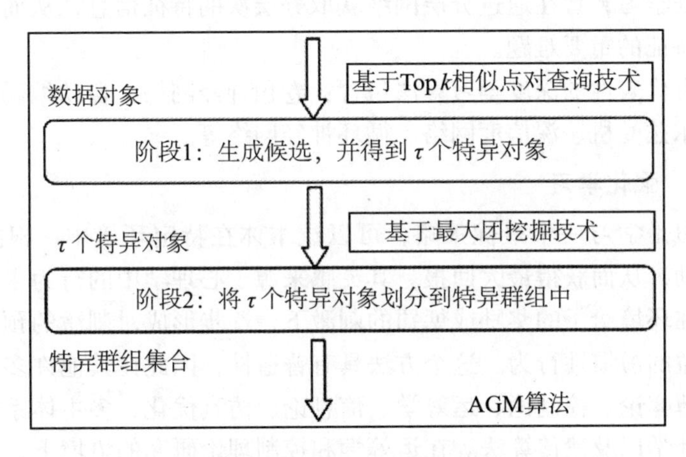

图 2-2-4　τ－特异群组挖掘算法框架

所在外存页字节数。之后，在获得的 Top k 个点对中找到 Top τ 个具有最大特异度评分的对象作为特异对象。在第二阶段，根据特异群组定义，特异群组中的每对对象之间必须相似，因此特异群组事实上是一个最大团，采用最大团挖掘算法将所有的 τ 个特异对象划分到相应的特异群组中。最大团挖掘的最坏情况时间复杂度为 $O(3^{\tau/3})$（τ 为图的顶点数），因为特异群组挖掘算法第一阶段的输出为 Top τ 个对象，而 τ 是一个相对较小的数，因此，对 τ 个数据对象集发现其最大团而言，特异群组挖掘算法具有较好效率。

特异群组是指由给定大数据集里面少数相似的数据对象组成的、表现出相异于大多数数据对象而形成异常的群组，是一种高价值低密度的数据形态。特异群组挖掘、聚类和异常检测都是根据数据对象间的相似程度来划分数据对象的数据挖掘任务，但它们在问题定义、算法设计和应用效果上存在差异。

2.2.5 深度学习与强化学习

深度学习与强化学习也是大数据挖掘与分析技术中关键的应用，随着技术的进步，计算机的运算能力大大提升，深度学习与强化学习的应用也越来越广泛。以下简要介绍深度学习与强化学习的概念。

2.2.5.1 深度学习

深度学习是指在多层神经网络上运用各种机器学习算法解决图像、文本、语音等各种问题的算法集合，例如：图像检测、图像分割、文本翻译、语音识别。深度学习从大类上可以归入神经网络，不过在具体实现上有许多变化。深度学习的核心是特征学习，旨在通过分层网络获取分层次的特征信息，从而解决以往需要人工设计特征的重要难题。

目前具有代表性的深度学习算法包含：卷积神经网络、自动编码器、稀疏编码、限制波尔兹曼机、深信度网络、循环神经网络等。

2.2.5.2 强化学习

强化学习是学习一个最优策略，可以让本体在特定环境中，根据当前的状态，做出行动，从而获得最大回报。其灵感来源于心理学中的行为主义理论，即有机体如何在环境给予的奖励或惩罚的刺激下，逐步形成对刺激的预期，产生能获得最大利益的习惯性行为。这个方法具有普适性，因此在其他许多领域都有研究，例如，博弈论、控制论、运筹学、信息论、仿真优化、多主体系统学习、群体智能、统计学以及遗传算法。在运筹学和控制理论研究的语境下，强化学习被称作“近似动态规划”。在最优控制理论中也有研究这个问题，虽然大部分的研究是关于最优解的存在和特性，并非是学习或者近似方面。在经济学和博弈论中，强化学习被用来解释在有限理性的条件下如何出现平衡。

目前具有代表性的强化学习算法包含：动态规划、蒙特卡罗法、时序差分法、策略梯度法等。

2.3　其他数据分析与应用技术

本节介绍几种其他数据分析与应用技术，包括基于统计学的数据分析技术、基于图/网模型的数据分析技术以及几种优化算法。

2.3.1　相似度算法

为了度量体系结构模型中的相似性，可采用相似度算法作为计算相似的依据，而相似度算法又包括针对离散值的算法和针对连续值的算法等，常用的相似度算法有欧式距离、皮尔逊相关系数、余弦相似度和 Jaccard 距离等。

2.3.1.1　欧式距离

欧几里得度量（也称欧氏距离）是一个通常采用的距离定义，指在 m 维空间中两个点之间的真实距离，或者向量的自然长度（即该点到原点的距离）。在二维和三维空间中的欧氏距离就是两点之间的实际距离。

对于数值型的数据，可采用欧式距离直接表示数据之间的距离：

$$d(a,b) = \sqrt{\sum_{i=1}^{n}(a_i - b_i)^2} \tag{2-2-12}$$

其中，a、b 表示两条数值型数据，a_i和 b_i分别表示样本的第 i 个特征的取值。

2.3.1.2　皮尔逊相关系数

皮尔逊相关系数是用协方差除以两个变量的标准差得到的，虽然协方差能反映两个随机变量的相关程度，但其数值上受量纲的影响很大，不能简单地从协方差的数值大小给出变量相关程度的判断。为了消除这种量纲的影响，于是就有了相关系数的概念。其中皮尔逊相关系数计算公式为：

$$\rho_{a,b} = \frac{\mathrm{cov}\ (a,\ b)}{\sigma_a\sigma_b} = \frac{E\ (\ (a-\mu_a)\ (b-\mu_b))}{\sigma_a\sigma_b} \tag{2-2-13}$$

其中 a，b 分别表示两组数据，cov（a，b）表示协方差，σ 表示标准差。

2.3.1.3　余弦距离

余弦距离也称余弦相似度，用两个向量夹角的余弦值来衡量样本之间差异性的大小，在自然语言处理、数据挖掘等多个领域广泛应用，可考虑将使命任务转化为向量之后再采用余弦距离来度量其相似度，其中计算公式为：

$$\cos(a,b) = \frac{ab}{|a||b|} = \frac{\sum_{i=1}^{n} a_i b_i}{\prod_{i=1}^{n} \sqrt{a_i^2 + b_i^2}} \tag{2-2-14}$$

其中，a、b 表示两个文字型数据通过语义向量化所获得的两个具有标准格式的向量，a_i和 b_i分别表示第 i 个向量维度特征。

2.3.1.4 Jaccard 距离

对于某些具有特定取值（即离散值）的特征，如在空间约束、时间约束、力量运用约束等。为了计算他们之间的距离，可采用 Jaccard 指数直接计算该数据中取值相等的样本个数：

$$j(a, b) = \frac{\text{count}(a_i = b_i)}{\text{count}(a_i) + \text{count}(b_i)} \tag{2-2-15}$$

其中，count（$a_i = b_i$）表示 a_i和 b_i相等的个数，count（a_i）和 count（b_i）分别表示 a_i和 b_i的数量。

同理，为了衡量测量样本之间的差异性，可采用 Jaccard 距离来衡量，Jaccard 距离和 Jaccard 指数是互补的，即：

$$d_j(a, b) = 1 - j(a, b) = \frac{\text{count}(a_i) + \text{count}(b_i) - \text{count}(a_i = b_i)}{\text{count}(a_i) + \text{count}(b_i)} \tag{2-2-16}$$

为了度量使命任务的相似度，可采用上述的几种相似度度量标准来计算，由于使命任务中存在离散值、连续值等多种类型的取值，所以可采用多种相似度加权来衡量整个使命任务的相似度，同时也可以将使命任务向量化之后再来衡量向量之间的相似度，从而寻找最相似的已有体系结构模型。但是当模型的量级过大时，每次都遍历所有的样本来进行寻找将导致算法复杂度过大、运行时间过长等问题，故可先对新的使命任务进行分类，再在所属的类别内部寻找最相似的已有模型，进而提高算法运行效率。为了实现新的使命任务的分类，考虑到原有的使命任务无类别标签一说，故考虑采用聚类算法直接将相似的使命任务作为一个类别，从而实现对使命任务的分类。

2.3.2 基于图/网模型的数据分析技术

复杂网络（complex network，CN）理论所研究的是各种看上去互不相同的网络之间的共性和处理它们的普适方法。一个具体的网络可以抽象为一个由节点集合 V 与连边集合 E 组成的图 $G=(V, E)$。节点数目记为 $N=|V|$，连边数目

记为 $M=|E|$。E 中的每条边都有 V 中的一对节点与之相对应。如果网络中所有连边关系都是无向的，那么这个网络就是一个无向网络，否则就是一个有向网络；如果网络中每一条边都有附加权重，那么这个网络就是一个加权网络，否则就是一个无权网络。无论是有向还是无向，加权还是无权，网络都可以用一个矩阵 $\boldsymbol{W}$ 来表示，矩阵元素 w_{ij} 代表节点 V_i 与节点 V_j 之间的权重（无权网络分别为 0 或 1），这个矩阵叫作网络的邻接矩阵。

2.3.2.1 网络结构统计量

（1）度与度分布

度（degree）是单独节点的属性。如果网络是无向的，那么网络中一个节点的度数就是与它相连的边的数目或者邻居节点的数目；如果网络是有向的，那么从该节点指向其他节点的边的数目就是这个节点的出度，而由其他节点指向该节点的边的数目就是这个节点的入度。

$$d^{\text{out}}(v_i)=\sum_j w_{ij},d^{\text{in}}(v_i)=\sum_j w_{ji} \tag{2-2-17}$$

网络中节点的度的分布情况可以用一个概率分布函数或分布列 $P(k)$ 来描述，称为度分布（degree distribution），它表示在网络中随机选定一个节点，其度数为 k 的概率。

$$P(k)=\frac{\sum_{v\in V}\delta(d(v)=k)}{N} \tag{2-2-18}$$

（2）介数中心度

网络中节点的中心度指的是节点在网络结构中所处位置的中心程度，而介数中心度（betweenness centralit）是评价一个节点位置中心程度的一类指标，其具体意义是网络中其他任意两个节点之间通过该节点的最短路径的数目占比之和。

$$C_B(v)=\sum_{s,t\in V;s,t\neq v}\frac{\sigma_{st}(v)}{\sigma_{st}} \tag{2-2-19}$$

（3）聚类系数

网络中某个节点的聚类系数（clustering coefficient）是指该节点的邻居节点之间实际的连边数量与最大连边数量的比值。该系数刻画了网络的聚类特性，整个网络的聚类系数就是所有节点的聚类系数的平均值，是衡量网络聚集性的一个指标。

$$C_C(v)=\frac{n}{\mathrm{C}_k^2}=\frac{2n}{k(k-1)} \tag{2-2-20}$$

（4）路径长度

网络中任意两个节点之间的距离定义为这两个节点之间最短路径长度，其中最长的距离称为该网络的直径。网络的平均路径长度即为所有节点对之间距离的平均值，是衡量网络小世界性质的一个重要指标。

2.3.2.2 常见的网络模型

（1）规则网络

规则网络是指按照确定的、不含随机性的规则生成的网络模型。常见的规则网络有全局耦合网络、最近邻耦合网络以及星型网络，如图 2-2-5 所示。

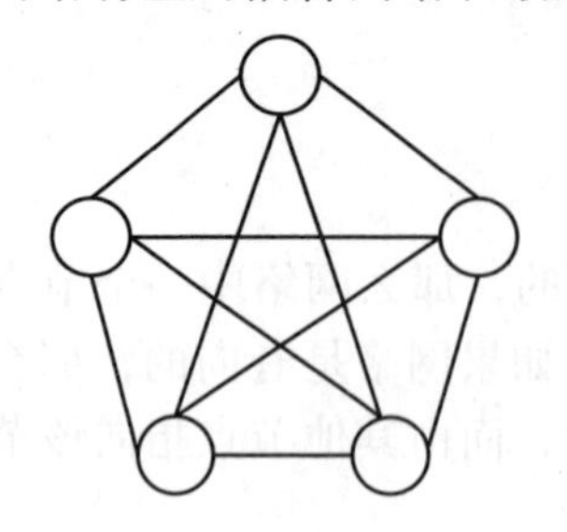
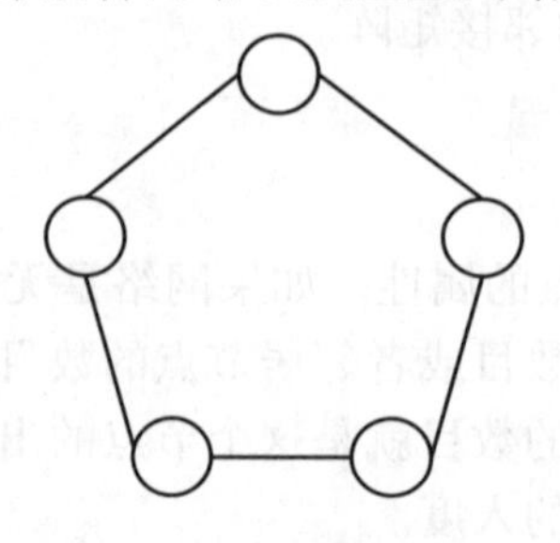
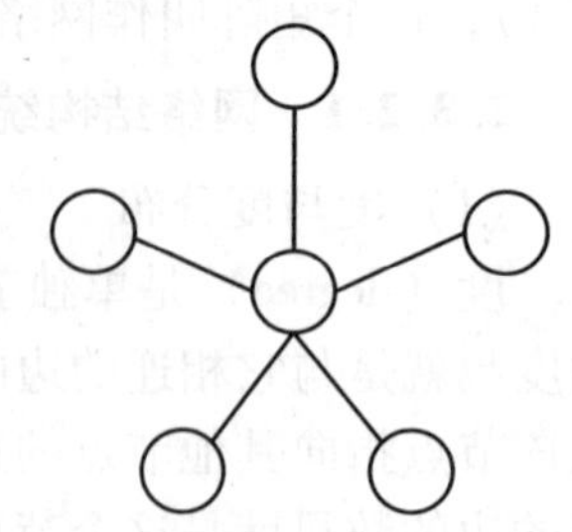

图 2-2-5 常见的规则网络

全局耦合网络是指网络中的任意两个节点之间都有直接的边相连的网络，显然这种网络是具有相同节点数目的所有网络中聚类系数最大和平均路径长度最短的，这体现出全局耦合网络明显的聚类特性和小世界特性。但是全局耦合网络的连边数量同样也是相同节点数目的所有网络中最多的，为节点数目的平方量级，而实际网络往往是比较稀疏的，其连边数目和节点数目通常处于同一量级。

解决连边稀疏性问题可以采用最近邻耦合网络模型。最近邻耦合网络中的节点等间隔分布在一个圆环上，每个节点都与其距离最近的固定数目的节点相连。最近邻耦合网络是高度聚类的，但并不具有小世界特性。

星型网络是较为特殊的一类网络。它有一个中心节点，其余节点都连接到这个中心节点之上，彼此之间没有其他连接。

（2）随机网络

与完全规则网络相反的是完全随机网络，ER 随机图模型（匈牙利数学家 Erdos 和 Renyi 建立的随机图理论）是其中的典型，其生成方式是在一堆散落的节点中将任意两个节点以指定的概率相连。

ER 随机图的许多重要的性质都是突然涌现的，例如，当连接概率较小的时候，生成的随机网络一般都是不连通的，然而当连接概率逐渐增大直至超过某一临界值的时候，生成的大部分随机网络都变得连通起来。这种状态的突变被称为相变。

ER 随机图的平均路径长度近似按照网络的规模以对数增长，具有典型的小世界特征。ER 随机图的聚类系数近似为连接概率，一般设置较小，因此稀疏的 ER 随机图并没有明显的聚类特性，这点和现实中的复杂网络有所不同。另外，大规模 ER 随机图的节点度分布以泊松分布的形式呈现，因此 ER 随机图也称为

Poission 随机图。

（3）小世界网络

可以明确的是，现实世界中的各种复杂网络既不是完全规则的，也不是完全随机的，而是一种介乎两者之间的形式存在。作为从完全规则网络向完全随机网络的过渡，Watts 和 Strogtz 于 1998 年引入了 WS 小世界模型，其构造的小世界网络的典型特点是既具有较短的平均路径，又具有较高的聚类系数。

WS 小世界模型的构造算法有可能破坏网络的连通性，另一个研究较多的小世界模型是由 Newman 和 Watts 稍后提出的 NW 小世界模型。

（4）无标度网络

规则网络的度分布呈现 δ 分布的形式，ER 随机图与 WS 小世界网络的度分布则呈现泊松分布的形式，然而现实中的复杂网络的度分布却大都以幂律分布的形式呈现。为了解释幂律分布的产生机理，Barabasi 和 Albert 以优先连接实现网络的增长提出了 BA 无标度网络模型。

BA 无标度网络具有小世界特性，但是同 ER 随机图类似，大规模的 BA 网络不具有明显的聚类特性。

2.3.3 优化算法

2.3.3.1 粒子群算法原理与参数设置

（1）算法原理

粒子群优化算法（particle swarm optimization，PSO）中，每个优化问题的潜在解都是搜索空间中的粒子，所有粒子都有一个被优化的函数决定的适应值（fitness value），每个粒子还有一个速度决定它们“飞行”的方向和距离。然后粒子追随当前的最优粒子在解空间搜索。粒子位置的更新方式如图2-2-6所示。

在图 2-2-6 中，x 为粒子的起始位置；v 为粒子“飞行”的速度；p 为搜索到的粒子的最优位置。

假设在一个 D 维的目标搜索空间中，有 N 个粒子组成一个群落，其中第 i 个粒子称为一个 D 维向量，记为：$X_i = (x_{i1}, x_{i2}, \cdots, x_{iD})$，$i=1, 2, \cdots, N$；第 i 个粒子的飞行速度也是一个 D 维向量，记为 $V_i = (v_{i1}, v_{i2}, \cdots, v_{iD})$，$i=1, 2, \cdots, N$；第 i 个粒子迄今为止搜索到的最优位置称为个体极值，记为 $P_{best} = (p_{i1}, p_{i2}, \cdots, p_{iD})$，$i=1, 2, \cdots, N$；整个粒子群迄今为止搜索到的最优位置称为全局极值，记为 $g_{best} = (p_{g1}, p_{g2}, \cdots, p_{gD})$。在找到这两个最优值时，粒子更新自己的速度和位置见式（2-2-21）和式（2-2-22）：

$$v'_{id} = w\,v_{id} + c_1 r_1 (p_{id} - x_{id}) + c_2 r_2 (p_{gd} - x_{gd}) \tag{2-2-21}$$

$$x'_{id} = x_{id} + v_{id} \tag{2-2-22}$$

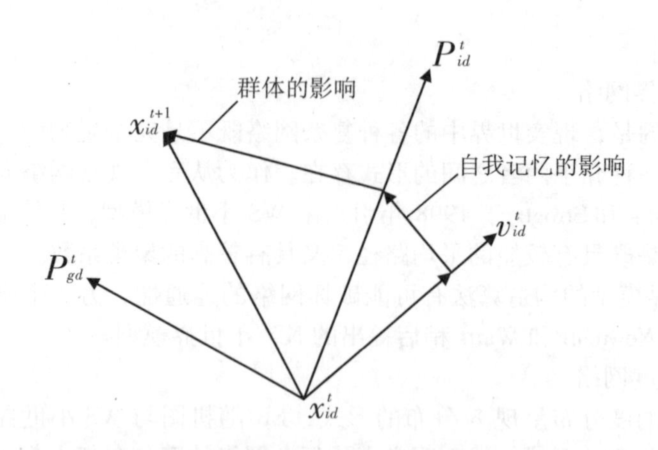

图 2-2-6　每代粒子位置的更新方式

式中：c_1，c_2——学习因子，也称加速常数（acceleration constant）；r_1，r_2——［0，1］范围内的均匀随机数。

v'_{id}式右边由三部分组成：

第一部分为“惯性（inertia）”部分，反映了粒子运动的“习惯（habit）”，代表粒子有维持自己先前运动的趋势。

第二部分为“认知（recognition）”部分，反映了粒子对自身历史经验的记忆（memory），代表粒子有向自身历史最佳位置逼近的趋势。

第三部分为“社会（social）”部分，反映了粒子间协同合作与知识共享的群体历史经验，代表粒子有向群体或邻域历史最佳位置逼近的趋势。

粒子群算法具有高效搜索能力，通过代表整个解集种群，按并行方式同时搜索多个非劣解，也即搜索到多个最优解。

(2) 参数设置

基本 PSO 算法构成要素主要包括以下三个方面。

①粒子群编码方式。基本 PSO 算法使用固定长度的二进制符号串来表示群体中的个体，其等位基因是由二进制符号集｛0，1｝组成。初始群体中各个个体的基因值可用均匀分布的随机数来生成。

②个体适应度评价。通过确定局部最优迭代达到全局最优收敛，得出结果。

③算法运行参数。基本 PSO 算法有 7 个参数需要提前设定：

a. r：PSO 算法的种子数，对 PSO 算法中种子数值可以随机生成也可以固定为一个初始的数值，要求能覆盖目标函数的范围。

b. m：粒子群的大小，即群体中所含个体的数量，一般取 20～100。

c. max_d：最大迭代次数，即算法终止条件。

d. r_1，r_2：两个在［0，1］之间变化的加速度权重系数，通常由随机数产生。
e. c_1，c_2：加速常数，通常取值范围为［0，4］。
f. w：惯性权重，通常为［0.2，1.2］之间的数值。
g. v_k，x_k：一个粒子的速度和位移数值，用 PSO 算法迭代出每一组数值。
PSO 算法的流程图如图 2-2-7 所示，具体过程如下。

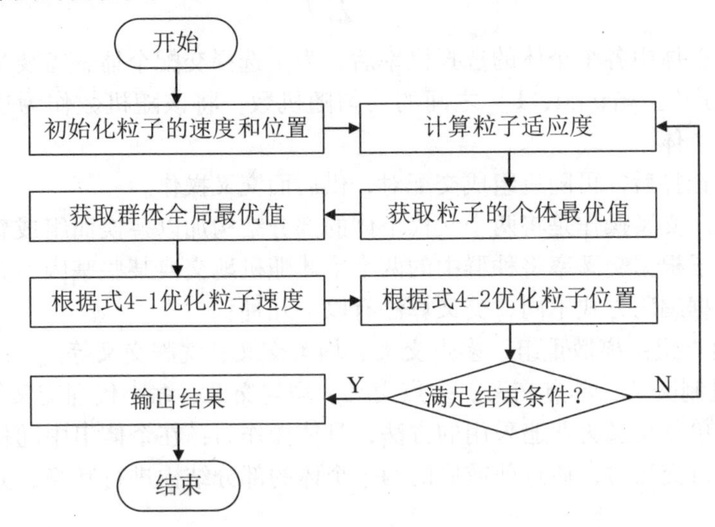

图 2-2-7 PSO 算法流程

a. 初始化粒子群，确定种群规模 N、每个粒子的位置 x_i 和速度 v_i。
b. 计算每个粒子的适应度 Fit［i］。
c. 对每个粒子用它的适应度值 Fit［i］和个体极值 p_{best}（i）做比较，如果 Fit［i］＞p_{best}（i），则用 Fit［i］替换 p_{best}（i）。
d. 对每个粒子用它的适应度值 Fit［i］和个体极值 g_{best}（i）做比较，如果 Fit［i］＞g_{best}（i），则用 Fit［i］替换 g_{best}（i）。
e. 更新粒子的位置 x_i 和速度 v_i。
f. 如果满足结束条件（达到精度要求或迭代上限），退出算法，否则返回 2）。

2.3.3.2 遗传算法原理及应用规则

（1）算法原理

遗传算法通过编码组成初始群体，对群体中的个体按照对环境适应度进行一定的操作，从而实现优胜劣汰的进化过程。遗传操作主要包括以下三个基本的遗传算子：选择（selection）、交叉（crossover）、变异（mutation）。

①选择。从群体中选择优胜的个体，淘汰劣质个体的操作叫作选择。选择的目的是把优化的个体直接遗传到下一代或者通过配对交叉产生新的个体再遗传到

下一代。

利用轮盘赌进行个体选择，个体选择概率正比于个体适应度值。设群体大小为 n，其中个体 i 的适应度为 f，则 i 被选择概率为：

$$p_i = \frac{f_i}{\sum_{j=1}^{n} f_i} \tag{2-2-23}$$

计算出群体中各个个体的选择概率后，为了选择交配个体，需要进行多轮选择，每一轮产生一个［0，1］之间的均匀随机数，将该随机数作为选择指针来确定被选择个体。

个体被选择后，可随机组成交配对，供后面交叉操作。

②交叉。交叉操作是将两个父代个体的部分结构加以替换而组成新个体的操作。交叉算子根据交叉率将种群中的两个个体随机地交换某些基因，并产生新的基因组。根据编码方式不同，交叉算法有以下几种：

a. 实值重组：离散重组、多点交叉、均匀交叉、洗牌交叉等。

b. 二进制交叉：单点交叉、多点交叉、均匀交叉、缩小代理交叉等。

其中，单点交叉为普遍采用的方法，具体操作为：在个体串中随机设定一个交叉点，实行交叉时，该点前或后的两个个体的部分结构进行互换，并生成两个新个体。

③变异。变异算子是对群体中的个体串的某些基因的基因值进行变动。依据个体编码方式不同，主要有实值变异和二进制变异。变异操作步骤如下：

a. 对群体中所有个体以事先设定的变异概率判断是否进行变异。

b. 对进行变异的个体随机选择变异位进行变异。

其中，二进制编码变异即将需要变异的基因位值进行取反操作产生新个体。

（2）算法编码原则

遗传算法不能直接处理问题空间的参数，必须把它们转成遗传空间的由基因按照一定结构组成的染色体或个体，即进行基因编码。

基因编码应遵循以下原则：

①完备性（completeness）：问题空间中的所有点（候选解）都能作为 GA 空间中的点（染色体）。

②健全性（soundness）：GA 空间中的染色体都能对应所有的问题空间的候选解。

③非冗余性（nonredundancy）：染色体和候选解一一对应。

目前常用的编码技术有二进制编码、浮点数编码、字符编码等。

二进制编码是遗传算法最常用的编码方式，即通过二进制字符集｛0，1｝

来表示问题的候选解。二进制编码具有以下特点：

①简单易行。

②符合最小字符集编码原则。

③便于使用模式定理进行分析。

（3）适应度和初始种群选取

遗传算法中适应度函数要比较排序并利用个体适应度计算选择概率，同时遗传算法适应度函数通常为目标函数，因此适应度函数设计应满足以下原则：

①单值、连续、非负、最大化。

②合理、一致性。

③计算量小。

④通用性强。

遗传算法中初始种群的个体是随机产生的，一般来讲初始种群选择可采取以下策略：

①根据固有知识确定最优解空间的分布范围，并将初始群体设置在分布范围内。

②先随机生成一定数目的个体，然后从中挑出最好的个体加到初始种群中，并不断迭代该过程，直到初始种群中的个体数达到预设规模。

遗传算法流程图如图 2-2-8 所示。

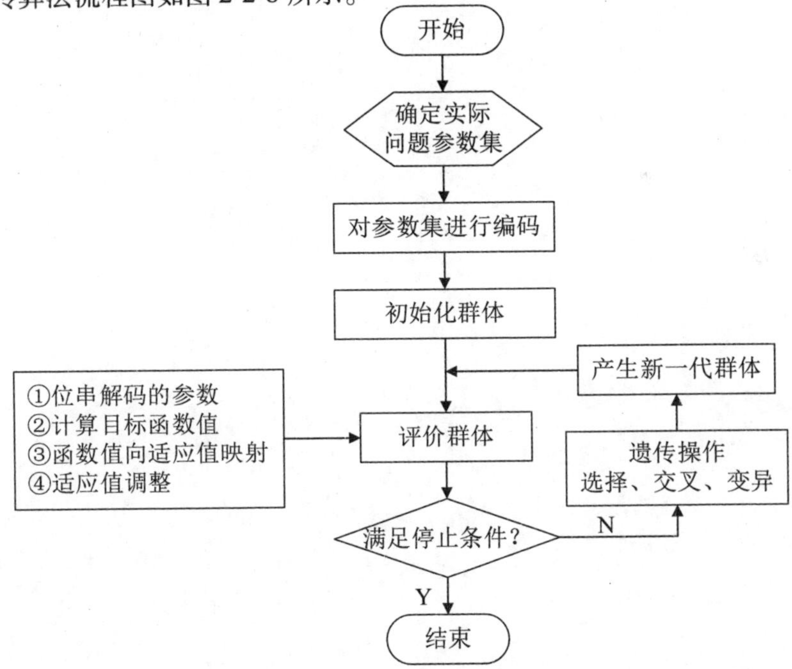

图 2-2-8 遗传算法流程

2.4 小结

本章主要从大数据挖掘与分析技术、相似度算法、基于图/网模型的数据分析技术以及优化算法等方面介绍了一系列基础的大数据分析技术和方法，目的是为面向复杂系统设计问题实现大数据分析技术应用打好基础。关于本章介绍的技术方法以及具体算法，做出以下几点补充说明。

第一，本章对大数据分析技术的范围界定较为笼统，所有可用于解决复杂系统设计不同阶段多种设计问题的数据分析与应用技术方法都在本章的讨论范围之内；第二，大数据挖掘技术无疑是近两年最为热门的数据分析研究领域，该领域中可用于不同数据分析问题的算法数量之大浩如烟海，本章中只针对一些较为常用常见的重点算法进行阐述，且对于这些算法的介绍多为算法最基础经典的实现方式，读者若有兴趣可自行查阅这些算法的优化高效方法以及其他算法，类似的局限性问题也适用于本书其他章节内容。

第3章 面向复杂系统设计的大数据应用平台

3.1 引言

本章的主要内容是介绍面向复杂系统设计的大数据应用平台设计技术与构建流程，从而支撑结合大数据方法的复杂系统设计技术的实践与应用。大数据应用平台设计包括平台总体设计、数据库与交互设计以及微服务架构设计三个过程，在具体实践应用中，又需要考虑平台安全管理和运维管理等方面相关工作，因此，本章将基于以上技术方法，对面向复杂系统设计的大数据应用平台进行介绍。

3.2 平台总体设计

3.2.1 平台总体架构设计

大数据架构设计的目的旨在从整体宏观的角度对大数据系统功能、流程和系统基础支撑平台等多个方面进行描述，为后期分系统、分业务流程设计提供指导。同时通过对架构设计进行论证和分析能够提高后期系统详细设计的可靠性和可行性，同时架构设计又可为系统性能、扩展性、可用性、安全性和成本等多个角度的分析提供基础。

3.2.1.1 大数据平台架构及其流程

大数据管理与分析框架主要包括三个层次，分别是数据源层、平台层和应用层。为了实现海量数据的管理与分析，平台层又可划分为四个部分，分别是数据存储/处理底层框架、统一数据获取、大数据预处理和大数据分析与服务。具体框架如图 2-3-1 所示。数据源层根据处理方式的不同包含批处理数据和实时数据两种。批处理是指按照预定的业务需求方式，如业务数据的统计分析、汽车销量

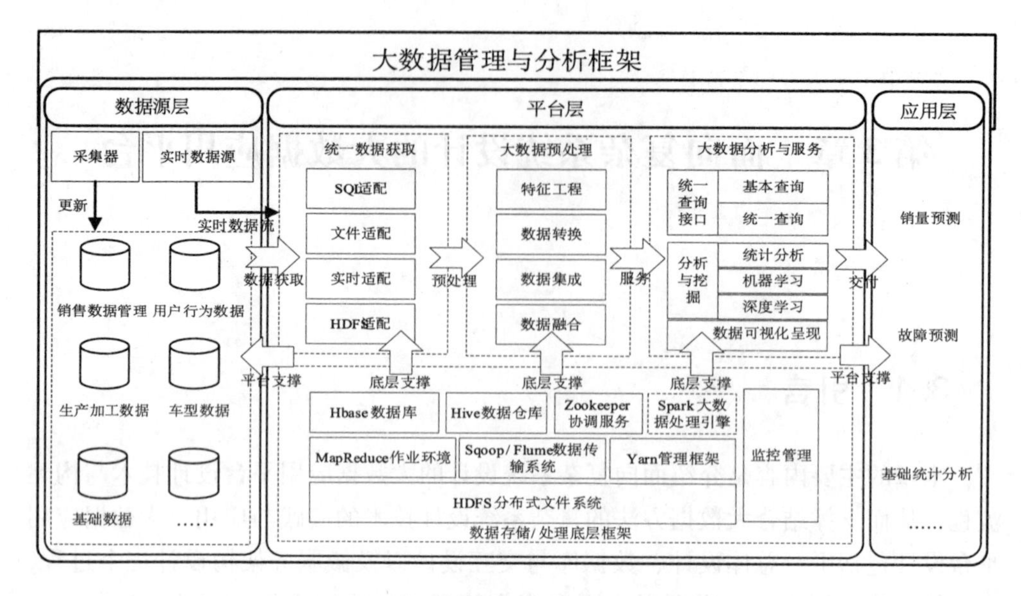

图 2-3-1 大数据管理与分析框架图

预测、汽车故障预测等，对业务数据管理系统中的数据进行批量化获取、预处理、管理、分析与服务的过程，因此批处理数据属于非实时（离线）数据；而实时数据则主要来自汽车传感器、用户操作、生产加工状态等数据源实时产生的数据，这些数据以流的形式从数据源获取，并经由大数据管理与分析系统的处理形成结构化数据，然后为各应用系统提供查询、挖掘与可视化等服务。

平台层包括大数据管理与分析所需要的相关技术、流程与组件。其中数据存储/处理底层框架主要包括实现大数据管理与分析所必需的基本组件，如 HDFS 分布式文件系统负责分布式的大数据存储、MapReduce 作业环境负责海量数据的分布计算与处理、Zookeeper 协调服务负责集群的任务调度与同步控制等，这些组件是提高大数据存储与处理能力的基础，视业务需求可能采用 spark 大数据处理引擎或其他类似组件实现海量数据流的实时处理；统一数据获取是平台对底层业务数据管理系统数据进行抽取的过程，是大数据生命周期的第一个环节，它通过 SQL 适配、文件适配、实时适配和 HDFS 适配等方式获得涵盖结构化、半结构化和非结构化数据类型的海量数据；大数据预处理是指针对大数据价值密度低、种类多、来源广等特点在具体业务使用前对数据的预处理过程，主要包括特征工程、数据转换、数据集成和数据融合等多个部分，其中特征工程和数据转换是保证数据质量和数据有效性的关键，而数据集成是面向具体的数据分析、可视化、挖掘等业务提供统一数据接口的关键，通过元数据模型实现了对底层多源、异构、标准不一致数据的统一描述，数据融合则是针对具体业务，如业务统计分析，进行数据提取、整合与交付的过程，是实现在线快速评估的关键；大数据分析与服务是为应用层提供数据统一查询、分析与挖掘、可视化等功能的工具，这些功能的相互组合共同为应用层提供数据服务，比如在汽车销量预测的过程中，首先需要通过统一查询接口获得汽车销量相关的数据，然后利用分析与挖掘服务对数据进行建模与分析，获得优化结果，最后利用可视化工具对优化后的结果进行展现。

数据应用层主要是和实际业务相结合的具体应用，如汽车销量预测、汽车故障预测以及为了分析业务而进行的基础统计分析等多种基于大数据分析的应用。其中销量预测可根据近几年的多个维度特征下的汽车销售相关数据训练基础模型，如支持向量回归、逻辑回归等多种机器学习技术对未来销量进行预测，可对汽车生产规划、进货和物流规划等多个相关业务提供支持；故障预测主要是根据汽车实时传输的数据进行分析，结合已有的汽车状况数据从而预测汽车故障的可能性，提升汽车综合服务水平；基础统计分析主要是为财务、战略规划和发展提供一定的数据支持。

3.2.1.2 平台总体设计原则

（1）业务关联性

系统设计的目的是为设计提供支撑，故系统应和设计业务紧密关联，特别是能够详细分析体系结构设计与装备部署方案等典型业务场景，进而在系统中实现。

（2）设计支撑

系统设计的目的是支撑复杂装备系统设计，提升装备设计能力与水平。针对相关的业务场景，通过数据分析和数据挖掘，为设计过程提供支持。

（3）稳定性

系统建设采用先进和高度商品化的软件平台、网络设备和二次开发工具，在进行系统设计、实现和测试时采用科学有效的技术和手段，确保系统交付使用后能持续稳定地运行。

（4）安全性

系统应具有一定的容错能力，在用户误操作或输入非法数据时不会发生错误。如在编辑等操作功能中，对于用户输入的错误信息系统应能自动识别，并进行自动修复或提示用户重新输入。同时考虑系统出现故障时的软硬件恢复等急救措施，以保障网络安全性和处理机安全性。系统还应提供严格的操作控制和存取控制。系统支持定期的自动数据备份和手工进行数据备份，能够在数据毁坏、丢失等情况下将备份数据找回，实现一定的数据恢复。

（5）易操作性

系统应提供美观实用、友好直观的中文图形化用户管理界面，充分考虑工作人员的习惯，方便易学、易于操作，全菜单式处理和操作，保证多数功能一键到达。系统应以图形化的方式提供各种操作手段，充分发挥系统以图形面对用户的特点，使信息的表现方式更直观，效率更高。

3.2.1.3 架构设计方法

现阶段系统架构主要采用的方法为五视图法，即从软件设计的五个视角对系统进行简化描述，描述中基本涵盖了系统特定方面，省略了其他方面。其中五视图主要是指逻辑架构视图、开发架构视图、运行架构视图、物理架构视图和数据架构视图，逻辑架构视图主要是面向功能和业务流程，着重从功能的角度考虑设计；开发架构视图主要关注程序包，考虑开发生命周期的质量属性，如可扩展性、可重用性、可移植性、易测试性和易理解性等方面；运行架构视图关注进程、线程、对象等运行概念，以及相关的并发、同步、通信等问题，设计主要考虑运行周期的质量属性，如性能、可伸缩性、持续可用性和安全性等；物理架构视图关注最终软件如何安装或部署物理机器；数据架构视图主要关注持久化数据的存储方案，综合考虑数据需求。

3.2.2 接口设计

在大数据管理与分析系统与数据集成系统的交互过程中，接口使用 HTTP 请求的形式传递接口参数。HTTP 协议是建立在 TCP 协议基础之上的，当浏览器需要从服务器获取网页数据的时候，会发出一次 HTTP 请求。HTTP 会通过 TCP 建立起一个到服务器的连接通道，当本次请求需要的数据完毕后，HTTP 会立即将 TCP 连接断开，这个过程是很短的。所以 HTTP 连接是一种短连接，是一种无状态的连接。

HTTP 协议的主要特点可概括如下：

①支持客户/服务器模式。

②简单快速：客户向服务器请求服务时，只需传送请求方法和路径。每种方法规定了客户与服务器联系的不同类型。由于 HTTP 协议简单，使得 HTTP 服务器的程序规模小，因而通信速度很快。

③灵活：HTTP 允许传输任意类型的数据对象。正在传输的类型由内容类型

（content-type）加以标记。

④无连接：无连接的含义是限制每次连接只处理一个请求。服务器处理完客户的请求，并收到客户的应答后，即断开连接。采用这种方式可以节省传输时间。

⑤无状态：HTTP 协议是无状态协议。无状态是指协议对于事务处理没有记忆能力。缺少状态意味着如果后续处理需要前面的信息，则它必须重传，这样可能导致每次连接传送的数据量增大。

大数据管理与分析系统通过基础 URL 访问业务集成系统的文件数据。

3.2.2.1　获取业务集成系统中的数据接口

功能描述：通过接口获取到项目信息，直接访问项目路径对文件进行下载，获取项目的所有详细信息。

参数输入，见表 2-3-1。

表 2-3-1　参数描述

参数名	字段类型	描述
rjbs	int	-1：获取项目下阶段的所有详细信息

结果输出采用 Jason 格式，具体结构见表 2-3-2。

表 2-3-2　输出具体结构

正确时返回：

```
[
  {
    "ProjectID"："0D081346F47C41EBBD60CF3313D794A1",
    "ProjectName"："项目 002",
    "ProjectStagelist"：[
      {
        "StageName"："联合试验阶段",
        "FileList"：[
          {
            "FileName"："Web 页面风格(内部).doc",
            "FileDownPath"：
```

续表

<table>
<tr><td>
"/shby/resources/file/hrREST/58821B6BD57B4590A23E2795640873F9/Web 页面风格(内部).doc"
}
],
"StageID": null
},
{
"StageName": "综合评估阶段",
"FileList": [
{
"FileName": "AEStudioService.exe.config",
"FileDownPath":
"/shby/resources/file/hrREST/B28A91B1A9E94AEAA854A8452ABAB446/AEStudioService.exe.config"
}
],
"StageID": "3"
}
]
}
]
</td></tr>
<tr><td>错误时返回</td></tr>
<tr><td>
[
{
"ProjectID": "0D081346F47C41EBBD60CF3313D794A1",
"ProjectName": "项目 002",
"ProjectStagelist": [ ]
}
]
</td></tr>
</table>

3.2.2.2 反馈至业务集成系统的数据接口

功能描述：选中项目的 id，输入标识、文件状态，选中文件获取文件名称，通过文件将大数据管理与分析系统的文件反馈至业务集成系统。参数输入见表 2-3-3。

表 2-3-3 参数输入表

参数名	参数中文名	字段类型	描述
projectid	项目 id	int	获取相关项目 id
rjbs	标识	int	获取相关标识
name	文件名称	string	获取相关文件名称
ztbs	文件状态	int	获取相关文件状态

通过 post 之后将结果反馈到大数据管理分析系统，结果输出见表 2-3-4。

表 2-3-4 结果输出

正确时返回
TRUE
错误时返回
FALSE

3.3 数据库设计与交互设计

3.3.1 数据库设计

大数据平台数据量大，承载业务多，业务涉及的数据种类较多。随着数据量的持续增长，对数据的管理也就越来越重要，建立大数据平台数据库对各类业务数据的管理，合理、高效利用数据都有着重要的意义。数据库是进行数据管理的基础，数据库的建立为相关制造流程以及其他业务需求一体化的信息化管理加快了进程，随着数据库的不断更新完善和推广使用，实现各管理部门之间的数据信息和技术的共享，进一步为大数据建设和经济建设提供保障和服务。

3.3.1.1 数据库设计的流程

数据库设计主要是对数据库中的数据表格进行设计，基本流程如图 2-3-2 所示。

根据业务分析平台、用户、数据等相关需求，在数据库软件中实现数据的物理模型，同时还需评测整个数据库数据表格的相关性能，确保能满足业务需求。最后利用测试数据对数据库进行功能检测、结构检测、实例检测等指标的验证，以符合相关要求。

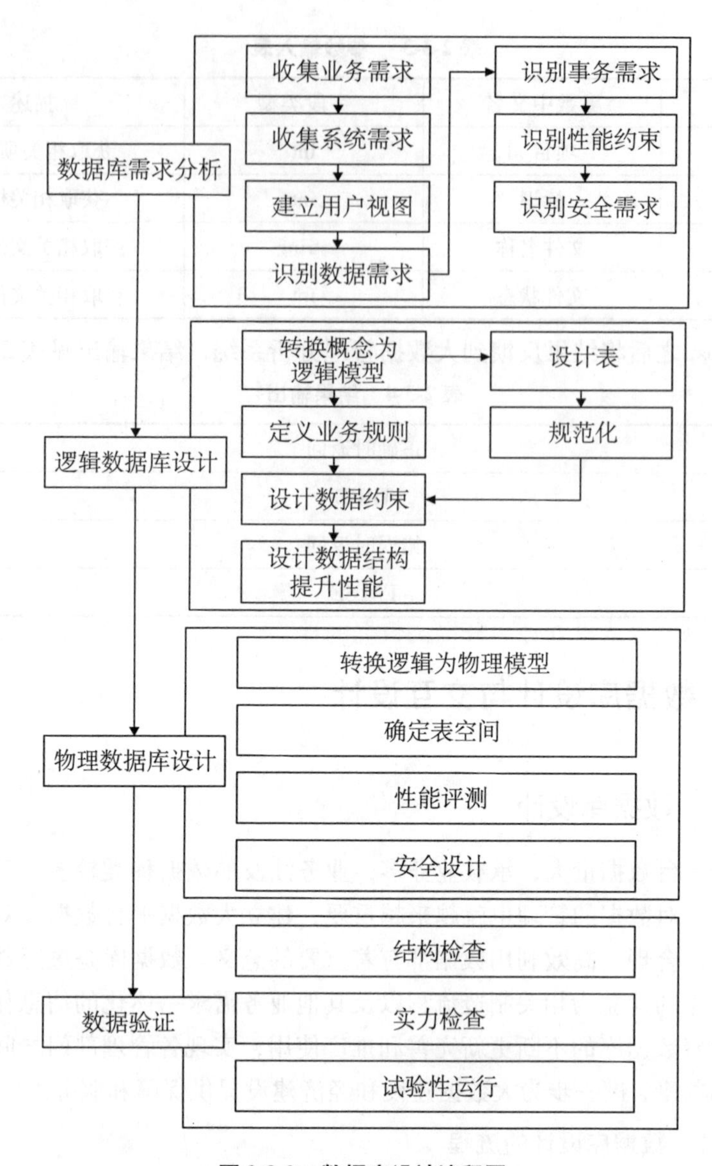

图 2-3-2 数据库设计流程图

3.3.1.2 数据库设计的方法

在大数据平台中，根据数据特征，可以将数据分为结构化数据和非结构化数据，结构化数据即能通过传统的关系型数据库进行管理的数据，它具有标准的结构。非结构化数据是指没有固定结构的数据，比如一些文件、视频。所以依照数据特征将数据库划分为结构化数据库和非结构化数据库，考虑到大数据平台的数据量，综合使用结构化数据库以及非结构化数据库来管理数据。

非结构化数据库将业务数据库中的非结构化数据转化为字符与字段顺序存储，因为数据没有固定格式，大多起记录作用。

对数据库设计的方法需结合具体数据类型，如制造过程数据，则需要梳理制造流程来设计数据视图与设计结构。为了更好地管理数据，系统数据库的设计还包括元数据库的设计。

3. 3. 2　交互设计

交互设计是支持人们日常工作的交互式产品/应用的设计，交互式设计的目的就是通过设计找到帮助和支持人的方法，它是一个抽象的术语，在大数据平台的应用上面，交互设计的目的就是提供用户查看、管理、利用数据的界面工具。

3. 3. 2. 1　交互设计的流程

大数据平台是以海量大数据存储为基础，通过分布式实时计算引擎、内存数据分析引擎以及离线批处理引擎提供数据的计算分析，力求通过简单的交互操作屏蔽底层复杂的大数据处理技术，帮助用户实现海量数据分析的任务。因此如何从用户的业务角度出发，设计出技术细节对用户透明、交互操作简单高效的应用成为大数据平台中应用层面开发的重要目标。

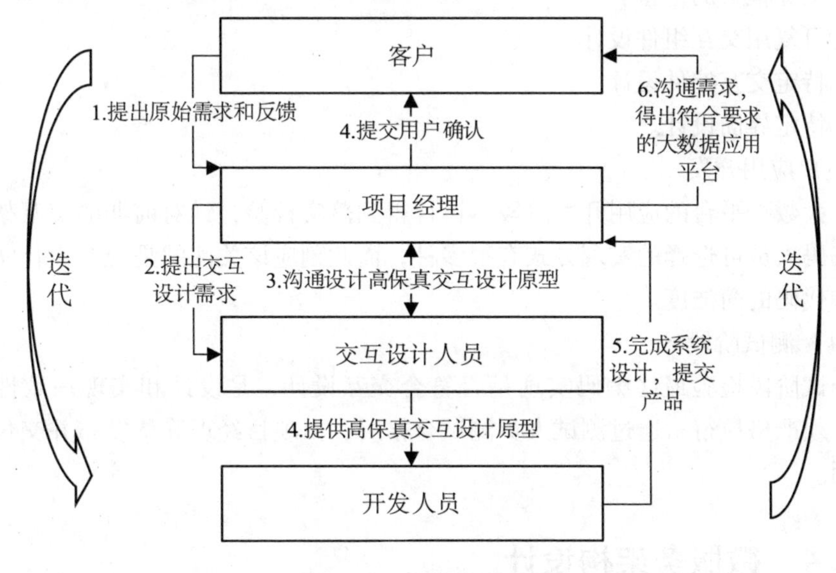

图 2-3-3　交互设计流程

如图 2-3-3 所示，交互设计流程就是通过各方参与人员在架构体系中的不断交互反馈和持续迭代，构建基于数据的用户体验良好的产品方案。客户提出原始需求和反馈，项目经理将用户需求转化为交互设计需求提供给交互设计人员，交互设计人员与项目经理不断沟通，设计出高保真的交互设计原型，开发人员和设计人员完成系统设计，再提交产品给项目经理，项目经理再不断与需求提出方沟通。最终会得出符合要求的大数据平台应用。

3.3.2.2 交互设计的方法

（1）需求分析

需求分析阶段是确定交互设计的基础，在需求分析阶段我们要充分挖掘用户潜在需求，并将我们理解的需求通过交互原型提交给用户，通过用户使用反馈迭代交互设计原型，使交互设计原型满足用户的需求。

①通过思维导图理解用户交互需求。

②基于交互问题的交互需求确认。

③通过需求收集阶段收集的交互需求转化为交互原型。

（2）架构设计

完成了交互设计原型的开发，就进入了大数据平台架构设计。在该阶段，交互设计人员需要根据原型设计确定整体交互架构和相关交互组件的详细设计。

①交互框架的选型。

②可复用交互组件设计。

③特定交互控件设计。

④特定界面设计。

（3）应用开发

在大数据平台的应用开发阶段，设计得到落实校验，针对前期的交互架构设计，编码人员可选择的实现方式有很多种，而此刻应该关注的是交互设计实现的性能和代码的简洁度。

（4）测试阶段

测试阶段检验最终编码实现是否符合交互设计，是设计和实现一致性的保障，必须严格执行。通过测试人员测试合格后，由项目经理确认发布并交付给用户使用。

3.4 微服务架构设计

微服务是指开发一个单个小型的但有业务功能的服务，每个服务都有自己的处理和通信机制，可以部署在单个或多个服务器上。微服务也指一种松耦合的、有一定的有界上下文的面向服务架构。由于微服务所存在的松耦合性、组件化、自治等基本属性，若不进行整体架构设计，将导致系统散乱、运行效率低下和混乱等问题，故先对微服务系统从整体宏观的角度考虑进行论证、设计和分析有助于提高微服务系统运行效率，解决微服务散乱等问题。

3.4.1 微服务架构设计流程

如图 2-3-4 所示，基于大数据的微服务架构主要分为四个层次：用户服务层、业务服务层、基础服务层和数据仓库层。根据领域维度又可将所服务的业务分为三类：第一类是基础服务，为平台提供基础功能，如数据采集、数据仓库和用户

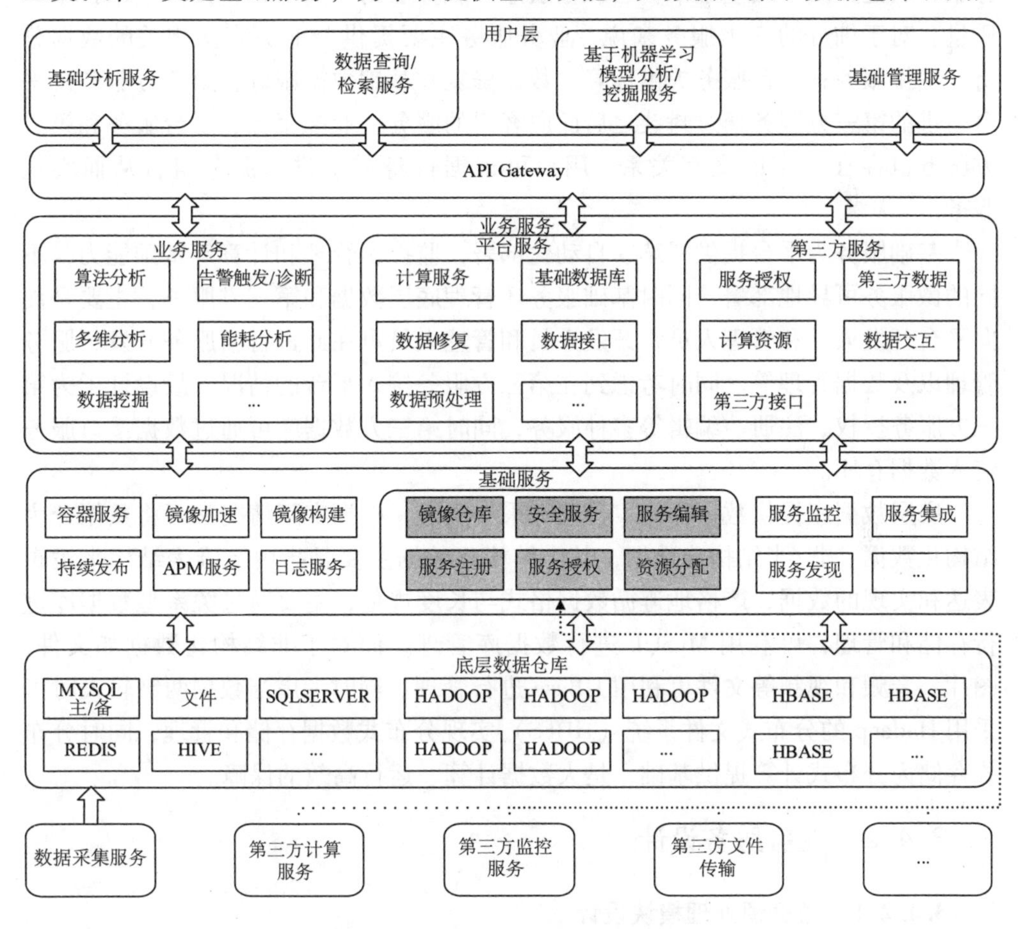

图 2-3-4 基于大数据的微服务架构

模块等；第二类为支持服务，为业务提供一定的支持作用，例如容器服务、工具服务和云服务等；第三类是核心业务，即将某个强相关的业务抽象而形成的微服务，如数据挖掘、算法分析以及和特定业务紧密结合的服务等。

对于用户层来说，应用程序接口门户（API Gateway）封装了内部系统框架，为用户提供 API，同时还有分发、监控、缓存和负载均衡等功能，用户可通过所提供的 API 结合自身业务情况选择所需要的服务，同时平台通过底层计算、分析将结果反馈给用户。

业务服务层是微服务架构的核心，包含了大部分面向用户的服务，是对具体业务抽象和转化的结果，平台通过对服务的封装形成对应的 API 供用户调用。业务服务层是连接下层基础平台层和上层用户服务层的中间层，直接决定平台服务质量。对于细分的三类服务来说，业务服务主要提供与业务直接相关的数据分析、挖掘服务；平台服务提供计算、数据修复和基础数据服务；第三方服务是平台引进的第三方服务通过封装之后面向客户的服务。业务服务、平台服务和第三方服务也存在一定的交互关系，用户可根据自身需求进行服务组合从而实现服务。

基础服务为平台提供持续、自动化部署，监控，管理和计算等基础能力，不同的微服务可异地部署，同时基础服务还管理底层数据和第三方服务，主要是面向平台开发人员和管理人员，开发人员和管理人员可在此进行新服务开发、服务管理以及数据管理等。同时考虑到在第三方服务接入平台的情况，故设计了为第三方服务授权、注册、编辑等多种服务，同时第三方数据库可通过数据接口服务流入数据仓库。

底层数据库提供数据存储、管理和采集功能，根据实际情况又可将数据分为结构化数据、非/半结构化数据，其中结构化数据主要是指由二维表结构来逻辑表达和实现的数据，严格地遵循数据格式与长度规范，主要通过关系型数据库进行存储和管理，可利用 MySQL 进行数据库管理。而对于非结构化数据如文件、图片、音频和视频等文件可利用 HBase 进行管理。同时考虑当数据两级较大时可采用 Hadoop 的分布式文件系统（HDFS）实现分布式数据存储和管理，同时分布式存储为分布式计算提供基础，是大数据计算、运行高效的保障。

3.4.2 业务服务设计

3.4.2.1 数据预处理模块设计

数据预处理模块的主要任务是实现源数据转化为业务需要的目标数据的数据

交互过程。数据交互是根据业务需求在元数据模型的指导下完成数据映射的过程，此过程通过实现数据结构之间的映射，实现多系统节点的数据交互。

元数据和元数据模型是数据交互必不可少的要素。因此，数据预处理模块除了完成数据交互工作之外，还需要对元数据和元数据模型进行管理。在数据预处理模块中通过对元数据和元数据模型的种类和内容进行查看，能够帮助操作人员更好地理解业务需求和数据交互的过程。

数据预处理模块的功能分为元数据管理、元数据模型管理和数据集成。其中，元数据管理划分为元数据浏览、元数据编辑和元数据查询三个子功能；元数据模型管理划分为元数据模型浏览、元数据模型编辑和元数据模型查询三个子功能；数据集成划分为数据包浏览、数据集成管理和数据包查询三个子功能。如图2-3-5所示。

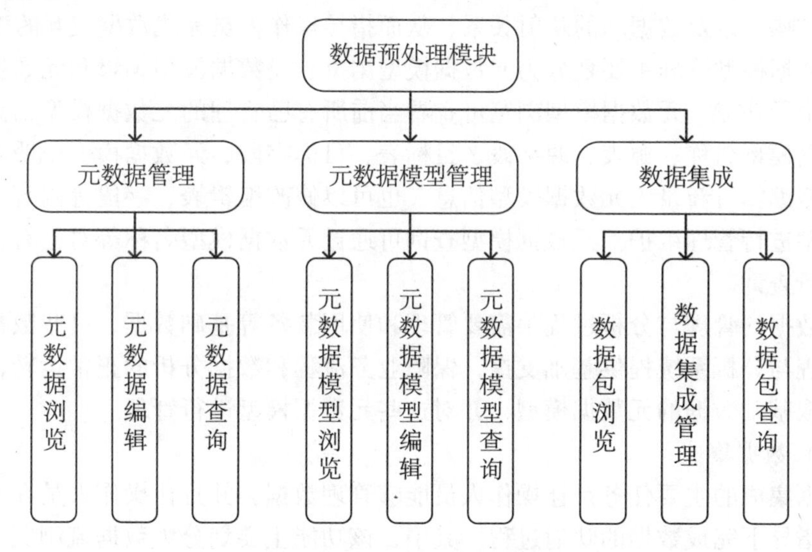

图2-3-5 数据预处理模块组成

（1）元数据管理

元数据管理的主要任务是对元数据进行综合管理。元数据是描述数据仓库内数据的结构的数据，它是对数据仓库内数据的一种统一描述标准。通过元数据可以提高对底层数据的利用效率。因此，在数据预处理模块中，元数据代表了需要交互数据的数据结构。

元数据管理主要划分为元数据浏览、元数据编辑和元数据查询三个子功能。元数据浏览可查看当前所有已管理的元数据信息，包含元数据名称、元数据类型、表、字段、元数据说明等。元数据编辑可新录入元数据信息，也可以修改编辑类型、字段等内容，对元数据进行管理维护。元数据查询可通过元数据类型、元数据名称等对已有元数据进行查询。

大数据的管理与分析过程中需要管理和使用装备、指标、约束等基础数据，这些数据为大数据管理与分析系统提供基础支撑，保障业务流程和数据分析的正常运转，所以需要提取基础数据的元数据，并对这些元数据进行管理。

（2）元数据模型管理

元数据模型管理的主要任务是对元数据模型进行综合管理。元数据模型是源数据映射为目标数据过程的描述标准，它主要包含描述源数据数据结构和目标数据数据结构的元数据以及两者间的映射关系。当平台处理不同业务时，所需的目标数据不相同，因此关联的源数据也不相同，从而产生了不同的元数据模型。定义针对特定业务的元数据模型能够明确业务的目标数据的数据结构和所需源数据的数据结构，以及数据间的映射关系，从而指导操作人员完成数据交互的工作。

元数据模型管理主要划分为元数据模型浏览、元数据模型编辑和元数据模型查询三个子功能。元数据模型浏览可查看当前所有已管理的元数据模型信息，包含元数据模型名称、源表、源字段、目标表、目标字段、元数据模型说明等。元数据模型编辑可新录入元数据模型信息，也可以修改编辑表、字段等内容，对元数据模型进行管理维护。元数据模型查询可通过元数据模型名称等对已有元数据模型进行查询。

大数据的管理与分析过程中需要管理和使用装备等基础数据，这些数据为大数据管理与分析系统提供基础支撑，保障业务流程和数据分析的正常运转，所以需要提取基础数据的元数据模型，并对这些元数据模型进行管理。

（3）数据集成

数据集成的主要任务是让操作人员能够管理数据，并且让操作人员在元数据模型的指导下完成数据的映射过程。其中，该功能主要划分为数据流浏览、数据查询和数据交互三个子功能。数据流浏览支持在特定区域展示综合设计系统、建模与仿真系统、联合试验系统和智能评估系统的系统间以及系统内数据流。操作人员通过浏览数据流能够更好地理解业务的需求和目的，从而加深对元数据模型的理解。数据查询支持操作人员对数据进行查看，让操作人员在进行数据映射工作前对数据有清晰的认识。数据交互支持操作人员根据元数据模型完成数据映射的过程，元数据模型中包含目标数据的数据结构、所需元数据和两者的映射关系，操作人员需要根据业务选择特定的元数据模型，然后系统根据元数据模型描述的信息完成系统集成的数据到目标数据的实际映射过程。

数据集成功能划分为数据包浏览、数据集成管理和数据包查询三个子功能。

数据包浏览可查看当前所有已管理的数据包信息，包含数据包名称、当前状态、数据包说明、集成时间等。数据集成管理可对数据包进行共享、集成、停用等管理维护。数据包查询可通过当前状态、数据包名称、数据包编码等对已有数据包进行查询。

先基于需求和业务梳理元数据和元数据模型，再依据元数据和元数据模型，对基础数据进行逐步的集成。主要流程如下：

①先根据所获取的数据提取出其元数据，包括名称、标识、数据结构、来源、数据类型、关键字、日期、资源格式等；

②建立数据映射库，即源数据到目标数据的映射方法，主要采用简单映射和复合映射两种方法，其中简单映射指源数据通过一次转换得到目标数据的映射，映射关系为f，源表数据为a，目标数据为b，则$a\xrightarrow{f}b$；复合映射指经过多个映射关系获得目标数据，即$a\xrightarrow{f_1\cdots f_n}b$；此过程中将映射关系看作所采用的数据融合技术。

③当有新的数据需要进行处理时，先提取出新数据的元数据，在自适应过程中主要采用两种技术：基于产生式规则的自适应处理技术，即通过对元数据特征的判断数据处理方法，采用多重 if-then 规则对数据处理方法进行分流，从而实现数据自适应处理；基于随机森林的数据自适应处理技术，即以元数据的取值作为特征，以数据的映射关系作为类别，先利用产生式规则生成大量的数据映射样本，通过学习建立随机森林模型实现多分类学习，从而实现数据自适应处理。

通过数据自适应分流之后采用单域数据重构和多域数据融合方法对数据进行处理，单域数据重构是指将来自同一个领域不同传感器或收集装置的数据进行重构，从而为数据服务提供合适的数据；多域数据降维是指结合多个来源数据的降维，通过多个方面对数据进行描述，同样也是为顶层应用提供降维数据。

单一域上数据种类相对较少，但是尺度较多，因此主要研究算法角度的数据重构方法，包括两方面：曲线拟合与插值、边界模糊数据的界限划分。针对曲线拟合与插值，可采用的方法有非对称高斯函数拟合、拉格朗日插值等。非对称性高斯拟合以较少的数据体现曲线的整体特点，可以提高曲线分析的效率、便于曲线上的插值。拉格朗日插值可以在一定程度上解决数据粒度粗糙给数据应用带来的问题。针对区域划分，可采用模糊集理论进行处理。模糊集理论通过在论域上构建合适的隶属度函数，将分界模糊的数据和评价指标等转换成隶属度函数的形式，再针对单指标参量和多指标参量的不同特点进一步使用其他方法完成划分任务。数据降维方面，考虑到多域数据多平台、跨域采集以及分布式存储的特点和在数据评估过程中对数据维度、数据结构、数据关系的要求，主要采用两大类方法完成数据降维，即线性降维方法和非线性降维方法。线性降维方法的假设是数据中存在的线性关系导致一定的冗余。具体可采用主成分分析（PCA）和线性判别分析（LDA）。线性方法相对简单、高效，但是其假设前提决定了在实际应用中部分数据集的应用结果表现可能并不好，此时可以使用非线性降维方法，具体可采用局部线性嵌入（LLE）和等度量映射（Isomap）。

数据集成的结果为各数据包，便于系统内部计算和管理使用，也可经数据资源管理后，形成数据资源包供外部调用。

3.4.2.2　数据分析与服务模块设计

数据分析与服务模块主要是面向业务操作人员，实现与底层的数据支撑平台的交互过程，底层提供数据管理、存储、计算、分析与服务等功能，通过数据分析与服务模块操作底层平台达到数据分析与服务的目的。主要功能包括数据统计分析、数据资源服务、数据挖掘应用。如图 2-3-6 所示。

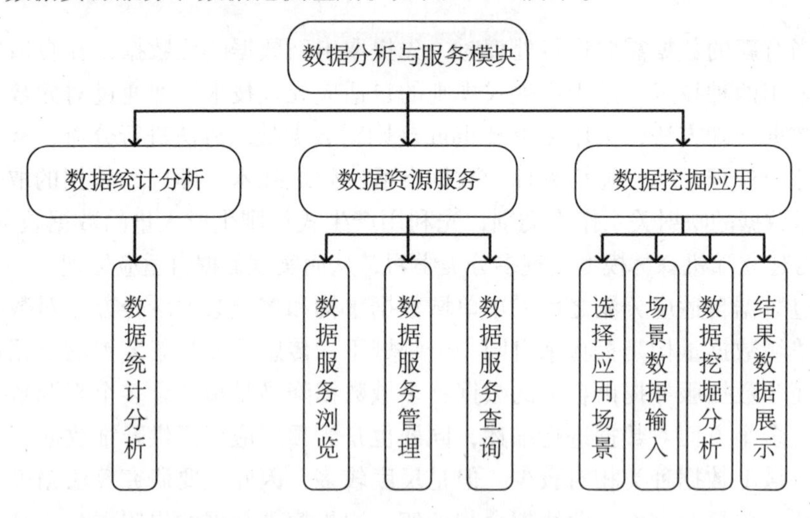

图 2-3-6　数据分析与服务模块组成

（1）数据统计分析

数据统计分析功能是利用数据统计与分析的方法，例如，数据统计子功能主要是统计某一数据的期望、均值、方差等，对本系统所管理的数据以进行统计分析，并以可视化方式呈现。可视化是通过视觉表现形式，对数据进行探索、展现以及表达数据含义的一种信息技术研究。利用成熟的可视化技术，将枯燥的数字转换为容易掌握和理解的画面，可增加数据的可用性和价值。

在数据统计分析功能中，基于本系统所管理的数据，结合实际需求，采用对比分析、排名分析、结构分析、时序分析等手段对数据进行分析，并以直方图、饼图、箱线图、散点图、二维高斯核密度估计图等方式呈现，充分利用数据中的价值促进管理水平的提升。

对数据采集的构成进行分析，比较模板数据采集和日志采集的各自占比情况。如图 2-3-7 所示。

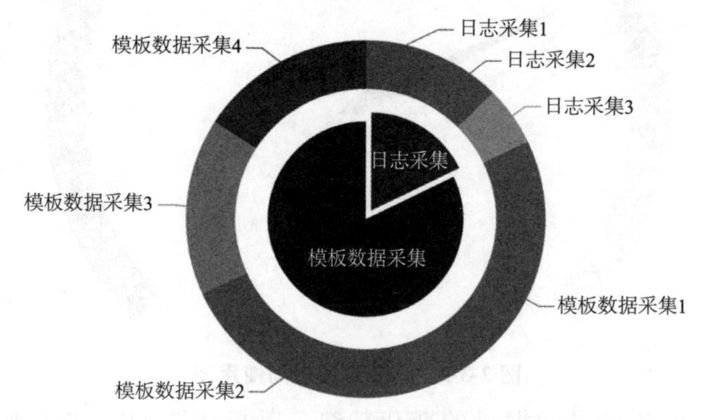

图 2-3-7　模板数据采集和日志采集的占比比例

通过对自动采集运行的时间分布进行分析，可直观地了解自动采集的时间安排是否合理，然后通过采集管理调整运行时间设置。如图 2-3-8 所示。

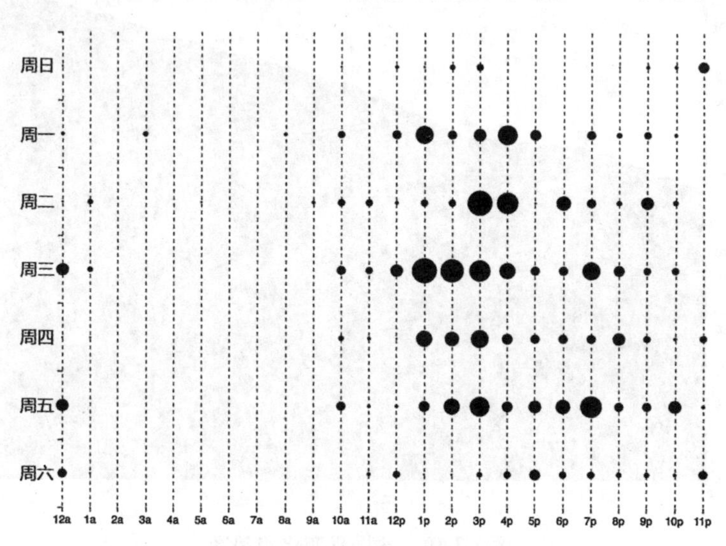

图 2-3-8　自动采集进行时间分布

统计当前存储空间使用情况，并以仪表盘的方式直观展现。如图 2-3-9 所示。

图 2-3-9　当前存储空间使用图

统计并分析各场景数据量的变化趋势，以折线图的方式直观展现。如图 2-3-10 所示。

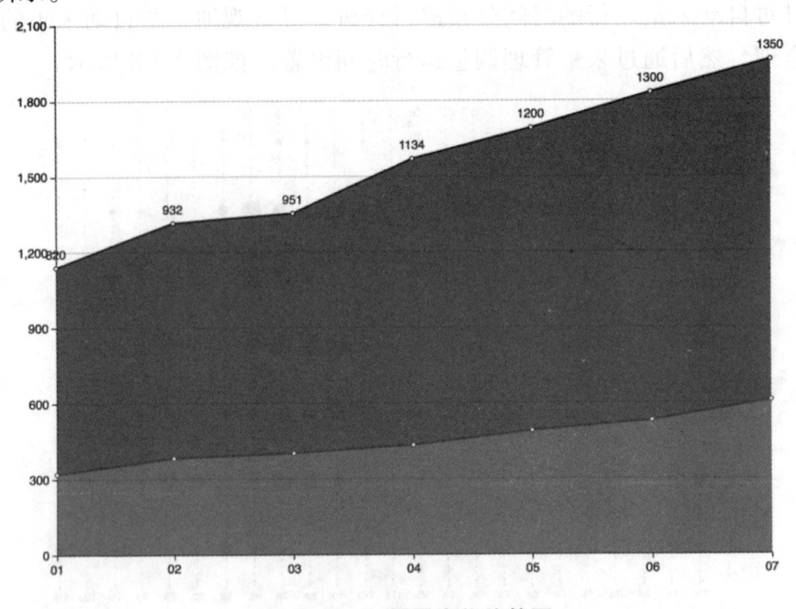

图 2-3-10　数据量变化趋势图

对比各场景内各应用的使用情况，分析用户最常使用的应用，以堆积柱状图的方式展现。如图 2-3-11 所示。

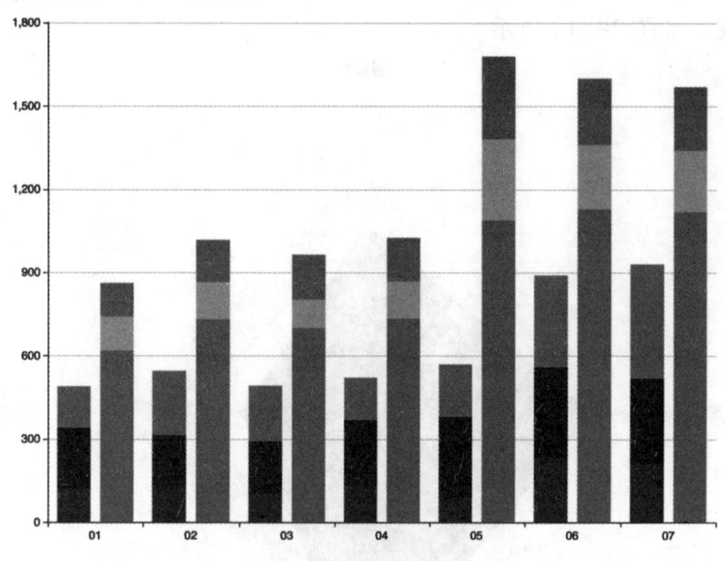

图 2-3-11　应用使用情况统计图

对场景分析中的关键参数进行关联分析，以雷达图的方式展现。如图 2-3-12 所示。

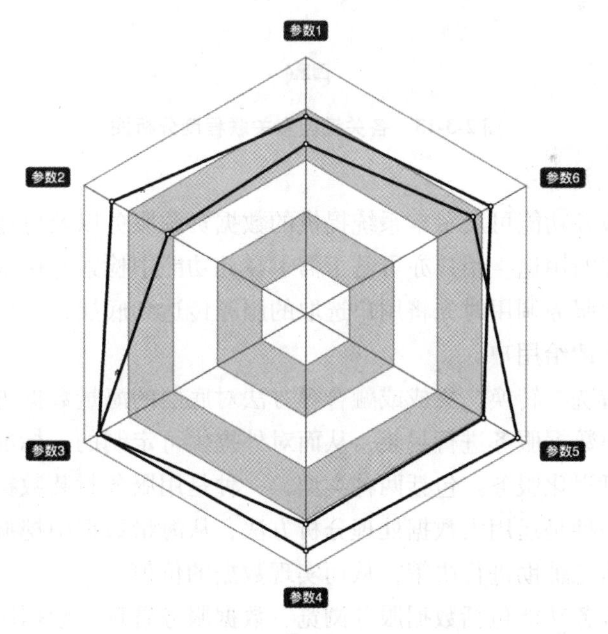

图 2-3-12　各参数关联程度分析图

对场景分析中的关键因素进行分析，了解各因素之间的关联关系，以雷达图的方式展现。如图 2-3-13 所示。

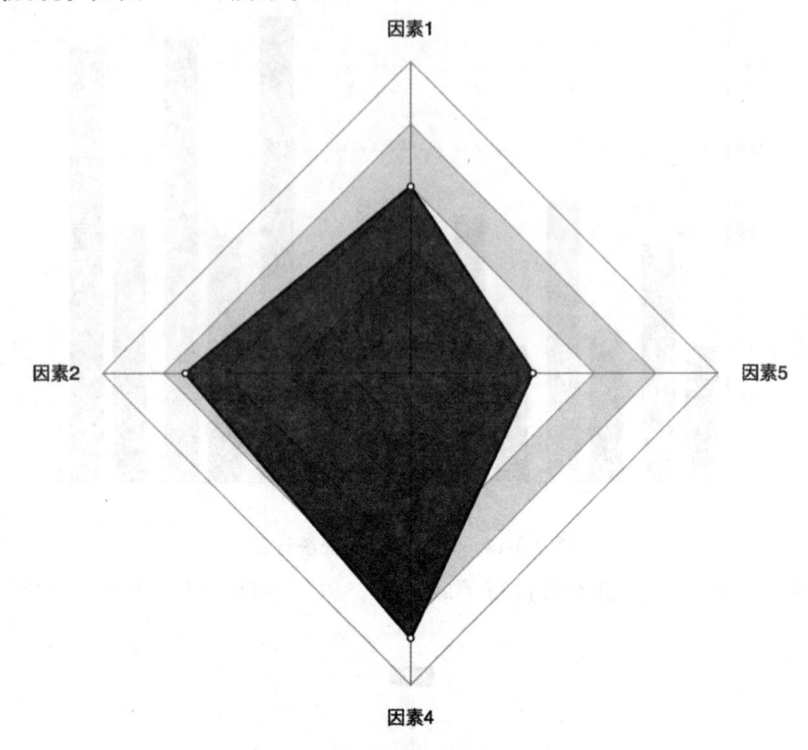

图 2-3-13　各关键因素关联程度分析图

（2）数据资源服务

数据资源服务功能可展示本系统提供的数据资源服务以及可通过调用数据资源服务所能实现的用途。用户亦可基于需求在此功能中检索并选取相关数据资源服务，数据资源服务调用时先将用户选取的服务传达到底层，底层工具运行服务并将服务结果反馈给用户。

通过数据清洗、转换、集成或融合等方法对底层的海量数据进行统一建模与集成，并将各类数据服务进行封装，从而对外提供可定制的、标准化的、智能的检索、分析或可视化服务。包括两种类型，一种是用服务封装数据资源，供用户访问并使用。一种是运用大数据处理分析方法，从海量数据中挖掘出有价值的信息，并用这些信息辅助进行决策，从而实现数据的价值。

数据资源服务功能包括数据服务浏览、数据服务管理、数据服务查询三个子功能。数据服务浏览可查看当前所有已管理的数据服务信息，包含服务名称、当前状态、服务说明等。数据服务管理可对数据服务进行调用操作，对数据服务进行停用等管理维护。数据服务查询可通过服务名称、服务编号、当前状态等对已有数据服务进行查询。

数据服务主要分为两种类型：只读型服务和操作型服务，只读型服务是指应用层需要某些数据，服务层在其发起查询请求之后到数据源查询相关数据并反馈到应用层；操作型服务是指应用层根据业务需求对数据服务层发起请求，服务层根据请求明确具体的数据处理方法，如基本求值、数据挖掘、数据融合等，同时服务层也可以提供将多个处理方法组合生成完整的数据处理过程从而形成一条服务，通过数据操作之后服务层将处理结果提供给应用层，实现操作型服务。

由专业人员基于对数据的分析和对应用需求的调研，经专业的大数据处理过程后集成为内部的数据资源，再经开发人员的封装成为可供外部使用的数据资源服务。因整个过程需要专业人员进行很多专业的操作，所以数据资源服务需定制生成，暂不可随意生成。

系统中的数据资源服务以 HTTP 方式发布并供外部调用。HTTP 是互联网上应用最为广泛的一种网络协议，用于从服务器传输超文本到本地的传输协议，从而实现各类应用资源超媒体访问的集成。

（3）数据挖掘应用

数据挖掘应用功能主要是基于本系统所汇聚和管理的数据，通过聚类、机器学习、关联规则挖掘等分析工具，针对不同的应用场景进行数据的深度挖掘分析，深度探索和发现隐藏在海量数据之中的模式、规律和关系，从低价值密度的数据萃取高价值密度的知识，以辅助设计决策，体现大数据的核心价值。

数据挖掘应用功能包括选择应用场景、场景数据输入、数据挖掘分析、结果数据展示四个子功能。可直接浏览选择应用场景，也可通过场景类型和场景名称查询搜索目标应用场景，每个场景也都有对应的说明描述。在选择应用场景后，可根据场景要求输入关键要素数据，以便进行数据分析。在确认选择的应用场景和输入的要素数据无误后，可开始进行数据的挖掘分析，挖掘分析的过程在后台执行，页面上会显示当前进度。数据挖掘分析完成后，得到的结果数据会展示在页面中，并以可视化图表的方式进行直观的展现。

数据挖掘服务流程如下：

①对业务进行分析，明确业务的要求和最终目的是什么，并将这些目的和要求与数据挖掘的定义以及结果结合起来，以此确定数据分析的目的和评价标准。

②在明确系统中存在哪些数据的基础上，提取与数据挖掘任务相关的数据。

数据的获取过程可以多样化，根据某一关联提取一组数据做样本，充分分析和处理这组数据，找到数据的特征和规律之后再陆续地提取所需要的所有数据。

③对获取的数据进行验证，选出需要进行分析的数据，去除不符合要求或有严重缺失的数据，检测异常数据，完成对数据的清洗。

④作为数据挖掘的核心内容，根据分析目的和数据的特点选择合适的建模方法和算法，例如，聚类分析方法、关联分析方法、预测分析方法等，然后根据实际业务环境构建数据挖掘所需的分析模型。

⑤利用样本数据检验模型执行的效果。

⑥以评价标准和统计检验方法来判别模型的准确性和优劣性，并根据评估结果返回数据挖掘最初的阶段，对业务需求分析、数据获取、数据清洗、数据交互、建模过程进行重新的修正和梳理。

⑦模型经过验证与评估后完成了对自身参数的调整，能够在模型检验过程中得到较好的结果，并将优化后的模型作为数据挖掘实际操作时采用的模型。

⑧模型建好之后，利用模型解决实际问题，将其发现的结果以及过程组织成为数据挖掘报告。根据报告重新评估模型，必要时完成模型的进一步优化。

3.4.3 基础服务设计

3.4.3.1 数据存储模块

数据存储模块主要分为结构化数据存储和非结构化数据存储，为不同类型的数据提供高效的存储方式，为后续的数据分析提供数据查询、数据浏览、数据更新和统一的数据访问接口。如图 2-3-14 所示。

半结构化数据是结构化数据的一种形式，它并不符合关系型数据库或其他数据表的形式关联起来的数据模型结构，但包含相关标记，用来分隔语义元素以及对记录和字段进行分层。对于半结构化数据，通常是转化为结构化或非结构化数据来存储。转化为结构化数据，查询统计比较方便，但不能适应数据的扩展，不能对扩展的信息进行检索。还可以用 XML 格式将半结构化数据保存，能够灵活地进行扩展，但查询效率比较低。

（1）结构化数据存储

结构化数据主要指的是数据库数据，最终以表的形式存储，这里为结构化数据提供统一的管理。结构化数据存储功能主要有结构化数据存储浏览、结构化数据存储编辑、结构化数据存储查询三个子功能。结构化数据存储浏览可查看当前所有已管理的结构化数据存储信息，包含编号、名称、载体、说明等。结构化数

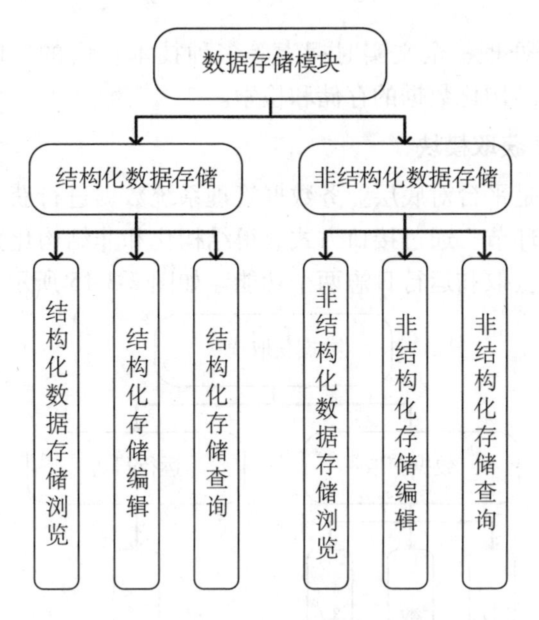

图 2-3-14 数据存储模块组成

据存储编辑可新录入结构化数据存储信息，也可以修改编辑当前状态等内容，对结构化数据存储进行管理维护。结构化数据存储查询可通过存储名称、存储编号、当前状态等对已有结构化数据存储进行查询。

（2）非结构化数据存储

非结构化数据包括所有格式的办公文档、文本、图片、XML、HTML、各类报表、图像等，非常适合用分布式文件系统（HDFS）进行存储。HDFS 适用于非结构化数据的存储，具有很高的数据吞吐量。HDFS 将大量数据分割成许多 64M 的数据块（也可以自定义），存储在分布式集群的数据节点中，同时会以多副本的形式保存同一数据块，容错性较高。当数据量持续增加时，HDFS 能够通过在分布式集群中增加数据节点的方式提高其扩展性。对数据采取分布式存储的方法，可以提高数据访问效率，进行大规模数据批处理时具备极佳的性能。

非结构化数据存储功能主要有非结构化数据存储浏览、非结构化数据存储编辑、非结构化数据存储查询三个子功能。非结构化数据存储浏览可查看当前所有已管理的非结构化数据存储信息，包含编号、名称、载体、说明等。非结构化数据存储编辑可新录入非结构化数据存储信息，也可以修改编辑当前状态等内容，对非结构化数据存储进行管理维护。非结构化数据存储查询可通过存储名称、存储编号、当前状态等对已有非结构化数据存储进行查询。

非结构化数据存储数据库是建立在 Apache HBase 基础之上的，融合了索引技术、分布式事务处理、全文实时搜索等多种技术在内的实时 NoSQL 数据库，可以高效地支撑非结构化数据的存储和检索。

3.4.3.2 数据获取模块

数据获取模块是平台对底层业务数据管理系统数据进行获取的过程，是数据生命周期的第一个环节，通过接口方式获得结构化和非结构化数据类型的海量数据。功能分为数据获取和运行日志两个功能。如图 2-3-15 所示。

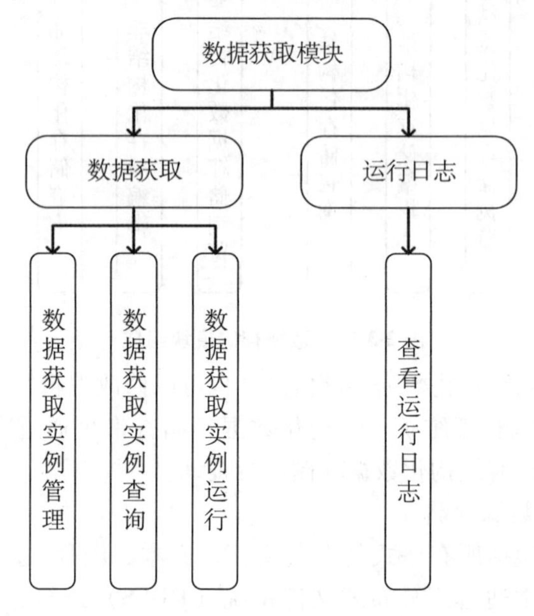

图 2-3-15 数据获取模块组成

(1) 数据获取

数据获取主要负责将业务数据库的数据定时获取到大数据管理与分析系统的分布式存储中。系统首次运行时，需要将所需的相关业务数据进行提取，以后则是定期增量获取。

数据获取功能主要有数据获取实例管理、数据获取实例查询、数据获取实例运行三个子功能。数据获取实例管理可新建数据获取实例，也可以修改编辑数据获取实例的获取方式、获取周期等内容，对数据获取实例进行管理维护。数据获取实例查询可查询并查看当前所有已管理的数据获取实例。

大数据管理与分析系统以数据获取实例的方式实现对数据获取的管理、查询和运行。一个数据获取实例对应一种数据的获取，对应一个数据获取接口，是大数据管理与分析系统对数据获取活动或行为的一种抽象定义。如图 2-3-16 所示。

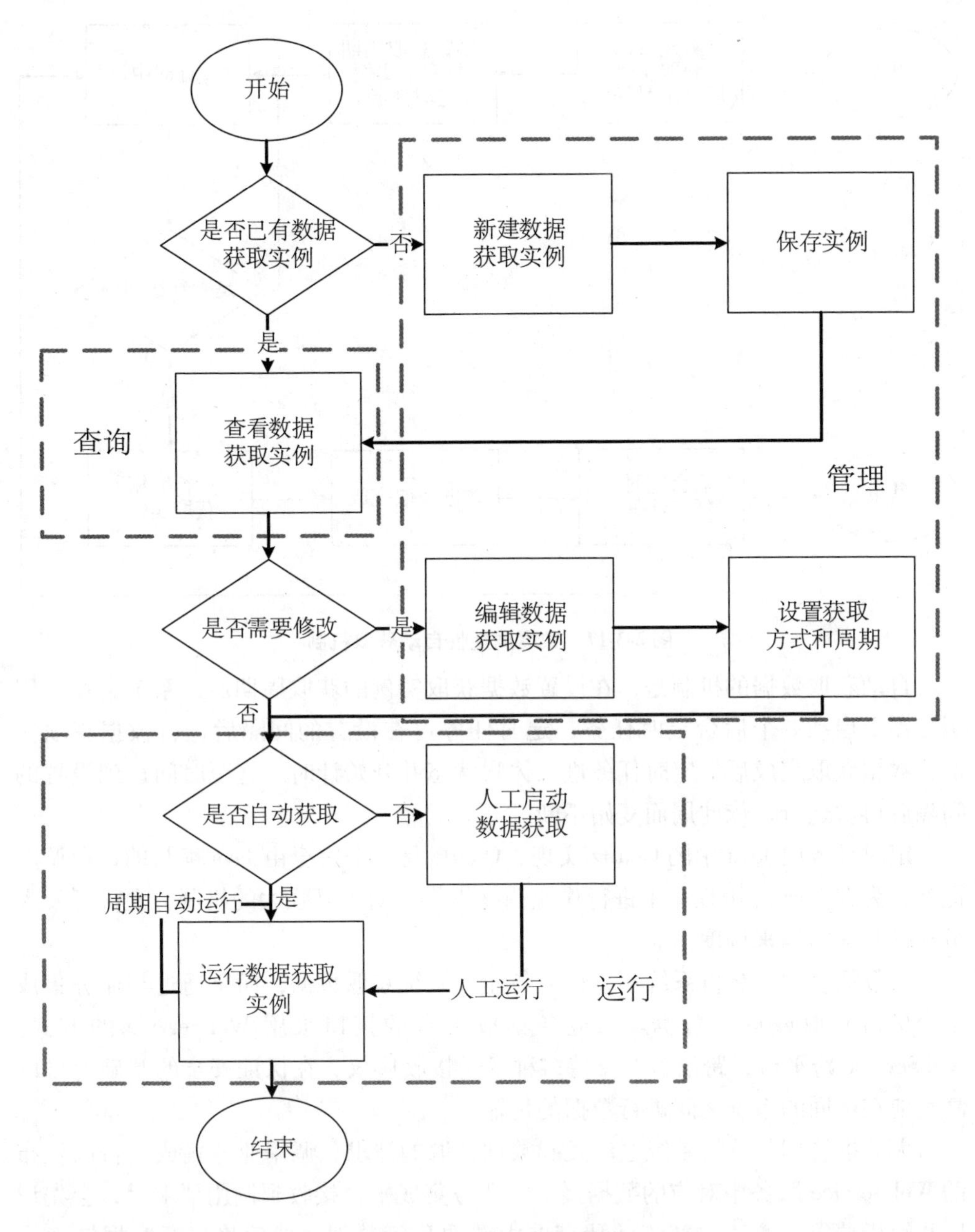

图 2-3-16　数据获取实例

系统首次运行时可根据实际情况将一定范围的数据一次性全量获取，之后系统运行过程中，大多采用周期性自动获取数据的机制。如图 2-3-17 所示。也可根据实际需要，设置某些数据获取为人工操作方式。

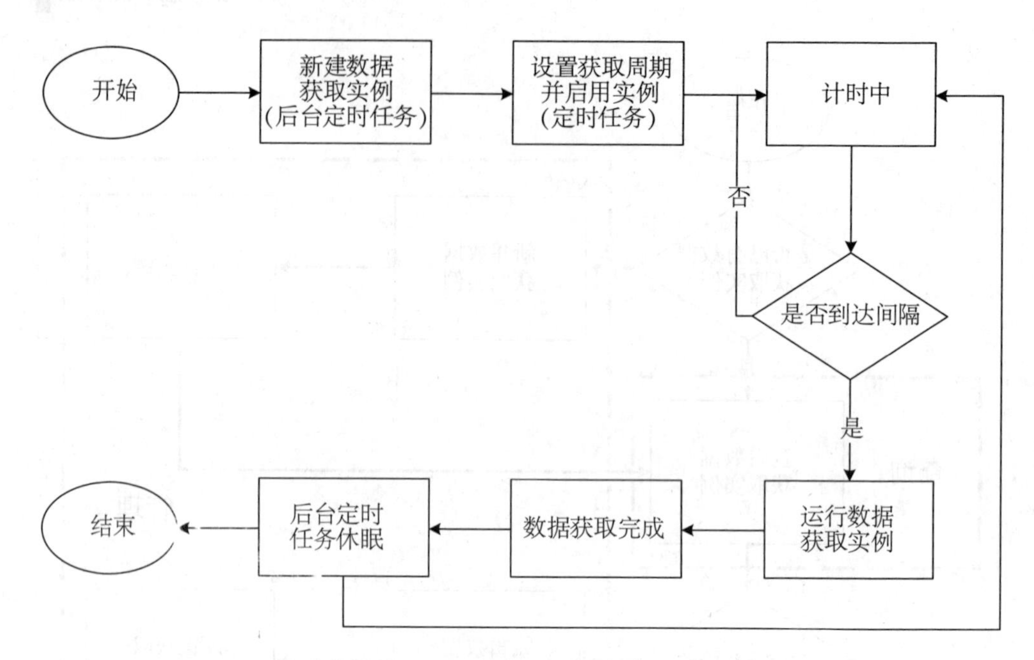

图 2-3-17 数据周期性自动获取机制

自动获取数据的机制是，在设置数据获取实例的获取周期后，系统会在应用服务器上启动一个后台定时任务，定时任务可在设置的间隔后运行数据获取实例，数据获取完成后，定时任务进入休眠状态并开始计时，直至时间达到设置的间隔后再次运行，依此周而复始不断循环。

定时任务由 Java 中的 Quartz 实现，Quartz 是一个完全由 Java 编写的作业调度框架，为在 Java 应用程序中进行作业调度提供了简单且强大的机制，允许开发人员根据时间间隔来调度作业。

大数据管理与分析系统不直接从各业务系统获取数据，而是通过与业务集成平台接口获取或返回数据。与业务集成平台的接口采用 WebService 的方式。WebService 跨平台，跨语言，支持多种发送接收协议，在保证安全的基础上可以高效地在不同的系统之间进行数据的传输。

大数据管理与分析系统主动发起数据获取的请求，调用业务集成平台已发布的 WebService 服务中对应的数据接口，业务集成平台接收到调用请求后，会先识别并解析请求，通过内部流转从存储中获取目标数据，然后将目标数据转换为 XML 格式的请求结果，并由 WebService 接口返回请求结果给大数据管理与分析系统。大数据管理与分析系统解析请求返回的 XML 格式结果数据，并最终存入大数据集群的存储。如图 2-3-18 所示。

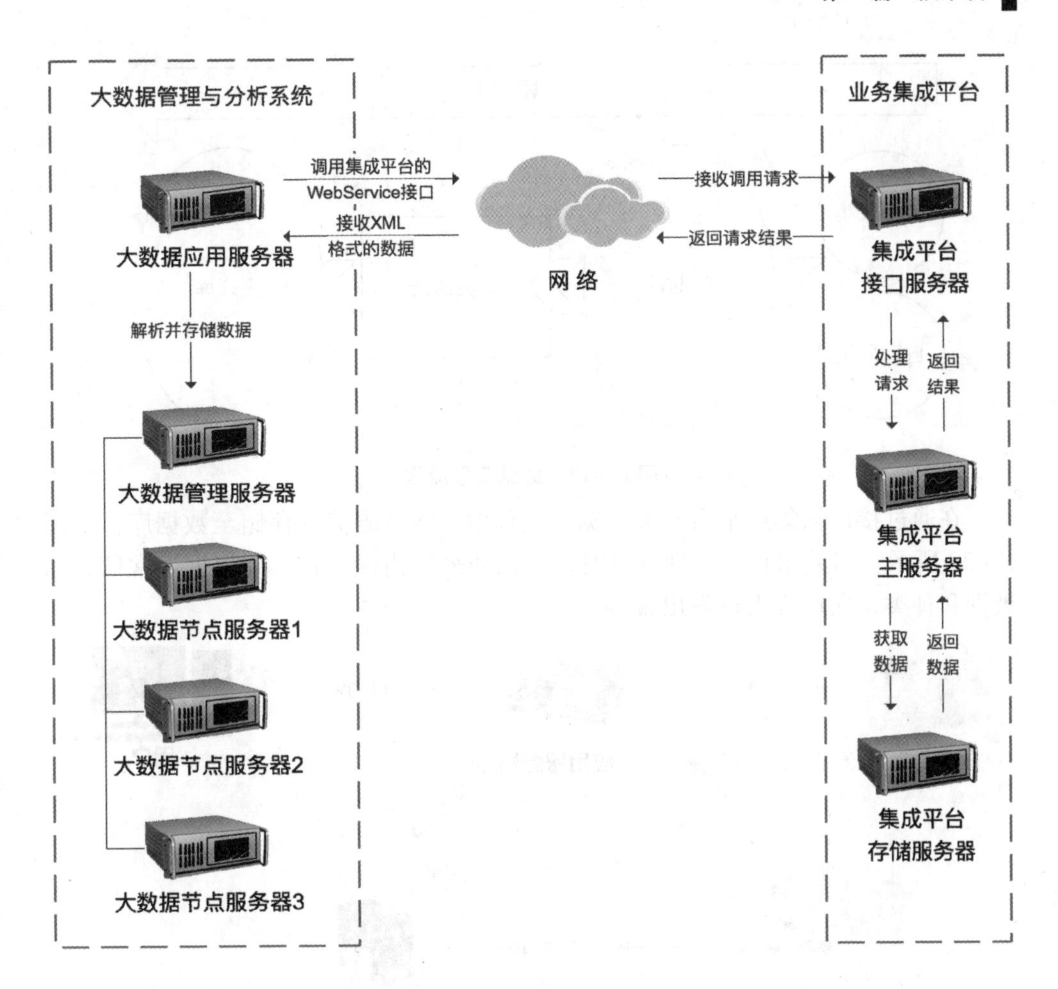

图 2-3-18 数据获取交互

如图2-3-19 所示，通过 WebService 接口经业务集成平台获取的数据，会先存入大数据集群的临时库，在后台执行数据的清洗操作后，再将清洗后的数据存入正式库。

（2）运行日志

数据获取的过程一般是在后台进行，需要通过运行日志来记录系统实际运行数据获取的时间及内容等信息，查看数据获取的运行状态，以便发现和处理运行不正常的数据获取，避免数据错漏的情况。

可通过日期范围等信息，查询并查看过滤后的数据获取运行日志数据，对于运行异常的日志信息进行突出显示。

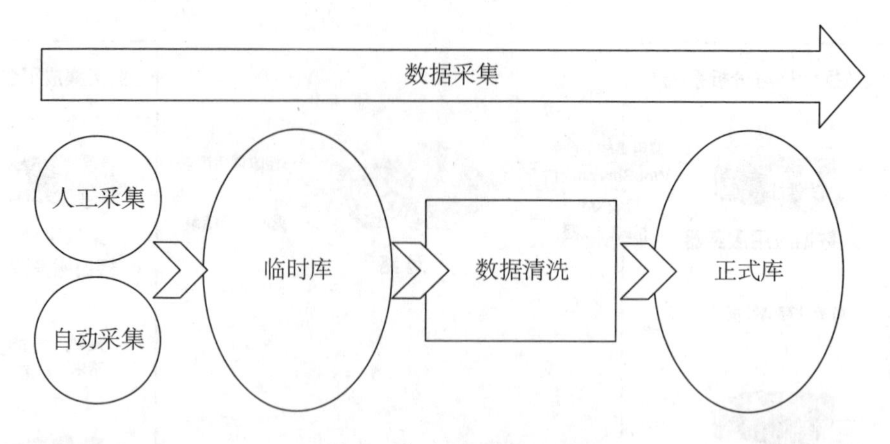

图 2-3-19　数据获取流程

在通过接口从集成平台获取数据的过程中，将日志信息存储至数据库。如图 2-3-20 所示。当数据获取出现异常时，可自动采集错误信息，并根据异常信息的级别和种类，向运维人员发出报警。

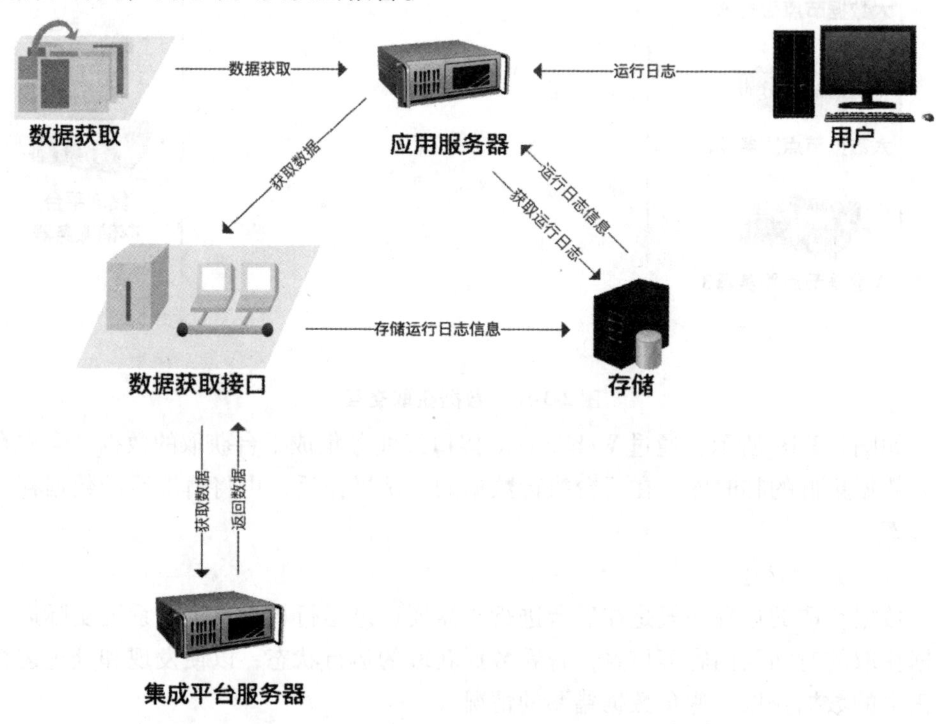

图 2-3-20　从集成平台获取数据流程

在大数据管理与分析系统运行数据获取实例时，应用服务器会调用业务集成平台已发布的 WebService 服务中对应的数据获取接口，并将调用接口的相关日志信息存入数据库；业务集成平台处理数据获取请求后，通过数据获取接口返回目标数据给应用服务器，应用服务器在接收到返回结果时，会将接口返回结果的相关信息生成日志并存入数据库。

当用户需要查看运行日志时，应用服务器会直接获取存储在数据库中的日志信息，然后在运行日志子功能中以表格等方式展现给用户。

3.4.4 支撑平台设计

支撑平台为上层应用系统提供统一的安全管理、开发环境、构件化的工具服务支撑，主要包括应用支撑平台（操作系统、数据库）、数据分析引擎及其核心算法等，同时支持用户管理、场景分析、数据分析、运行监控等多项数据应用支撑。

3.4.4.1 支撑组件设计

大数据管理与分析系统的支撑组件包括数据存储、数据挖掘等组件，它们是系统构造过程中用到的组件。组件的单独提出，目的是将组件作为构造系统的“零部件”，以获得更大的灵活性。

（1）数据存储组件

数据存储组件基于面向主题的、集成的、支持管理决策的数据仓库，提供非结构化数据、半结构化数据以及结构化数据的存储，为不同类型的数据提供高效的存储方式，为后续的数据分析提供数据查询、数据浏览、数据更新和统一的数据访问接口。同时，数据存储组件支持连接数据库，提供完整的 SQL 支持，兼容通用开发框架和工具。组件设计了基于内存的列式存储引擎把数据在内存中做列式存储，辅以基于内存的执行引擎，可以完全避免输入输出带来的延时，极大地提高了数据扫描速度。数据存储组件支持高可用性，通过一致性协议和多版本来支持异常处理和灾难恢复。在异常情况下，组件能够自动恢复重建所有的表信息和数据，无须手工恢复，从而减少开发与运维的成本，保证系统的稳定性。

数据仓库使用常见的数据库对象，包括数据库、表、视图和函数，执行 SQL 语句以写入。对数据库对象的元数据保存在数据仓库的元数据管理中心中，而数据库对象内的数据可以存放在常见的存储介质中，如内存、硬盘、HDFS（TEXT 表/ORC 表/CSV 表）。

数据仓库支持标准的 Java 数据库连接（java database connectivity，JDBC），

访问数据仓库时需要选择合适的驱动以编写平台服务、应用程序。数据仓库同时支持和无须认证的数据仓库进行交互、和认证的数据仓库进行交互、和轻型目录访问协议（lightweight directory access protocol，LDAP）认证的数据仓库进行交互。数据仓库提供了标准的 API 方法，访问数据仓库时需要选择合适的驱动以编写平台服务、应用程序。应用程序通过 ODBC 来从数据仓库获取数据，数据仓库会相应地和驱动管理通信。此时，应用程序无须知道数据存储的方式和位置，也无须知道系统如何获取数据，应用程序只需知道数据源名称。

（2）数据挖掘组件

数据挖掘组件集成了丰富的可用于数据分析的算法。在读取数据仓库中已存储的数据后，可完成包括数据预览、数据预处理、建模（分类、聚类、回归等）以及模型部署等能组成整个数据分析流程的功能。数据存储组件为数据挖掘组件提供有效的存储、索引和查询处理支持。分布式技术也能帮助处理海量数据，运用高性能（并行）计算的技术处理海量数据集，并且当数据不能集中到一起处理时利用数据仓库提供集成挖掘运算。挖掘历史数据中数据间的关联关系，并结合具体的设计与评估过程将这种相关关系转化为具有实际意义的设计知识，最后在设计人员需要的时候提供给他们。

预处理是实现源数据转化为业务需要的目标数据的数据交互过程。数据交互是根据业务需求在元数据模型的指导下完成数据映射的过程，此过程通过实现数据结构之间的映射，指导在设计、试验、评估等业务之间数据的交互，实现多系统节点的数据交互。

分类是将不同对象个体划分到不同的组中。分类根据训练数据集合，结合某种分类算法，提供一个对象后可以根据它们的特征将其划分到某个分组中。决策树算法是分类中的经典算法，决策树的每一层节点依照某一确定程度比较高的属性向下分子节点，每个子节点再根据其他确定程度相对较高的属性进行划分，直到生成一个能完美分类训练样例的决策树或者满足某个分类终止条件为止。

聚类可以研究数据间逻辑上或物理上的相互关系的方法，其分析结果不仅可以揭示数据间的内在联系与区别，还可以为进一步的数据分析与知识发现提供重要依据。聚类的原理是根据样本自身的属性，用数学方法按照某种相似性或差异性指标定量地确定样本之间的亲疏关系，并按照这种亲疏关系程度对样本进行组合完成聚类。而系统中聚类分析采用的算法主要为：K-means 算法、混合高斯、快速迭代和线性判别分析算法（linear discriminant analysis，LDA）等，可以根据数据的类型和特点选择适合的算法进行分析，挖掘出有用的信息。

3.4.4.2 平台服务设计

大数据管理与分析系统的功能实现对应了不同的平台服务，包括数据分析服务、应用场景服务和运行监控服务。同时针对数据处理流程来说，大数据管理与分析系统与业务之间的支撑关系又可以描述为数据获取、数据交互、数据预处理、数据挖掘和场景应用几大模块。

（1）数据分析服务

平台提供数据分析服务，在本系统中支持对数据处理后的结果进行精准描述和优化展示，以提供数据处理、分析为重点，提供数据库的设计与查询优化，信息检索、XML 数据管理、数据挖掘等服务。

数据库的设计与查询优化是根据不同的数据量和访问量，来设计不同的数据库架构，如结构化数据存储在结构化数据库当中、半结构化数据存储在半结构化数据库中，非结构化数据存储在非结构化数据库中，再由数据仓库通过 SQL 命令统一调配，保证数据库中各种数据新增、更新、删除、查询的快速性和有效性。

信息检索包括结构化、半/非结构化数据检索以及元数据检索；根据用户需要，采用一定的关联规则，从数据仓库各个类型数据库中找出所需要的信息。提供各类型数据按一定的方式进行加工、整理、组织并存储起来，再根据用户特定的信息需要将相关信息准确地查找出来，从而实现高效、精准的信息检索服务。

从业务集成系统获取 XML 数据后，提取可用的详细数据用于数据分析。平台提供 XML 数据管理服务，支持对 XML 格式文档进行存储、查询，提取数据用于数据分析，以获取 XML 数据间的关联规则。同时，用户可以对数据库中的 XML 文档进行查询、导出和指定格式的序列化。

数据挖掘则根据不同目的建立不同的流程模型，以分布式技术处理海量数据，运用高性能（并行）计算的技术处理海量数据集，并且当数据不能集中到一起处理时利用数据仓库提供集成挖掘运算。

（2）应用场景服务

平台为多个场景提供服务，旨在快速构建更稳定、安全的项目使用环境，减少在运维、管理、应用开发等方面的挑战，使用户更专注于业务层面服务应用。

（3）运行监控服务

平台提供运行监控服务，它是建立在大数据平台管理和监控模块之上，对整个平台的运行状态进行实时分析。平台提供管理界面可以在浏览器中安装、部署、监控和管理整个大数据平台。在统一的分布式存储之上，数据平台提供统一的资源管理调度、完备的权限管理控制，平台通过结构化数据库和非结构化数据库结合的数据仓库，提供基于SQL的高并发的查询以及分析能力。平台提供实时的流处理能力，接收实时数据流，做到数据不丢不重，提供类似于批处理系统的计算能力、健壮性、扩展性。此外，平台提供群集范围内的节点运行和服务的实时视图；提供了一个单一节点的中央控制台；提供制定配置的更改和全范围的报告和诊断工具来优化性能和利用率；可以实时报警异常情况。

运行监控服务采用图形化管理应用程序。通过可视性操作界面来控制 Hadoop 集群，可以轻松地部署、安装、监控和集中操作整个平台。运行监控服务支持管理控制台、Web 服务器和应用程序逻辑。同时实现安装软件、配置、启动和停止服务，以及管理在集群运行的服务的一体化操作，用户可以清晰地按照需要管理平台中的每一部分。

3.5 平台安全管理与运维管理

3.5.1 大数据平台安全管理

对于大数据平台的数据资源，需要通过访问管控数据加密等手段，保护其中高密级数据，作为数据安全防护的底线。大数据平台安全设计，包括从数据采集到数据资产的梳理，再到平台的访问安全管控和数据存储安全，以及数据共享分发过程中的版权保护，整个安全方案形成数据访问和使用过程的闭环。具体相关技术方法如下。

（1）数据库审计

通过对访问数据库的所有网络流量进行采集、解析、过滤、分析和存储，全面地审计所有对数据库的处理行为，满足大数据平台对数据处理进行监控、收集和记录的需求。

（2）数据库防火墙

将数据库防火墙部署在应用系统和数据库之间，能够防护由于 Web 应用漏洞、应用框架漏洞等原因造成的黑客攻击数据库，窃取敏感数据；确保大数据平台核心数据资产的共享安全。

（3）数据库安全运维系统

基于角色管理的细粒度的数据库运维控制功能，精确到SQL语句，确保核心数据资产的合规使用；针对不同的数据库用户，提供操作权限、访问控制，避免大规模数据泄露和篡改。

（4）数据库加密

强化大数据平台数据安全，实现整体数据安全加固，防止数据外泄。加强对敏感数据的加密访问和存储，敏感数据呈现中对关键字段进行加密。

3.5.2 运维管理

系统建成投入运行后，需要一支稳定的技术队伍进行日常维护，保障系统的长期正常运行，与厂商技术部门互相配合，负责平台系统的运维、实施、配置以及新需求的响应工作等。从应用平台的信息化技术队伍中组建一支高素质技术人员组成的系统维护队伍，成立系统运行维护机构，专门负责各业务系统的日常维护。大数据平台运维应保证数据的授权使用、完整和可用。业务应用由信息部门统一建设，部门业务应用的运营维护由业务部门负责，信息部门可提供应急维护服务。部门相关数据根据统一规划通过数据管道进入大数据湖，也可以在业务系统中独立使用。

从具体运维内容来看，本项目中涉及的运维内容主要可能包括三种类型：

（1）托管运维

对于备份机房、网络环境及其配套设施的运维，采用托管方式运维。

（2）代维方式

软件和网络安全采用代维方式，通过选择合适的专业服务公司来提高运维服务的水平和效率。

（3）自维方式

核心业务系统通过建立、培养自己的技术运维团队来进行自行维护。

3.6 小结

本章从平台总体设计、数据库与交互设计、微服务架构设计以及平台安全与运维管理等方面介绍了大数据管理与分析平台的设计、构建与管理的流程和方法，目的是为面向复杂系统设计的大数据管理与分析平台架构设计、构建与管理打好基础。

本章所述平台设计、构建与管理方法源于本书编写组在相关领域科研项目中的经验总结与提炼，在流程、内容以及具体实现技术方面可能具有一定的局限性。

第4章　多数据分析方法集成的复杂系统设计技术

4.1　引言

本章通过结合多种大数据分析技术方法，针对复杂系统设计技术需求，基于复杂系统设计流程，形成多数据分析方法集成的复杂系统设计技术。该模块具体内容包括多数据分析方法集成的复杂系统设计业务分析与实体建模技术、复杂系统综合设计技术以及复杂系统综合评估与优化设计技术。

4.2　多数据分析方法集成的复杂系统体系结构建模与设计

4.2.1　复杂系统体系结构

体系结构（system of system architecture）最初源于建筑学，表示建筑物或其他相关物理结构的艺术和科学，此后逐步被应用于系统工程、计算机等多个领域。在计算机科学领域中，电气和电子工程师协会（Institute of Electrical and E-lectronics Engineers，IEEE）将装备体系结构定义为：“系统的基础组织，该组织包含各个构件、构件互相之间的关系以及与环境的关系，还有指导其设计和演化的原则。”计算机领域的体系其实更多地是指同一个系统下的组件、组件关系的一种计算模式结构，不具备体系的涌现性等特性。20 世纪 90 年代，钱学森、于景元和戴汝为等联名在 *Nature* 上发表论文提出了“开放复杂巨系统及其方法论”。该方法提出了复杂系统的种类和关联程度分类法，主要是根据体系相关的子系统、子系统种类以及系统之间的关联程度对复杂系统分类。而所述的复杂巨系统其实就是当今常说的体系（system of system，SOS），所述的体系是指由多个相互关联又能独立运行的子系统组成的超系统，或者是为了达到某一核心目的将多个子系统进行组织和关联，达到性能涌现目的的复杂系统，所以区别于体系和系统的方法在于体系的涌现性、子系统独立性和整体的复杂性。体系具有的一般特性见表2-4-1。

表2-4-1 体系特性表

序号	体系特征	简介
1	开放性	体系无明显的边界，可分为多个独立运行的子系统，又可作为整体与外界进行物质、能量和信息的交换
2	非线性	体系之间的系统关系是非线性的，不能用简单的线性关系来描述
3	层次性	体系在宏观上具有明显的层次性，即体系高层指标决定着底层子系统的组成，底层子系统之间的组成关系又直接决定高层体系的性能和效能。特别是在军事装备体系领域，组成体系的各个子系统之间分工明确，功能/职能划分明确，能够达到量变引起质变的目的
4	涌现性	涌现是指多个子系统组合之后产生"1+1>2"的效果，即子系统集成之后产生的性能大于所有子系统性能之和
5	独立性	组成体系的各个子系统可作为单个系统使用，即各个系统相互独立
6	相关性	子系统之间是松耦合关系，即当某一个子系统发生作用时，只会触发与之关联的其他子系统，其他与之无关联的系统可能不会随之改变，而是根据实际需求进行调度和使用，实现整体体系性能/效能最大化
7	动态性	体系具有目的性较强的特征，即在某一特定的目标下组成特定的体系，根据目的可进行动态的变化。同时对于存在故障和损坏退出的子系统会有新的子系统进行递补，实现体系的动态演化
8	分布性	体系的分布性是指时间和空间的分布性，各个子系统之间在时间和空间上的分布差距较大，但是子系统之间可通过信息传输介质实现交互
9	适应性	体系所具备的演化特性使其能够根据外界环境和条件的变化来改变自身情况去适应新的需求，并通过不断积累"知识"和"经验"，使体系能够更适应新的需求，同时体系的适应性使体系能够不断演化成性能更强的体系

随着社会的进步和技术的迭代，原有的单个系统已经不再能够满足某些巨型任务需求，需要多个系统之间集成和配合，应运而生的装备体系结构刚好能够满足此需求。特别是在航天、电力、防空、交通等领域，每一项巨大的复杂工程的每个环节的元素都深刻影响着整个系统的性能和效能，如果不提前对系统进行规划和设计，将会导致后期成本增加或者项目超期，甚至是项目失败。如美军的未来作战系统（U. S. Army's Future Combat System）项目和美军的海岸防御的深海

作战防御系统（U. S. Coast Guard's Deepwater System），都因为设计阶段的缺陷和缺乏有效的管理过程导致项目超预算或超时。在经济不景气的状况下，上述的失败项目进一步地加剧了国家对超大项目的成本和周期的管控，从而增加了超大项目开发的压力。

在国防领域，武器装备体系具有需求多样性、涉及地域范围广、对抗性强、影响因子多、子系统之间的关系复杂和子系统之间独立运行等特性，此外还具有体系所具有的演化涌现性、结构动态性和行为多样性等特性。在武器装备体系设计中，体系设计主要包括两个方面，一方面是对于武器装备体系及其配套系统的设计、规划和部署，通过对未来存在的作战想定任务进行推演、态势评估和分析，采用军事运筹学、系统工程学和军事理论等支撑武器装备体系的设计；另一方面是对所设计的武器装备体系进行效能/性能的评估和分析，主要是采用体系建模仿真、数据挖掘、专家经验、既定规则等对所设计的武器装备体系进行评估和分析，实现对未来武器装备体系的性能和效能的预测和分析，挖掘各类武器装备指标对总体装备能力的影响等，从而指导武器装备体系的设计和改善。体系设计有利于国家对重大武器装备体系和相关子系统的发展规划，促进国家完成基本战略武器装备的配备，为未来武器装备的研制和开发提供指导性的意见。

传统武器装备的开发主要是高层根据基层所提出的需求确定武器装备开发和研制任务，对装备体系进行开发，该方法能够满足基层对于武器装备的需求，但是容易造成装备功能冗余、重复开发和体系内部装备武器无法集成等问题，同时高层无法根据宏观政策方面对武器装备的设计和开发提出指导性意见。2003 年，美国首次提出了集成与开发系统（joint capability integration and development system, JCIDS），该系统提出了武器装备体系的“自上而下”的开发方法，旨在从高层概念设计开始，从全局规划整体作战需求，然后逐级分解到最后具体装备的具体开发。首先根据国家安全战略和装备发展的联合分析生成未来可能的作战概念，然后再基于作战概念设计集成装备体系结构并逐步分解为具体的装备，最后通过对武器的战技指标、所执行的任务及其对于任务的完成能力等进行测试、评估和优化，实现装备体系的设计。

4.2.2 复杂系统体系结构框架

装备体系结构框架是一种标准的装备体系结构建模方法和过程，它通过统一的标准来保证装备体系结构的集成、比较和理解，即装备体系结构框架设计了装备体系结构的标准规则和规范，从多个视图角度和多个层次描述装备体系结构相关的内容，将复杂的问题划分为多个便于管理的模块，使得利益相关方对整个体系有宏观把握的同时，也可以关注体系特定的微观方面。

1987 年，约翰·扎科曼（John Zachman）提出了以六个疑问词（5W1H）为基础的企业架构设计方法论，在一个二维分类的矩阵下对不同视角下的同一体系进行高度结构化和形式化的描述，Zachman 框架被认为是企业结构理论中最经典的框架之一。随着国际上对于武器装备联合作战的重视和体系化战争的需求，美国国防部于 1996 年提出了 C4ISR 框架（计算机、控制、指挥、控制、通信、情报、监视及侦察），为国际军事作战信息化迈出了重要的一步，之后在改进第一版框架的基础上又提出了 C4ISR 2.0 版本。为了突破信息化体系架构的局限，2003 年，美国国防部提出了 DoDAF 1.0 版本，该版本不再局限于信息化体系架构，而是针对所有具有以任务导向的体系系统都可用 DoDAF 1.0 的方法论来进行建模和分析，强调以三大视图（作战、技术和系统）角度对体系进行建模。2007 年，美国国防部提出了 DoDAF 1.5 版本，该版本强调以网络为中心的概念，在体系设计过程中强调网络为中心。如图 2-4-1 所示。

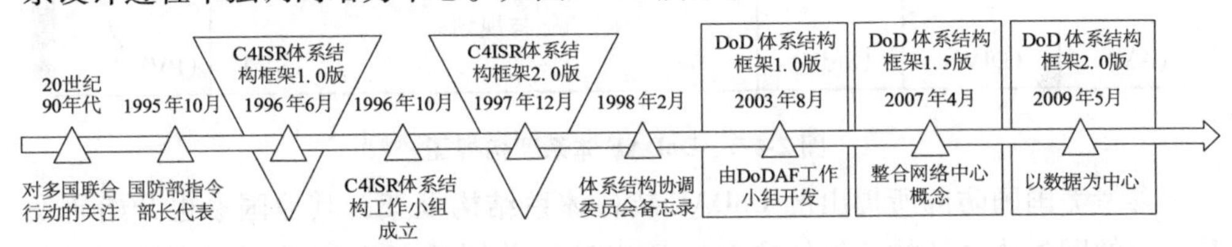

图 2-4-1 美军 DoDAF 体系架构发展过程

为了强化国防体系架构在体系作战中的应用，美国国防部于 2009 年提出了全新的国防体系架构 DoDAF 2.0 版，该版本在改进和扩展第一版的三大视图的基础上形成了八种视图（全视图、数据与信息视图、标准视图、能力视图、作战视图、服务视图、系统视图、项目视图）。并且 DoDAF 2.0 开始看重数据的作用，强调“以数据为中心”，将其作为体系设计和决策的依据，最后形成了 8 个不同角度的系统视图和 52 类产品模型。同时 DoDAF 2.0 还基于“以数据为中心”的概念提出了元数据模型（DoDAF Mata-model，DM2），用于在更细一层的维度上描述组织语义相关数据概念和具体的数据通用分类，并利用形式化的本体描述方法（international defense enterprise architecture specification，IDEAS）定义了重要数据的基本属性和关系。所以 DoDAF 2.0 可以描述为以视图定义体系作战活动、IDEAS 定义数据关系和属性、DM2 描述元数据装备体系结构框架方法。具体的美国国防部体系结构框架发展过程如图 2-4-2 所示。

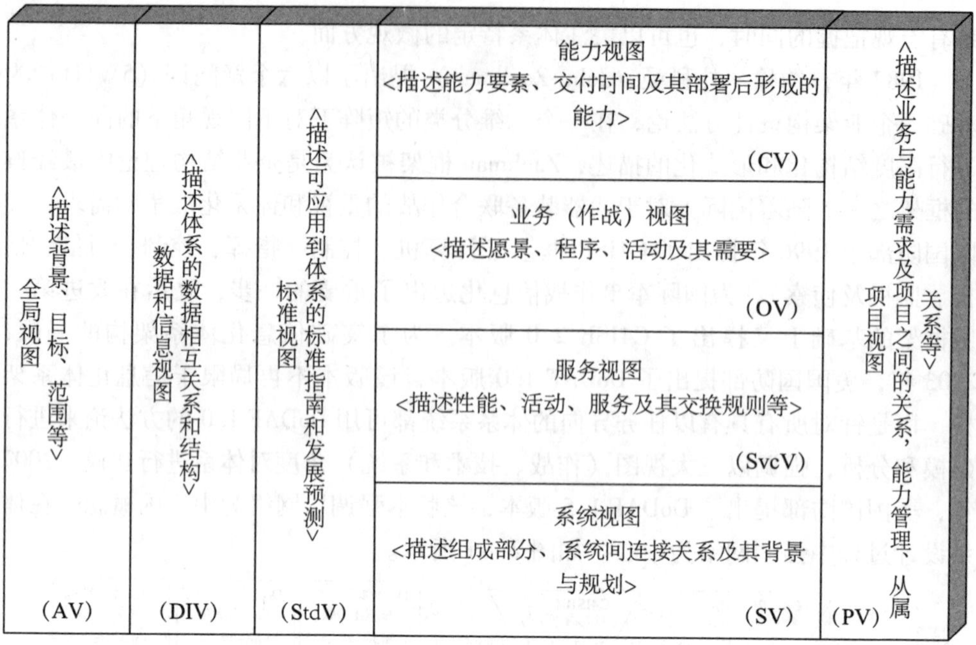

全局视图
<描述背景、目标、范围等>
(AV)

数据和信息视图
<描述体系的数据相互关系和结构>
(DIV)

标准视图
<描述可应用到体系的标准指南和发展预测>
(StdV)

能力视图
<描述能力要素、交付时间及其部署后形成的能力>
(CV)

业务（作战）视图
<描述愿景、程序、活动及其需要>
(OV)

服务视图
<描述性能、活动、服务及其交换规则等>
(SvcV)

系统视图
<描述组成部分、系统间连接关系及其背景与规划>
(SV)

项目视图
<描述业务与能力需求及项目之间的关系，能力管理、从属关系等>
(PV)

图 2-4-2　DoDAF 体系架构视图

参考美国国防部所提出的 DoDAF 装备体系结构框架，其他国家也开始研发其相应的国防体系架构，如加拿大的 DNDAF、英国的 MoDAF 和北约的 NAF 等。中国在国防体系架构方面也进行了深入的研究和探讨，如基于 DoDAF 的防空兵指挥信息系统作战装备体系结构设计方法和基于 DoDAF 和 IDEF0 的作战装备体系结构建模方法等。

4.2.3　以元数据模型为中心的体系设计与建模方法

本小节介绍以元数据模型为中心的体系设计与建模方法，主要分为以下几个主要过程：首先根据使命任务概念逐级分级形成多级的指标关系从而完成初步的装备体系结构设计，然后利用统一标准的六个疑问词“5W1H”来对元数据模型的不同方面进行描述，消除了模型构建过程中的语义二意性和模糊性，同时为了采用统一的产品模型视图对模型进行不同角度的描述，利用 DoDAF 2.0 的三个标准视图来实现向产品模型的转化，最后通过 DM2 的元素关联关系构建了从元数据模型到仿真可执行模型的映射标准，实现了仿真可执行模型的构建。其中主要技术流程如图 2-4-3 所示。

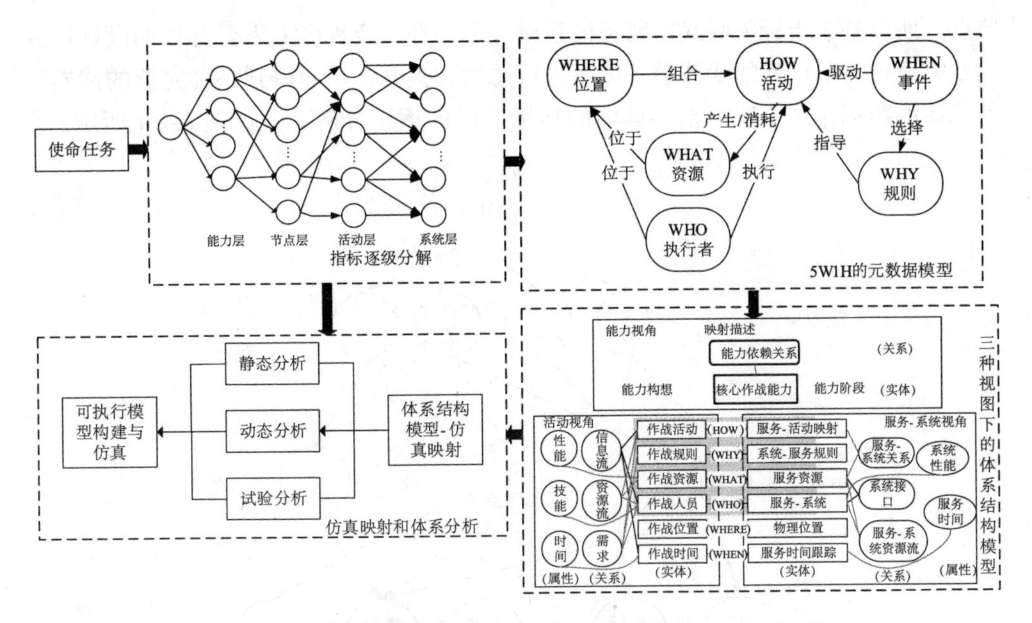

图 2-4-3　以元数据模型为中心的体系设计与建模分析方法技术框架

4.2.3.1　基于指标关联逐层分解的装备体系设计方法

在体系设计过程中，一般是基于所设定的使命任务概念分解成具体的任务（如侦查任务、指挥任务、拦截打击任务等），然后再根据所给定的具体任务安排所设定的满足该使命任务的能力（如侦察预警能力、指挥控制能力、拦截作战能力等），获得作战能力之后根据所设计的能力来给定完成该能力所需要的节点（即作战的步骤、活动），在节点的基础上去确定满足该作战节点活动的功能，最后再根据功能来选择拥有该功能并且性能较好的装备，实现从使命任务到装备体系的设计。故针对装备体系结构设计过程中所存在的“任务—能力—节点—功能—系统”之间的关联关系，提出了基于指标关联逐层分解的体系设计方法。即通过各个设计过程中的指标之间的关联关系逐步确定各级指标，最后完成武器装备的选择的过程。

基于上述的指标关联的逐层分解关系，能够完成从使命任务到武器装备系统的选型，通过进一步地计算具体的指标值即可完成具体装备型号的选择和相关参数的确定，从而完成整个武器装备体系的设计。但是由于各个指标节点之间不是简单地逐层分解，而是也有可能存在某种聚合关系，如在能力层中侦察预警能力、指挥控制能力和拦截打击能力到下一层节点中，都会聚合到指挥决策节点上，表示上述的能力都应该由指挥决策来根据实际的战场态势做出决策，从而构成指挥决策节点。所以基于指标关联武器装备体系设计方法在一定程度上需要有长期设计经验的专家通过对所设计的武器装备体系进行总结和提升，从而得到一套完善的武器装备体系的指标逐层分解关系。具体的指标关联的逐层分解关系如图 2-4-4 所示。

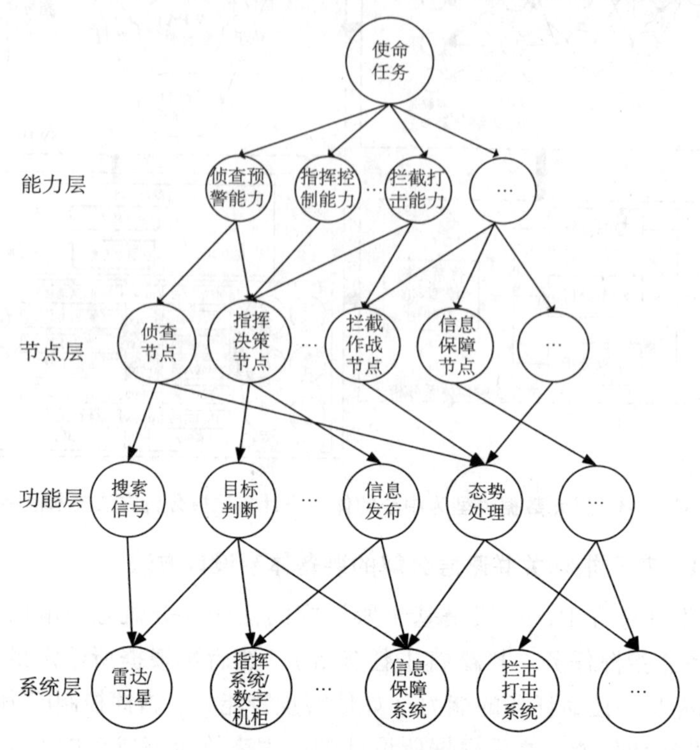

图 2-4-4　指标关联逐层分解

4.2.3.2　基于"5W1H"的装备体系结构元数据建模方法

在模型驱动装备体系结构（MDA）和元对象设施（MOF）的对象组织管理定义中认为："系统的模型都可以用四层元模型表征"，即元元模型、元模型、模型和对象。其中元元模型用于定义元元模型层的语义描述和数据结构；元模型层用于定义元模型的语义描述和数据结构；模型层是描述实例对象层的语义描述和元数据结构，是对现实存在的实体对象的一种抽象描述；对象层表征客观存在的实体，描述了实体的数据和模型元素。所以元模型是对实际对象的一种抽象和提升，通过简化的描述对象之间的关联关系和运行规则等，可利用其对复杂系统进行建模和表征。

根据上一节所提出的基于指标关联的逐级分解的设计方法，在完成基本设计之后需要进行进一步的将模型转化为通用的可读模型。同时为了消除模型设计过程中的语义二义性和模糊性并且对模型进行形式化的描述，促进利益相关方的沟通、交流和达成共识，参考 DoDAF 2.0 所提出的六个疑问词“5W1H”用于描述装备体系结构模型的元数据，将其作为装备体系结构模型元数据的通用表达形式，即“WHERE”“WHAT”“WHEN”“WHY”“WHO”“HOW”。其中“WHERE”表示位置，“WHAT”表示资源，“WHEN”表示时间，“WHY”表示规则，“WHO”表示执行者，“HOW”表示活动。如图 2-4-5 所示为六个疑问词之间的基本关系，针对所有的装备体系结构模型都可根据上述所提出的疑问词对模型中的元素、元素关系以及规则进行建模，从而在各个利益相关方和设计方达成共识，明确每一项元素所代表的实际意义，进一步地消除了语义二义性和模糊性。由图 2-4-5 可以看出，活动 HOW 是整个装备体系结构模型的中心，这也刚好符合了在作战过程中都是以活动作为基本的作战驱动的模式，时间 WHEN 是驱动活动进行的前提，同时可根据时间来选择具体的作战规则，体现了在不同的时间选择不同的规则 WHY，同时规则 WHY 指导活动的进行，在活动过程中将会消耗/产生资源 WHAT，执行者 WHO 是活动动作的发起者，位置 WHERE 表示活动发生地地点、执行者和资源所处的位置。

在装备体系结构建模中，一般的资源 WHAT 包括侦查预警系统、指挥控制系统、信息保障系统、拦截/打击/防御系统等，它们是模型中的主要建模对象；活动 HOW 包括拦截作战活动、侦查探测活动和指挥决策活动等，主要在节点层体现；规则 WHY 包括作战过程中的作战规则、量化指标计算规则以及平时日常子系统运行规则等；时间 WHEN 包括预警时间、指挥决策时间、作战持续时间等，主要包括绝对时间和相对时间；执行者 WHO 包括作战执行人员、指挥人员、信息保障人员等利益相关方；位置 WHERE 包括作战目标位置、资源位置、执行者位置等与经纬坐标相关的绝对位置和局部战场环境的相对位置等。其中六个疑问词之间的主要关系如图 2-4-5 所示。

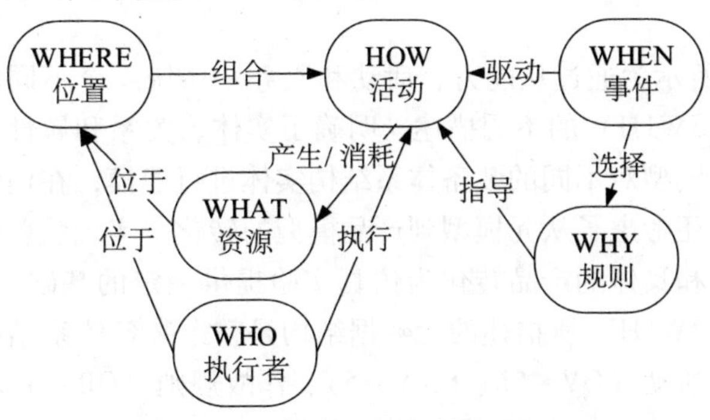

图 2-4-5　基于“5W1H”疑问词元数据结构关系

元数据模型主要围绕装备体系结构相关实体要素、实体之间的关系以及实体和关系的属性对数据结构进行建模，其中实体要素是指装备体系结构模型中所包含的重要实体，是主要的装备体系结构数据对象；实体之间的关系主要是指存在信息、资源、需求等交互和关联的实体关系；实体和关系的属性是指实体所具备的性能指标、系统总体属性指标等和实体、关系之间相关的属性，是元数据指标计算的重要组成。为了进一步地明确装备体系结构元数据的实体要素、实体之间的关系以及实体和关系的属性。考虑到一般装备体系结构元数据模型分布在不同的产品模型和视图中，同时装备体系结构元数据的三元关系刚好能和 DM2 概念、关系和属性对应。通过利用 DoDAF 2.0 的不同视图角度对所提出的元数据模型进行建模和分析，同时根据产品模型中的视图描述模型构建多视图的数据结构要素关系，进而明确装备体系结构元数据的要素。为了消除视图的重复性并且提高装备体系结构元数据要素的可读性，将从能力视图、作战（活动）视图和服务/系统视图对基于“5W1H”的装备体系结构模型元数据进行描述，而上述的“5W1H”元素在不同的视图中也具有不同的体现。

在能力视图角度，将从作战能力、能力阶段（CV－3）和能力构想（CV－1）三方面对体系进行描述，以能力依赖关系（CV－4n）作为能力的关系，主要是用于描述“5W1H”中的能力层的内容；在作战视图角度，将作战规则（OB－6a）、作战活动（OV－5b）、作战资源（WHAT）、作战人员（WHO）和作战时间作为基本实体要素，信息流、资源流和作战需求作为作战实体关系，作战性能、时间指标和人员技能等作为作战实体和关系的属性；在服务/系统视图角度，将服务－活动映射（SvcV－5）、服务－系统规则（SV－10a）、服务资源（SvcV－6）、服务－系统（SV－8）、系统物理位置、服务时间跟踪（SvcV－10c）等作为基本实体要素，系统接口（SV－1）、系统－服务关系（SvcV－3a）和服务－系统资源流（SvcV－6、SV－6）等作为实体基本关系，系统性能、服务时间作为相关属性指标。

如图 2-4-6 所示为通过从能力、活动和服务－系统三个不同的视角对元模型中六个疑问词（5W1H）的不同描述，明确了实体、关系和属性的三元关系，利用不同产品视图模型对不同的装备体系结构实体进行建模，在消除语义二义性和模糊性的基础上还考虑了从元模型到产品模型的转化，实现装备体系结构模型设计过程中的建模和具体的产品转化为仿真实验提供一定的基础。图 2-4-6 中阴影部分的疑问词“3W1H”所描述的元数据结构是整个装备体系结构元数据的核心部分，包括作战活动（OV－5b、SvcV－5）、作战规则（OB－6a、SV－10a）、作战资源（SvcV－6、SV－6）和作战执行者（SV－8）四个部分，而作战位置和

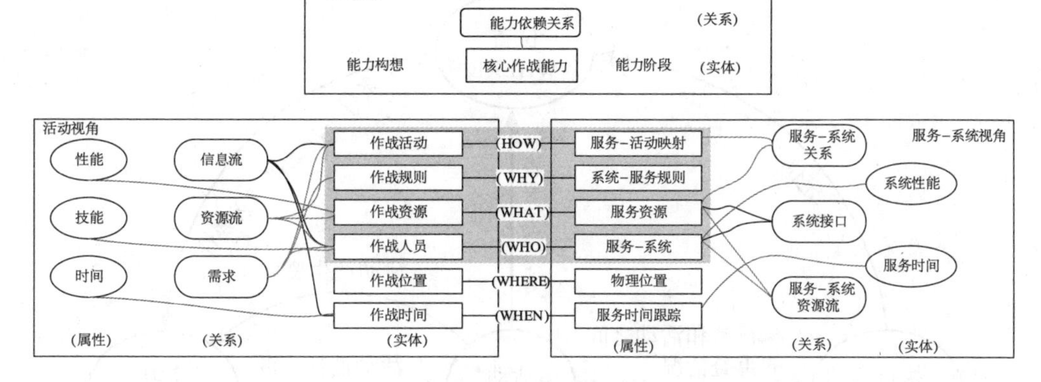

图 2-4-6　基于"5W1H"不同视图角度的元数据要素

时间相对来说并不是核心组成部分。在实际的作战体系设计过程中，可快速设计上述核心的"3W1H"的产品数据视图，从而实现装备体系结构核心元数据结构的构建。

为了明确六个疑问词"5W1H"的关联关系，本书采用 DoDAF 2.0 中所定义的元模型 DM2 所给定的关系来进行关联关系设计，但是由于 DM2 所给定的模型关系超过了 500 种，同时所述的关系一般为通用关系，不具备特定模型的针对性，所以本书选取了 DM2 中与所述元数据结构元素相关的元素关系来设定疑问词之间的关系，同时考虑性能度量关系，从而设计了如图 2-4-7 所示的元素关联关系。

如图 2-4-7 所示为对"5W1H"高层元数据疑问词之间基于 DM2 给定的关联关系所细化的元数据关系示意图，可见整体之间的关系是以活动（HOW）为中心，即其他疑问词的服务中心都是活动，可整体理解为在规则（WHY）的指导下，执行者（WHO）利用资源（WHAT）进行活动（HOW）。通过对高层元数据结构的 DM2 关系细化，有利于在仿真建模中通过 DM2 的关系来建立模型中实体之间的连接关系，通过将 DM2 的关系映射到具体的仿真软件中，从而实现对装备体系结构模型的建模。

4.2.3.3　装备体系结构模型与可执行模型映射分析

为了验证所设计的装备体系结构模型的可行性，参考 DM2 的物理交换规范（physical exchange specifications，PES），建立从装备体系结构模型到仿真模型映射的可执行性模型来验证模型可行性，并且为后续模型评估、改进等提供模型和数据基础。建立可执行模型映射标准可根据后续所采用的仿真系统来进行实际情

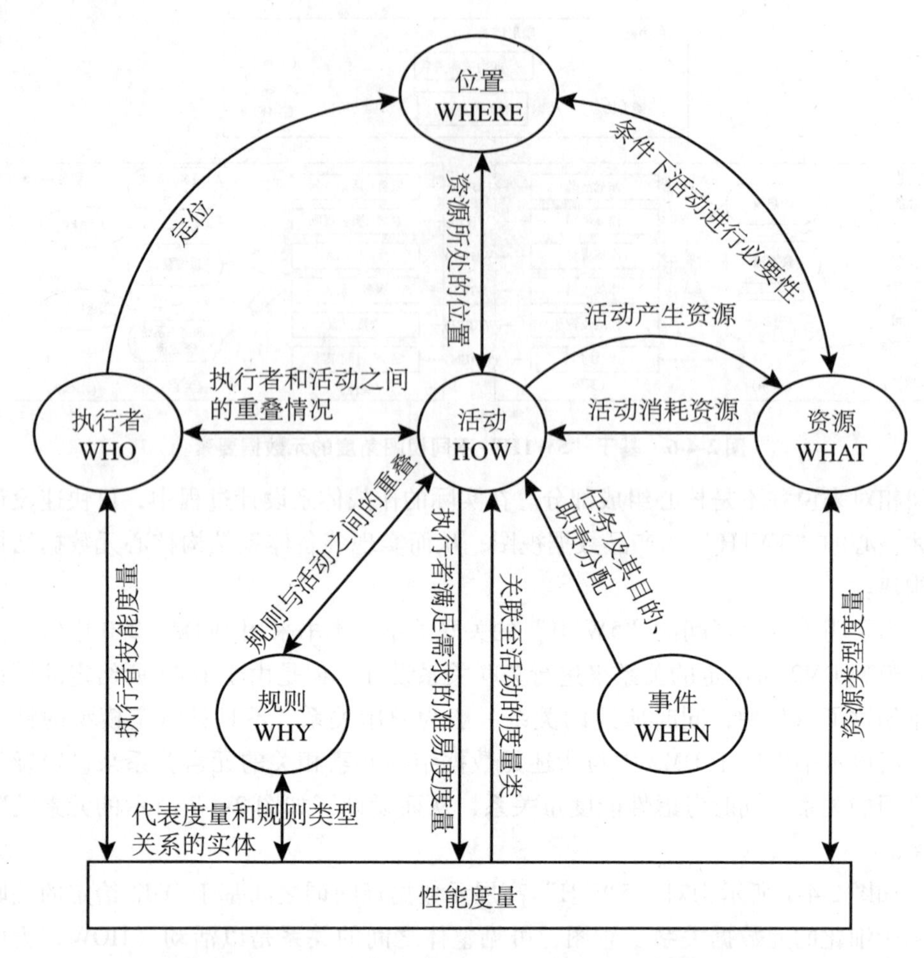

图 2-4-7　基于“5W1H”的 DM2 高层元数据关联关系

况分析，常用的仿真模型包括对象 Petri 网（object petri net，OPN）、着色 Petri 网（color petri net，CPN）、离散事件仿真模型（discrete event system specification，DEVS）、Extendsim 模型、X-sim 模型等，本书采用 Extendsim 模型作为可执行模型建立的标准，建立基于“5W1H”的可执行性模型并利用 Extendsim 软件进行模型仿真。

如图 2-4-8 为可执行模型建立的主要过程，在建立“5W1H”元数据模型的基础上，通过从不同的视图视角描述该模型，并且在不同的视图视角考虑具体的产品模型，最后构建从产品模型和装备体系结构中的模型实体、实体关系和属性到 Extendsim 的映射标准，完成从装备体系结构模型到仿真模型的映射。

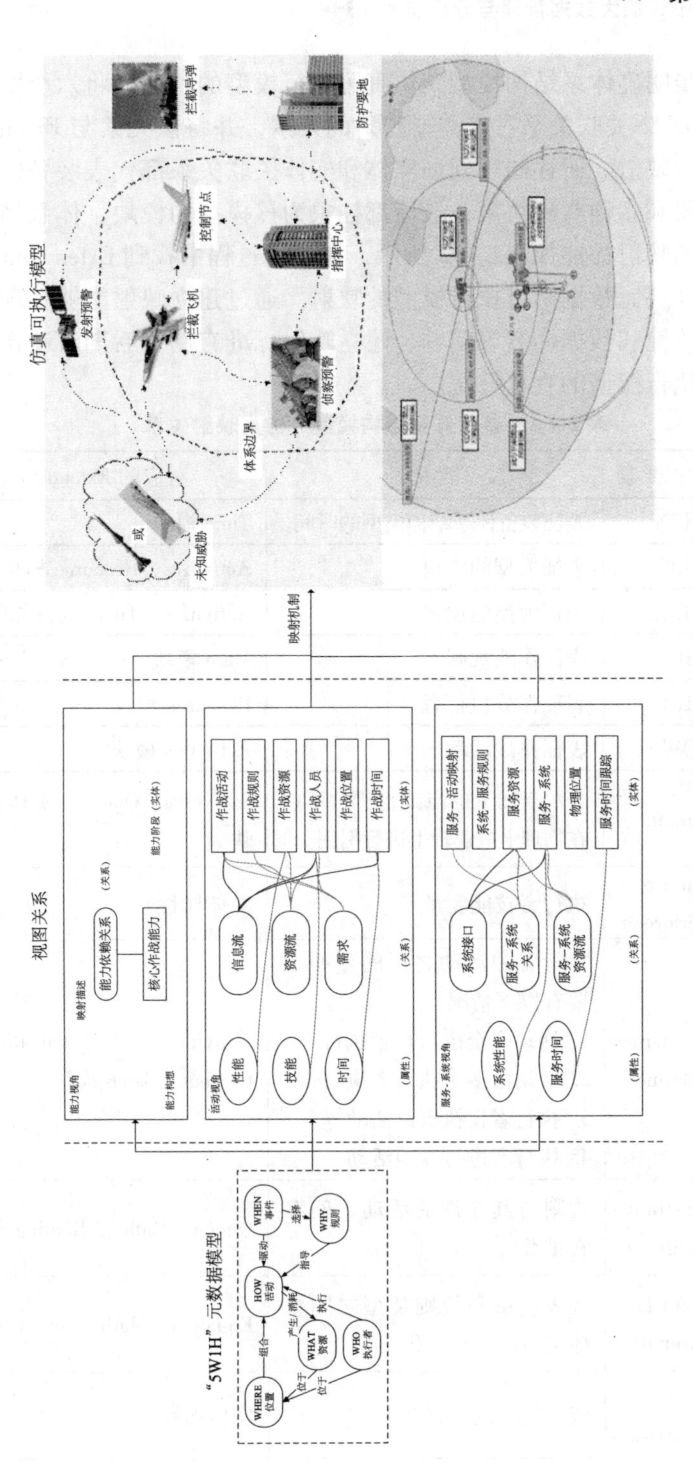

图2-4-8 基于DM2高层元数据-可执行模型映射过程

为了进一步明确体系结构模型到仿真可执行模型的映射，将六个疑问词以及疑问词之间的 DM2 关联关系看作需要映射的元素，并将该元素与 Extendsim 模型的模块进行一一映射。所述的疑问词实体和实体关联关系都代表装备体系结构模型中的多个对象和多种对象关系，最后都抽象为该模型的模块，体系结构模型到仿真模型之间的映射描述如表 2-4-2 所示，在建模过程中找到 Extendsim 所对应的元素，实现从高层元数据到可执行模型的映射。通过建立映射能够发现建模过程中的语义不一致性和数据冲突等问题，建立映射标准有利于后期对装备体系结构模型到仿真可执行模型的直接转化。

表 2-4-2　装备体系结构模型 - 仿真映射关系

类型	核心数据要素	含义	对应的 Extendsim 模块
数据疑问词实体	WHEN	表征装备体系结构模型的时间	Time 模块
	WHAT	表征模型的资源	Activities、Resource 模块
	WHERE	表征模型的位置	Activities、Time、实体属性等模块
	WHY	表征作战规则	Math 模块
	WHO	表征作战执行者	Resource 模块
	HOW	表征作战活动	Activities 模块
DM2 实体关系	location	表示空间上的点或范围，可以在物理上或逻辑上进行引用	Activities、Queue、实体属性等模块
	measure of type performer	执行者技能度量	实体属性
	activity performed by performer	执行者和活动之间的重叠主要有以下情况： 1. 活动完全由执行者执行 2. 活动由多个执行者执行 3. 执行者仅执行此活动 4. 执行者进行其他活动	Activities、Select item in、Select item out、Batch 模块
	rule constrains activity	规则与其允许的活动之间存在重叠	Queue、Math 和 Routing 等模块
	rule part of measuretype	代表度量和规则类型之间整体关系的一对实体	Equation、Math、Set、Get 等模块
	resource in locationtype	资源所处的位置	实体属性

续表

类型	核心数据要素	含义	对应的 Extendsim 模块
DM2实体关系	adapt ability measure	执行者满足不同约束，能力和服务需求的难易程度的度量	实体属性、Math、History 模块
	measure of type activity	将活动与度量相关联的度量类型	实体属性、Math、Plotter 模块
	activity maps to capabilitytype	表示某项活动在某些条件下/正在/将要/一定进行，且该活动与该条件在时空上重叠	实体属性、Queue 模块
	activity produces resource	指活动产生资源	Activities 输出连接
	activity consumes resource	指活动消耗资源	Activities 输入连接
	mission	该任务以及目的清楚地指出了要执行活动和原因，分配给个人或组织的职责/活动	Select item in、Queue 模块
	measure of type resource	资源类型度量	实体属性、Math、Plotter 模块

4.3 多数据分析方法集成的复杂系统综合评估

4.3.1 基于大数据方法的复杂系统综合评估

装备体系效能评估是指通过仿真、既定规则、专家知识和数据挖掘等技术，利用装备体系中的各类武器、装备的性能和总体体系的效能指标来评估装备作战能力的过程。装备体系效能评估是体系设计的重要组成部分，对评价装备体系的可靠性、抗毁性、作战效能、装备性能等具有重要意义，装备体系的效能直接决定未来作战体系的作战能力。

对于装备体系评估方法的分类可参考数据处理方式和评估过程，按照数据处理方法可分为聚合评估和赋值评估；按照评估过程可分为解析评估和对抗评估。其中，解析评估是指基于体系的表征体系效能/性能相关的指标来构建整体评估体系，并基于该体系对体系进行评估，主要方法包括 TOPSIS、SEA 方法、VIKOR、模糊综合评价法[131,132]、层次分析法（AHP）、灰色关联、ADC 方法等。解析评估在装备体系评估方面有一定程度的应用，但是装备体系的特性（不确定性、复杂性和涌现性）决定装备体系效能评估过程无法建立解析式，所以一般在采用解析法评估装备体系时都会进行简化，在降低算法复杂度的同时也降低了评估结果的置信度。对抗评估包括实战和计算机模拟仿真，对抗评估主要是根据所设计的装备体系进行实际的作战演习或者利用仿真软件对体系进行建模，从而利用结果对装备体系进行评估。仿真试验方法包括拉丁超立方、正交实验、均匀设计、折因设计等。采用对抗评估所获得的效能/性能评估结果一般可信性都比较高，但是作战演习成本过高，仿真法建模和仿真运行时间都比较长，很难对装备体系进行快速评估。

4.3.1.1 评估指标选择方法

对于装备体系评估来说，不管是解析法还是对抗法都会涉及过多的指标。单个独立的系统就已包含本身的技术指标、性能指标和状态指标等，作为集成了多个子系统的复杂系统，体系评估过程中如果考虑全部的子系统指标和集成后的整体指标，将会产生数据维度爆炸和过多噪声数据的问题。为此，装备体系指标选择成为效能评估有效性的前提和保障，总体来说装备指标选择技术主要包括两个大类别：基于经验（规则）和基于数据分析的选择方法。基于经验的方法主要是指利用已有的专家经验和知识结合一定的数学方法构建整体的效能评估框架，相对来说比较简单并且易操作，但是会存在主观性过强和主要参数丢失的问题，常用的方法包括德尔菲法（Delphi）、产生式规则、决策树、层次分析法（AHP）和 ADC 法等。陈策等针对指标重要性排序和选择问题提出了结合 AHP 和 ELECTRE 的装备软件评估方法，从而完成对指标的选择和对装备体系效能的评估；贺波等提出了结合层次分析法和逻辑“与”和逻辑“或”的能力指标聚合模型，解决了能力指标聚合权重设计问题。此外还有很多关于如何利用经验和规则选择指标参数的方法，具体可参考相关装备体系指标选择的综述论文。

数据分析的指标选择方法主要是利用已有的数据进行分析从而选择或重构比较重要的指标参数，该技术消除了个人的主观性因素且准确性较高，但是存在数据计算量大和操作过程烦琐等问题，常用的基于数据分析的指标选择方法包括灵敏度分析、相关性分析和数据降维等。针对原有装备体系包含过多的指标使得模型训练效率低下和数据冗余问题，张乐等提出了一种基于稀疏自编码神经网络的装备体系指标简化方法，通过效能指标数据的约简解决了指标过多的问题；郭圣明等利用复杂网络社团分析和关联分析方法，结合强制稀疏自编码神经网络构建装备体系效能评估形式化地描述了各个指标之间的涌现关系，并分析了装备体系能力指标的生成机理和贡献度，从而完成装备体系能力指标的构建和选择。

4.3.1.2　指标赋值评估方法

通常体系指标具有明显的层次关系，即顶层指标通过逐层分解之后能够获得多个下一级的指标，但是基层的指标一般需要人为进行赋值，由于体系本身的不确定性和模糊性使得设计人员无法确定精确的数值。所以可采用定性赋值的方法对指标进行赋值（如优、良、中、差），最后再基于所给定的值转化为定量指标并进行归一化之后进行体系评估。为了消除采用人为赋值的方式导致评估过程中个人主观偏好的影响，可采用粗糙集理论、模糊理论或者云重心法来进行主要赋值和评分过程。如张政超等提出了基于属性离散化和粗糙集理论相结合的C3I指标即构建方法，本质上就是将性能指标离散化之后将指标进行线性加权来对系统效能进行评估。项磊等利用模糊理论结合层次分析法对卫星效能进行评估，主要是对卫星观察效果分级并利用层次分析法来进行效能评估。曹珺等提出了基于云重心模型的效能评估方法，旨在将C3I效能指标通过定量转化之后再利用云重心方法进行处理和评估。

另一种常用的指标赋值评估方法是专家打分法，主要是利用领域专家对于某一评估对象进行打分来进行赋值评价。该方法比较简单且易操作，但是比较受限于专家知识经验水平和专家个人主观性。如王鹏等提出了ADC系统效能分析方法，建立了装备体系效能度量准则、度量步骤、度量方法和打分标准，然后以坦克导弹系统为分析案例进行分析和计算说明了该方法的有效性，但是该模型只适用于特定的反导弹武器系统，对于大型的装备体系和较复杂的系统便不再适用。郭齐胜等从需求方案、论证工作、论证团队等三个维度构建了装备体系效能指标，进一步地利用Delphi法和层次分析法对该体系效能进行分析，但是该方法只给出了具体的指标构建方法，后期还需要利用人为的赋值方法对指标值进行量化和分析。

麻省理工学院信息与决策实验室李维斯（A. H. Levis）等人于20世纪80年代提出了系统效能分析法（system effectiveness analysis，SEA），表征“系统与使命的匹配程度”，或者叫作完成使命所给定的目标的接近程度。该方法通过在公共空间中构建系统轨迹和使命轨迹来计算其效能，难点是如何建立空间中的超立方体来表征系统运行轨迹和使命任务轨迹。针对轨迹表征问题和SEA法的细节表现缺陷问题，齐玲辉等人提出了改进的超盒数值算法，求解高维空间中使命任务轨迹并分析战术导弹系统的效能。但是对于更高维度的轨迹生成问题来说超盒数值算法就不一定适用。为了解决空间轨迹建立问题，赵新爽直接不考虑具体的轨迹问题，而是建立反映系统效能的性能量度（MOP）标准，将系统轨迹和任务轨迹分别映射到性能量度标准上，从而避开了超立方体空间的轨迹构建难题，并且能够采用精确的数值来对效能进行评估，为基于SEA法的效能评估提供了新的思路。

4.3.1.3 指标聚合评估方法

指标体系聚合评估方法是指根据底层的指标逐步聚合到最顶层单一指标来表征某一项效能指标的方法。常用的方法包括线性/指数加权、回归分析、层次分析法和神经网络等。此外，随着大数据技术发展和效能评估数据的积累，基于机器学习技术的效能评估方法也逐步被广泛采用，其本质上也是一种指标聚合方法，不管是分类、聚类还是回归，都是最终根据学习模型得到聚合的某一项指标，故本质上也可以算是一种体系指标聚合评估方法。

传统的指标聚合评估方法长久以来都广受评估专家的欢迎，主要是因为其相对于指标赋值评估方法更具有客观性且结果更精确。层次分析法在20世纪80年代由匹兹堡大学Satty教授提出，作为一种决策方法在各领域被广泛应用，主要过程为通过构建指标重要度矩阵，利用专家打分来获得两两指标之间的相对重要性分数，最后通过一致性检验等步骤获得指标的重要性排序。董彦非等利用AHP对超视距空战能力和视距内空战能力相关指标的评估从而完成对空战模型的评估。王锐等针对战斗机效能指标的评估问题，提出了幂指数法和模糊层次分析法结合的分析方法并用实例说明了该方法的有效性和实用性。层次分析法比较简单易行，并且处理效能评估过程较为精确，但是层次分析法在指标重要度构建过程中也会需要一定的专家经验和知识对其进行赋值，在一定程度上也会引入主观因素。此外神经网络、回归分析和线性/指数加权也是比较常用的效能评估方法。如史彦斌等采用ADC模型构建了防空导弹武器系统效能指标体系，并利用BP神经网络实现对防空导弹的效能评估，降低了个人主观性对效能评估的影响。周燕等根据低空防空武器系统的特点构建了效能评估指标体系并训练了三层BP神经网络效能评估模型，为开发和研制新型防空导弹提供了新思路。除了神经网络之外，回归分析和线性/指数加权也被广泛应用，具体可参考相关文献。

随着空天一体化、无人化、网络化和体系化等新作战模式的应用和大数据、人工智能等新技术的发展，结合大数据、人工智能技术的效能评估方法正逐步被采用，该方法相对于传统方法具有结果更精确、更智能的特点，但是相关大数据、人工智能技术对数据量级的要求较高、模型训练时间较长。考虑到武器装备体系信息化的进程，未来大数据、人工智能技术必成为效能评估的有效方法。同时由于越来越多的作战模式强调网络化，结合复杂网络分析技术和人工智能技术的效能评估方法是现阶段的研究热点，该技术能够考虑体系网络演化的涌现性，同时采用关联分析和社团分析技术，使得体系指标的复杂关联机理能够逐步被明确。如郭圣明等所提出的强制自编码神经网络的态势评估方法，在利用复杂网络社团分析技术和数据挖掘关联分析的方法的基础上，明确了指标体系之间的复杂关联机理并且利用网络形式化地描述了指标之间的级联涌现关系，最后采用了神经网络的方法对战场态势进行了评估。胡晓峰等同样利用复杂网络技术对网络化作战体系进行建模，采用大数据技术构建了基于时间序列相关性的动态效能指标网络，实现了对体系效能的动态评估和监测。任俊等利用了堆栈降噪自编码神经网络与支持向量回归机的混合模型解决了高维噪声小样本数据准确性不高的问题，然后利用源域大数据样本完成对堆栈降噪自编码神经网络模型预训练，最后再利用迁移学习将其应用到高维噪声小样本数据的效能预测，通过与传统的支持向量回归模型的对比说明了该方法的有效性和精确性。

4.3.2　基于改进集成方法的体系评估指标预测方法

本小节首先采用皮尔逊相关系数计算各个指标与效能结果之间的重要度并且对结果进行排序，然后对比基于仿真实验设计所得到的重要度，说明数据分析方法的有效性；在具体的效能评估模型方面，本小节提出了一种基于引导聚集算法（bootstrap aggregating，Bagging）数据分割和以支持向量回归（support vector regression，SVR）和 CART 回归模型为基础学习器的 Adaboost 集成学习方法，从而替代仿真过程对体系效能进行预测。

4.3.2.1　指标重要度分析方法

指标重要度分析和筛选是效能评估的前提，一个完整的装备体系结构模型会涉及几百甚至上千的参数，如果将所有参数全部考虑到体系效能评估过程中，将会导致数据维度灾难，对模型的计算复杂度、整体评估效果和效率都有极大的影响。为了提高效能评估效率，降低评估过程中的数据维度，参考数据分析中的数据降维和特征选择方法，通过指标重要度分析来提取部分关键指标和消除指标冗余，从而提高效能评估效率。

效能评估一般是根据某一项评估指标来确定与之相关的体系性能参数，由于效能评估指标的不同，所选择的体系性能参数重要度分析方法也不同，主要包括连续重要度分析和离散重要度分析。常用的连续重要度分析方法有皮尔逊相关系数、余弦相似度和协方差等，常用的离散重要度分析方法包括 Jaccard 系数、信息熵等。

连续分析指标中，皮尔逊相关系数主要是用来对比两个定距变量之间的线性关系；而余弦相似度用于计算两个向量之间的余弦距离作为其相似度量的标准；协方差用于衡量两组数据与其均值之间偏离的大小。本书中将以皮尔逊相关系数为计算依据，来对指标进行重要度分析，主要是两组数据的协方差除以两组数据的标准差，其中皮尔逊相关系数计算的主要公式如下：

$$\rho_{A,B}=\frac{\operatorname{cov}(A,B)}{\sigma_A\sigma_B}=\frac{E((A-\mu_A)(B-\mu_B))}{\sigma_A\sigma_B}=\frac{E(AB)-E(A)E(B)}{\sqrt{E(A^2)-E^2(A)}\sqrt{E(B^2)-E^2(B)}}$$

$$=\frac{N\sum AB-\sum A\sum B}{\sqrt{N\sum A^2-\left(\sum A\right)^2}\sqrt{N\sum B^2-\left(\sum B\right)^2}} \tag{2-4-1}$$

其中，cov(A，B)是数据 A 和数据 B 之间的协方差，μ 和 σ 分别表示均值和方差，E 表示数据的期望。皮尔逊相关系数的取值范围为［−1，1］，当系数小于 0 时表示两个指标之间负相关，大于 0 时表示正相关，越接近于 0 表示相关性越小，越接近于 ±1 表示相关性越大。基于皮尔逊相关系数的指标重要度分析方法主要过程如下：

①确定初始指标：建模人员根据自身经验结合仿真实验和仿真目的，确定基本的初始指标，针对效能评估问题来说，只需要确定与评估指标直接相关的数据即可。

②仿真实验：根据建立的模型进行仿真实验，设置仿真系统的输入和输出参数并确定仿真结果。

③皮尔逊相关系数计算：计算评估指标和各个仿真指标参数之间的皮尔逊相关系数。

④指标重要度排序：按照相关系数取值的大小对体系指标进行排序（取系数的绝对值）。

⑤确定指标重要度排序并输出最后的指标重要度结果。

4.3.2.2 集成 Bagging 和 Boosting 的复杂系统指标评估方法

集成学习是指将多个基础学习模型按照投票或平均等策略组合形成性能较好

的提升模型的机器学习方法。集成学习在机器学习分类和回归过程中都取得了较好的效果，在单个基础学习模型学习能力不足的情况下利用集成学习方法能够提升算法模型的学习性能。集成学习的模型训练过程包括基础学习器的训练和基础学习器的集成，其中常用的基础学习器包括支持向量机（SVM）、决策树、朴素贝叶斯和线性/逻辑回归等，而基本上所有的机器学习方法都可作为基础学习器来使用。基础学习器的集成是指将多个基础学习器集成为提升模型的方法，根据集成所采用的策略可将集成学习模型分为两类，一类是基于投票策略的 Bagging 集成学习方法，主要思想为通过将样本重构来组成新样本训练多个针对不同数据集的基础学习器，再按照一定的投票（平均、加权等）机制组成最后的集成学习器；一类是基于权重调整的 Boosting 集成学习方法，主要是根据所训练的前一个基础学习器来调整后一个基础学习器在学习过程中针对每个样本的误差权重，所以每个基础学习器之间都会互相影响，并且通过重视误差较大的样本有助于后续的基础学习器性能的提升，最后再按照策略（加权等）将基础学习组合形成集成学习器。Bagging 集成学习方法相当于采用不同的数据集训练了多个不同的基础学习器，所以对于噪声数据的抗干扰能力较强，不易发生过拟合，但是训练时间较长；Boosting 集成学习方法对噪声数据较为敏感，但是总体上不易发生过拟合并且分类精度较高。

本小节将两种方法的思想进行了结合，即利用 Bagging 思想对数据样本进行分隔和重构，分隔后的数据能够在一定程度上提高模型的鲁棒性，使其对噪声数据不敏感，同时针对 Bagging 方法的可解释性差的问题，采用 Boosting 能够提高模型的可解释性，所以集成 Bagging 和 Boosting 的效能评估方法能够在规避两种方法的缺点的同时还能在一定程度上吸收两种方法的优点。所述的集成 Bagging 和 Boosting 的效能评估方法主要算法流程如下：

输入：数据集 $D=\{(x_1, y_1), (x_2, y_2), \cdots, (x_N, y_N)\}$。

输出：训练好的所提出的回归模型 $F(x)$。

①利用 Bagging 的思想对样本进行随机抽样，获得新的 m 个样本集：

$$\{D_1, D_2, \cdots, D_k, \cdots, D_m\}$$

②For k = 1 to m，For t = 1 to T：

a. 初始化样本权重分布：

$$\boldsymbol{W}_1=(\omega_{11}, \omega_{12}, \cdots, \omega_{1i}, \cdots, \omega_{1N}),\ \omega_{1i}=\frac{1}{N},\ i=1, 2, \cdots, N \tag{2-4-2}$$

b. 利用当前数据集D_k和样本权重$\boldsymbol{W}_t$训练当前基础回归器$h_t=\tau(\boldsymbol{W}_t, D_k)$，其中基础回归器模型主要是支持分类回归树（CART）和向量回归模型（SVR）。

c. 更新当前基础回归器的最大误差E_t、各个样本的平方误差e_{ti}和误差率ε_t。

d. 更新样本权重$W_{t+1}=(\omega_{t+1,1},\ \omega_{t+1,2},\ \cdots,\ \omega_{t+1,i},\ \cdots,\ \omega_{t+1,N})$。

e. 重复上述过程直到达到规定的基础回归器数量或其他停止条件。

f. 输出当前样本D_k所训练获得的 Adaboost 模型$H(x)_k$。

③利用平均法计算最终的回归模型 $F(x_i)=\dfrac{1}{m}\sum\limits_{k=1}^{m}H(x_i)_k$。

上述过程中 Bagging 分割的样本数量和所使用的 Adaboost 的数量、基础学习器的个数以及训练过程中的迭代次数可由实验得到，根据实验确定上述参数，具体的技术路线如图 2-4-9 所示。

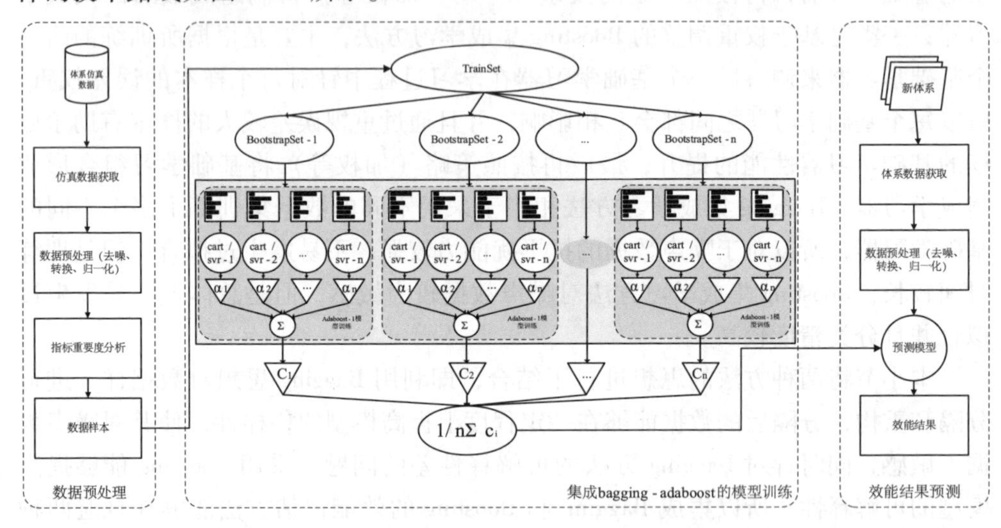

图 2-4-9 基于改进的集成学习效能评估技术路线

Bagging 学习方法是常用的集成学习方法之一，又称为装袋算法，主要思想是根据已有样本进行随机抽样重构多个数据样本，然后根据所重构的样本分别训练多个弱学习器，最后采用平均法、投票法等方式组合弱学习器形成强学习器的方法。Bagging 方法通过训练多个不同的学习器使得模型对噪声数据不敏感，并且模型比较稳定，同时由于在抽样过程中每个样本被选中的概率相同，所以最后完成的训练模型并不会注重于某一方面的特定样本。以 Bagging 为基本思想，Adaboost-SVR/CART 作为基本学习器，描述 Bagging 主要过程如下：

输入：数据集 $D=\{(x_1,\ y_1),\ (x_2,\ y_2),\ \cdots,\ (x_N,\ y_N)\}$。

输出：训练好的支持随机森林模型$f(x)$。

①采用 Bootstrap 方法对数据集 D 中的数据进行抽样，重构原有的数据样本

获得 m 个样本集。

②假设样本有 K 个特征，每次从重构样本中选取 k（$k<K$）个特征作为训练样本训练基础 Adaboost-SVR/CART 模型。

③重复上述过程直到满足停止要求（如训练完所有样本、满足误差要求或达到最大迭代次数等）。

④将所训练完成的基础决策树进行组合，主要采用投票（多数为准）和平均的方法将基础决策树进行组合，从而得到最后完整的 Bagging 随机森林模型。

Boosting 是另一种常用的集成学习模型，相比于 Bagging 的各个基础学习器采用不同的训练样本来说，Boosting 中的基础学习器的训练样本都是同一个样本，每个基础学习器的训练结果都会作为后一个基础学习器更新样本权重的依据，根据样本训练结果调整后一个基础学习器的学习权重关系，从而使后期的模型训练过程比较关注于前期存在分类错误或者分类误差较大的样本，有助于后期模型性能的改善。在基础学习器组合过程中也会考虑以样本误差和每次训练的样本权重为依据对基础学习器进行加权，从而得到最后完整的强学习器。常用的 Boosting 学习模型有 Adaboost 算法和梯度下降树算法（gradient boost decision tree，GBDT），其中 Adaboost 的样本权重更新机制是参考上一个基础学习器的分类错误率或者分类误差；GBDT 的样本权重更新机制根据分类损失函数的梯度。为了说明 Boosting 算法的一般流程，以 Adaboost 为例进行阐述，其中 Adaboost 回归模型主要算法流程如下：

输入：数据集 $D=\{(x_1, y_1), (x_2, y_2), \cdots, (x_N, y_N)\}$，基础学习器算法 τ，基础学习器的个数 T。

输出：训练好的 Adaboost 回归模型 $f(x)$。

①初始化样本权重分布：

$$\boldsymbol{W}_1=(\omega_{11},\omega_{12},\cdots,\omega_{1i},\cdots,\omega_{1N}),\omega_{1i}=\frac{1}{N},i=1,2,\cdots,N \tag{2-4-3}$$

②For t = 1to T：

a. 利用当前数据集 D 和样本权重 $\boldsymbol{W}_t$ 训练基础学习器 $h_t=\tau(D, D_t)$。

b. 计算当前基础学习器的最大误差：

$$E_t=\max|y_i-h_t(x_i)|, \quad i=1, 2, \cdots, N \tag{2-4-4}$$

c. 计算每个样本的相对误差，此处采用平方误差：

$$e_{ti}=\frac{(y_i-h_t(x_i))^2}{E_t^2} \tag{2-4-5}$$

d. 确定基础学习器h_t在数据集 D 上的误差率：

$$\varepsilon_t = \sum_{i=1}^{N} \omega_{ti} e_{ti} \tag{2-4-6}$$

e. 确定基础学习器h_t在整个集成模型中所获得的权重系数α_t：

$$\alpha_t = \frac{\varepsilon_t}{1-\varepsilon_t} \tag{2-4-7}$$

f. 更新样本权重$\boldsymbol{W}_{t+1} = (\omega_{t+1,1},\ \omega_{t+1,2},\ \cdots,\ \omega_{t+1,i},\ \cdots,\ \omega_{t+1,N})$：

$$\omega_{t+1,i} = \frac{\omega_{ti}\alpha_t^{1-e_{ti}}}{Z_t} \tag{2-4-8}$$

其中，$Z_t = \sum_{i=1}^{N} \omega_{ti}\, \alpha_t^{1-e_{ti}}$，即权重之和。

③构造 Adaboost 回归模型 $H(x)$：

$$H(x) = \sum_{t=1}^{T} \left(\ln\left(\frac{1}{\alpha_t}\right) \right) g(x) \tag{2-4-9}$$

其中，$g(x)$ 是所有基础学习器$\alpha_t h_t$回归值的中位数。

4.3.2.3 基础学习器

基本上所有的机器学习模型都可以作为集成学习的基础学习器使用，针对本书所述的效能评估方法着重考虑两种基础学习器，一种是分类回归树（classification and regression tree，CART），一种是支持向量回归（support vector regression，SVR），本节将着重介绍该两种基础学习器。

（1）分类回归树（CART）

CART 最初由 Breiman 在 1984 年提出，是常用的决策树算法（此外还有 ID3，C4.5 等）之一。相对于其他决策树算法，CART 可用于分类和回归，故称为分类回归树。CART 是利用递归的思想将特征划分为两个区域，并决定每个子区域上的取值和具体的概率分布构建二叉树。主要过程分为二叉树的构建和二叉树剪枝，其中二叉树的构建是指根据目标函数选择最合适的树的切分点，递归地分割二叉树；二叉树剪枝是指利用测试样本对所生成的二叉树的子树进行合并，进而降低模型过拟合问题。

具体的回归树一般以最小化均方根误差（mean square error，MSE）为基本目标函数，即

$$\min \frac{1}{N} \sum_{i=1}^{N} (f(x_i) - y_i)^2 \tag{2-4-10}$$

其中，$f(x_i)$为回归树的预测值、y_i为真实值。为了最小化真实值和预测值之间的

均方根误差 mse，需要最小化每片树叶上的回归误差，假设所生成的二叉树具有 K 片树叶，x_i属于l_k且树叶上的预测值为v_k，则最小化误差为

$$\min \frac{1}{K}\sum_{k=1}^{K}\sum_{x_i \in l_k}(v_k - y_i)^2 \tag{2-4-11}$$

所以可将该树叶上的预测值与真实值之间的 mse 最小化问题转化为将该树叶上的预测值取为属于该树叶的所有真实值的平均即可，即

$$v_k = \text{ave}(y_i \mid x_i \in l_k) \tag{2-4-12}$$

在模型训练过程中，应尽量使属于同一树叶下的真实值之间的差距小，故在做特征切分过程中应考虑切分之后两个所生成的子节点内部样本差距最小化。对于特征 f 和合适的切分点 p，使得切分之后内部的样本差距最小，即

$$\min_{f,p}\{\min_{f,p}\sum_{x_i \in L(f,p)}(v_l - y_i)^2 + \min_{f,p}\sum_{x_i \in R(f,p)}(v_r - y_i)^2\} \tag{2-4-13}$$

其中，$L(f, p)$ 和 $R(f, p)$ 是指根据切分点 p 切分之后所获得的左右子叶节点的取值，即

$$L(f, p) = \{x_i \mid x_i < p\} \tag{2-4-14}$$

$$R(f, p) = \{x_i \mid x_i \geqslant p\} \tag{2-4-15}$$

所以在回归树训练过程中就是基于启发式的思想递归寻找每次最优的特征 f 和其对应的切分点 p，使得误差最小，通过递归实现对所有特征和相应切分点的划分并且最后的叶子的取值为所有属于该叶节点的样本的平均值，将其作为最后的预测结果。

所述的具体的 CART 回归算法过程如下：

输入：数据集 $D = \{(x_1, y_1), (x_2, y_2), \cdots, (x_N, y_N)\}$。

输出：训练好的回归树 $f(x)$。

①启发式地生成切分特征 f 和切分点 p 并寻找误差最小的最优点。

②对于选定的切分特征 f 和切分点 p，确定其输出值。

③循环 1）和 2）直到满足停止条件（如达到最大树深度、完成所有特征的切分等）。

④将输入空间 K 个区域V_1，V_2，$\cdots$，V_K，形成决策树：

$$(x) = \sum_{k=1}^{K} v_k I(x \in V_K) \tag{2-4-16}$$

其中，v_k表示当 x 属于树叶V_K时的取值，根据 $f(x)$ 预测最终回归结果。

（2）支持向量回归（SVR）

支持向量回归（support vector regression，SVR）是支持向量机的回归模型，

支持向量机（support vector machine，SVM）由在 1995 年提出的基于统计学习的二分类模型演变而来，包括支持向量机、支持向量回归等。与传统的回归模型不同，支持向量回归引入了预测值和真实值之间的可接受偏差 ε，即当 $|f(x)-y| \geqslant \varepsilon$ 时计算回归模型的损失函数，即在 ε 范围内的偏差都是可以接受的。

具体的 SVR 回归算法过程如下：

输入：数据集 $D=\{(x_1, y_1), (x_2, y_2), \cdots, (x_N, y_N)\}$。

输出：训练好的支持向量回归模型 $f(x)$。

①寻找回归超平面 $f(x)=\boldsymbol{\omega}^{\mathrm{T}}x+b$，求解目标函数：

$$\min_{\omega,b} = \frac{1}{2}\|\boldsymbol{\omega}\|^2 + C\sum_{i=1}^{N} l_{\varepsilon}(f(x_i), y_i) \tag{2-4-17}$$

其中，$\|\boldsymbol{\omega}\|^2$ 为 $\boldsymbol{\omega}$ 的 L_2 范数，C 为惩罚因子，l_{ε} 为含有容忍度 ε 的损失函数，即：

$$l_{\varepsilon}(z) = \begin{cases} 0, & |z| < \varepsilon \\ |z|-\varepsilon, & \text{otherwise} \end{cases} \tag{2-4-18}$$

②引入松弛变量 ζ_i，ξ_i，重写目标函数：

$$\begin{aligned} &\min_{\omega,b,\zeta_i,\xi_i} = \frac{1}{2}\|\boldsymbol{\omega}\|^2 + C\sum_{i=1}^{N}(\zeta_i,\xi_i) \\ &\text{s. t.}\, f(x_i)-y_i \leqslant \varepsilon+\zeta_i \\ &y_i - f(x_i) \geqslant \varepsilon+\xi_i \\ &\zeta_i \geqslant 0, \xi_i \geqslant 0, i=1,2,\cdots,N \end{aligned} \tag{2-4-19}$$

③利用拉格朗日函数重写原有的目标函数：

$$\begin{aligned} &L(\boldsymbol{\omega}, b, \zeta_i, \xi_i, \alpha_{\zeta}, \alpha_{\xi}, \mu_{\zeta}, \mu_{\xi}) \\ &= \frac{1}{2}||\boldsymbol{\omega}||^2 + C\sum_{i=1}^{N}(\zeta_i,\xi_i) + \sum_{i=1}^{N}\alpha_{\zeta i}(f(x_i)-y_i-\varepsilon+\zeta_i) \\ &+ \sum_{i=1}^{N}\alpha_{\xi i}(y_i-f(x_i)-\varepsilon-\xi_i) - \sum_{i=1}^{N}\mu_{\zeta i}\zeta_i - \sum_{i=1}^{N}\mu_{\xi i}\xi_i \end{aligned} \tag{2-4-20}$$

同时需要满足 KKT 条件：

$$\alpha_{\zeta i}(f(x_i)-y_i-\varepsilon+\zeta_i)=0 \tag{2-4-21}$$

$$\alpha_{\xi i}(y_i-f(x_i)-\varepsilon-\xi_i)=0 \tag{2-4-22}$$

$$\alpha_{\zeta i}\alpha_{\xi i}=0, \quad \zeta_i\xi_i=0 \tag{2-4-23}$$

$$(C-\alpha_{\zeta i})\,\zeta_i=0, \quad (C-\alpha_{\xi i})\,\xi_i=0 \tag{2-4-24}$$

④分别求解 $L(\boldsymbol{\omega}, b, \zeta_i, \xi_i, \alpha_{\zeta}, \alpha_{\xi}, \mu_{\zeta}, \mu_{\xi})$ 对 ω，b，ζ_i，ξ_i 的偏导并令其等于 0，求解结果有：

$$\boldsymbol{\omega} = \sum_{i=1}^{N} (\alpha_{\xi i} - \alpha_{\zeta i}) x_i \tag{2-4-25}$$

⑤回归函数为：

$$f(x) = \sum_{i=1}^{N} (\alpha_{\xi i} - \alpha_{\zeta i}) x_i^{\mathrm{T}} x + b \tag{2-4-26}$$

在式中满足$\alpha_{\xi i} - \alpha_{\zeta i} \leqslant 0$，样本为支持向量，同时如果$0 < \alpha_{\zeta i} < C$，则$\zeta_i = 0$，则：

$$b = y_i + \varepsilon - \sum_{i=1}^{N} (\alpha_{\xi i} - \alpha_{\zeta i}) x_i^{\mathrm{T}} x \tag{2-4-27}$$

考虑采用核函数：

$$K(x_i^{\mathrm{T}} x) = \phi(x_i)^{\mathrm{T}} \phi(x_j) \tag{2-4-28}$$

⑥所以最后所得的支持向量回归模型为：

$$f(x) = \sum_{i=1}^{N} (\alpha_{\xi i} - \alpha_{\zeta i}) \phi(x_i)^{\mathrm{T}} \phi(x_j) + b \tag{2-4-29}$$

支持向量回归模型相对于其他模型来说具有效果较好，不易过拟合并且通过核函数映射之后能够将低维空间的样本映射到高维空间，有利于样本分隔和提高准确性等，但是一般支持向量回归模型比较适用于样本量较小的数据。

4.4 多数据分析方法集成的复杂系统优化设计

4.4.1 基于大数据方法的复杂系统优化设计

基于复杂系统综合评估的优化设计主要是指利用优化算法对现有的体系指标值进行改进、迭代和评估，从而进一步地提升装备体系的效能/性能。体系指标值优化的目的一方面能够提高现有运行体系指标的效能/性能，一方面是为未来武器装备开发提供一定的参数指导和规划。体系指标优化根据优化对象的不同可分为指标维数优化方法（指标约简）和指标参数值优化。其中指标维数优化方法是指将现有的指标体系框架下的指标进行约简，在不影响评估效能/性能的前提下尽可能地降低评估指标维度，从而提高计算效率，降低算法复杂度；指标参数值优化是指对现有的指标参数值进行迭代和改进，从而提高装备整体的效能/性能。

4.4.1.1 传统的指标值优化方法

优化算法是指通过对优化对象的迭代和改进使得目标函数获得最优值的方法。常用优化算法包括梯度法（如梯度下降法、共轭梯度法、随机梯度法等）、牛顿法、模拟退火算法、拉格朗日法、爬山算法、蚁群算法、粒子群算法和遗传算法等；其中遗传算法主要是通过编码、选择、交叉、变异等步骤不停地对所要优化的目标生成可行解，通过多次迭代之后获得较优解的优化算法，但是以遗传算法为代表的启发式优化算法由于本身的启发式特性一般无法获得最优解。杜海舰等采用遗传算法对初始的 BP 神经网络进行优化，解决了救护直升机效能评估问题，也克服了 BP 神经网络精度低的问题。李冬等利用速度唯一模型改进粒子群算法并利用该改进算法对装备系统效能进行优化，解决了优化参数复杂、指标之间的耦合性问题。周雯雯等提出了基于因子分析法的体系指标优化方法，将复杂多样的体系指标进行主因子的提炼，最后确定重要的体系能力指标，解决了体系指标复杂多样性的问题。

4.4.1.2 新型体系指标值优化方法

新型体系指标值优化方法是指在为了适应无人化、信息化、体系化作战等新型作战概念所提出的体系指标值的优化方法。在大数据、人工智能等相关新型技术的发展和装备体系信息化逐步推进使得体系数据大量的积累的条件下，原有的优化方法对新型海量数据情况下的体系效能指标优化显得有些吃力，故引入了基于机器学习、复杂系统建模等相关优化方法，其中常用的机器学习优化算法包括聚类算法、降维算法、梯度下降和牛顿法等；复杂系统建模优化方法包括复杂网络分析、复杂网络结构优化算法等。新型优化算法相对传统优化算法来说优化结果更精确、更可靠，但是同时也需要大量的数据和时间来用于建模、学习和优化。比如在基于机器学习体系指标值优化方面，马昕晖等针对航天发射的实验安全指标之间的耦合性问题，提出了利用主成分分析和聚类分析相结合的方法对航天发射试验过程进行安全评估。陈侠等将利用遗传算法优化的小波神经网络模型用于无人机作战效能评估过程中，同时改进了小波神经网络，解决了其收敛速度慢、容易陷入局部最优等问题，并用仿真实验证明了该模型的有效性。安进等针对装备质量状态评估过程中评估时间较长、工作效率低下的问题，构建了基于主成分分析的装备状态指标优化模型，然后利用该模型进行效能评估，实验表明该方法在满足评估结果有效性的前提下大大地提高了装备质量状态评估的效率。

基于复杂系统建模和分析优化方法主要是针对体系化作战过程中的装备体系进行网络化建模，然后基于网络模型结合网络分析、社团分析和结构优化等相关方法对装备体系结构进行优化的技术。该方法一般从全局、整体考虑装备体系相关的效能指标，能够在一定程度上体现复杂的装备体系的关联关系并且能够表征装备体系的涌现性，复杂系统建模不仅在结构优化方面，而且在装备体系网络分析、演化和涌现性分析等多个方面都有应用。在结构优化方面，李慧等针对体系网络化作战装备的结构优化问题，定义了多种复杂网络对装备体系结构作战网络进行结构优化，主要是进行网络搜索从而寻找最优树，并将最优树进行合并之后获得最优装备体系网络结构。游翰霖等提出了以装备技术作为网络基本节点、技术关系为边，构建了网络模型并采用网络分析技术对技术聚类，解决了技术发展管理冗余度和重用度问题，寻找技术冗余度较高的装备从而完成基于网络结构优化的装备技术发展优化。

4.4.2　集成优化算法的复杂系统优化设计方法

本小节将阐述一种以效能评估模型作为适应度函数的启发式优化算法来对效能指标值进行优化，将利用启发式算法（遗传算法和粒子群算法）来生成效能指标值的可行解，然后再利用第三章所提出的集成 Bagging 和 Adaboost 的机器学习效能评估模型来对所生成的可行解进行评估。通过不断迭代和更新使得所优化的效能指标值尽可能地成为最优值，在效能指标快速预测的支撑下，可以适当地扩大搜索空间和迭代次数，使得搜索范围更大，结果更接近于最优值。

4.4.2.1　集成遗传算法和粒子群算法的效能指标优化方法

为了解决上述的装备体系效能指标优化的问题，考虑到第三章所提出的装备体系效能评估方法能够快速预测出评估结果的条件，采用进化算法为基本的优化方法效能评估模型为基本模型的效能指标优化方法。考虑到效能评估模型是一个没有具体解析式的“黑箱模型”，所以采用解析式的优化方法是不可行的，故着重考虑采用非解析式方法进行优化。又因为所需要优化的效能指标一般是给定一个范围但是无绝对的取值，所以采用启发式优化算法是比较好的思路。故本小节将采用粒子群算法（PSO）和遗传算法（GA）作为基本优化算法对效能指标进行优化，通过选取两种算法获得的最优值作为优化结果能够使得结果更优，并且采用第三章所提出的效能评估模型作为上述两种算法的适应度函数，使得快速计算效能值成为可能，可以加大粒子群算法（PSO）和遗传算法（GA）的搜索空间和迭代次数，使得结果更加接近最优值。

本小节提出的结合启发式优化算法和效能评估模型集成的效能指标优化方法，主要思路是通过遗传算法和粒子群算法不断地启发生成新的可行解，然后利用效能评估模型评估可行解的效能值，通过多次迭代寻找最优效能值作为最后的优化结果。主要的算法流程如图 2-4-10 所示。

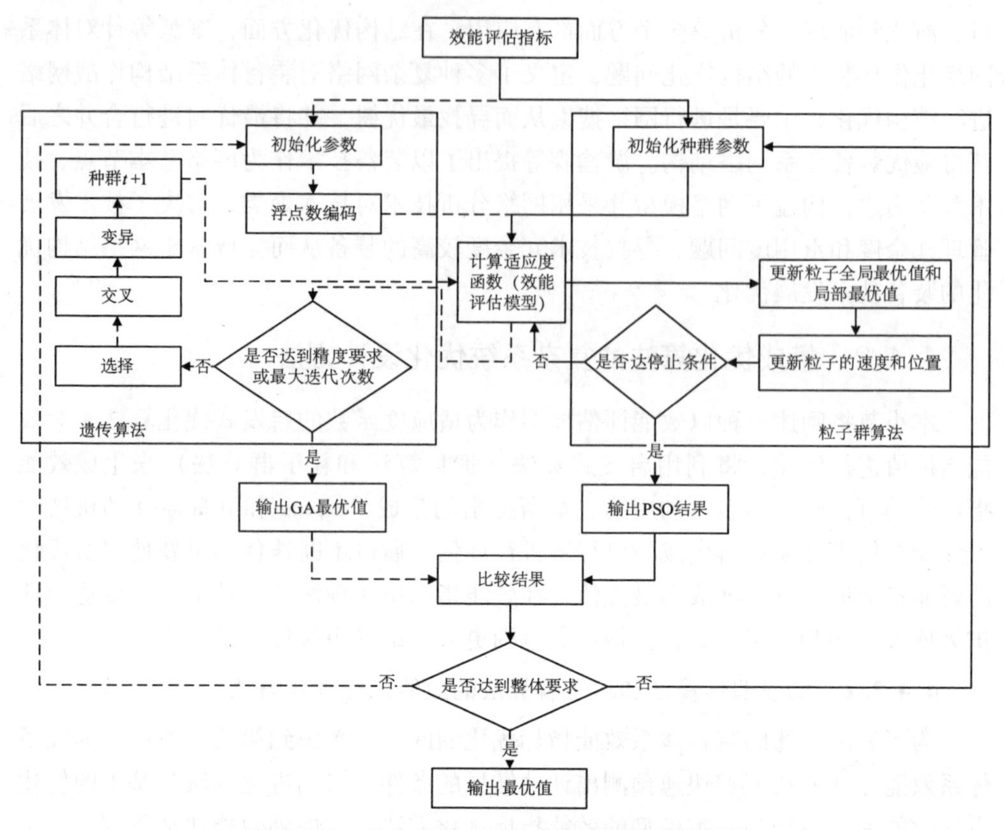

图 2-4-10 结合 PSO 和 GA 的效能指标优化流程

针对所述的算法流程图，提出了主要的技术流程如下：

①初始化效能评估指标，确定需要选取的指标，并基于仿真样本数据完成第三章所述的集成学习模型的训练，为后续启发式生成的可行解进行效能评估，将其作为优化算法的适应度函数。

②对于粒子群算法：

a. 初始化所述种群的初速度、种群大小和所采用的适应度函数等，其中适应度函数为所提出的效能评估模型。

b. 计算各个粒子的适应度函数的取值（即效能评估值）。

c. 根据更新公式更新粒子的速度和位置（主要考虑种群最优值和个体最优值）。

d. 判断是否满足迭代精度误差 ε 或者最大迭代次数 K 的要求，如果满足则输出粒子群算法所获得的最优值，如果未满足则返回 c. 。

③对于遗传算法：

a. 初始化遗传算法基本参数，包括种群数量、迭代次数或者精度要求、编码方式、适应度函数等，其中个体采用浮点数编码，适应度函数采用第三章所述的效能评估模型。

b. 确定个体的适应度函数值（即在效能评估模型下的预测值）。

c. 计算每个个体被选中的概率并以轮盘赌的方式选择个体进行编码交叉，本书将采用单点交叉。

d. 对编码交叉生成的新个体采用一定的概率进行编译从而生成变异后的个体。

e. 判断个体的适应度值是否达到停止条件（精度误差ε_1或者最大迭代次数），如果达到则输出遗传算法所获得的最优值；如果未达到则返回步骤 d 直到达到要求。

④对比遗传算法和粒子群算法所获得的最优值，选择两者中结果较好的一个作为输出值输出。

⑤对比整体算法的停止条件，如整体精度误差ε_2或者最大迭代次数K_2，如果达到要求则输出整体的最优值，如果未达到整体要求，返回步骤 b 重新利用所述的两种进化算法生成可行解。

在优化算法中，按照是否可进行解析计算可分为解析式优化算法和非解析式优化算法，其中常用的解析式优化算法包括梯度法（如梯度下降法、共轭梯度法、随机梯度法等）、牛顿法、模拟退火算法、朗格朗日法等；常用的非解析式优化算法有爬山算法、蚁群算法、粒子群算法和遗传算法等；此外还有一些上述优化算法的变体算法，在此不再赘述。本小节将描述遗传算法和粒子群算法，其中主要内容如下。

4.4.2.2　遗传算法

遗传算法（genetic algorithm，GA）主要是根据“物竞天择，适者生存”的遗传基本原理，通过基因突变等操作不断生成新的解来获得最优值的方法。遗传算法最初由密歇根大学霍兰德（Holland）于 20 世纪 70 年代创立，并于 1975 年出版名为 *Adaptation in Natural and Artificial System* 的图书，从而正式确立遗传算法的诞生。该算法具有不易陷入局部极值，参数编码不需要先验知识和多角度并行搜索的特点，自诞生以来被运筹学、金融和系统工程等领域广泛采用。

遗传算法的主要思想是不断通过交叉组合和基因突变来生成新的个体，并利用适应度函数判断该生成的个体是否能够适应所给定的“环境”，然后实行择优选择，从而不断迭代生成新的个体来寻找给定目标函数下的最优值，其中遗传算法的主要过程包括选择（selection）、交叉（crossover）、变异（mutation）来完成遗传算法的基本步骤。

（1）选择

遗传算法一般采用轮盘赌对个体进行选择，即对于每个个体来说被选中的概率与其适应度的大小呈正比，即：

$$p(x_i) = \frac{f(x_i)}{\sum_{j=1}^{N} f(x_j)} \tag{2-4-30}$$

其中，$f(x_i)$表示该个体的适应度函数值，以该个体适应度函数占总体适应度函数的比例作为其被选中的概率。

（2）交叉

交叉是指将父代的两个个体基因进行重组的方式，即以某种交叉方式将父代的基因进行交换和重组，其中交叉方式包括单点交叉、多点交叉、均匀交叉和算术交叉等。

（3）变异

变异主要是采取了基因突变的思想，随机改变编码中的某一个/多个基因序列达到变异和生成新个体的目的，该过程使优化算法能够跳出局部最优，其中常用的变异方式包括均匀变异、非均匀变异、基本位变异、高斯近似变异和边界变异等。

（4）编码方式和适应度函数

遗传算法编码是遗传算法运行的前提，类似于基因编码的过程，需要对所优化的个体进行编码。其中常用的编码方式包括字符串编码、二进制编码和浮点数编码。

适应度函数一般是优化对象所对应的目标函数，即通过计算该个体对于目标函数的取值作为其对目标函数的适应度，即适应度函数值越大/越小说明该个体的优化效果越好。

算法流程：

①初始化遗传算法基本参数，包括种群数量、迭代次数或者精度要求、编码方式、适应度函数等。

②判断是否达到要求的停止条件（如最大迭代次数或者最小精度误差等），如果未达到停止要求则继续运行算法，达到则停止。

③计算每个个体的适应度函数，利用轮盘赌方式确定个体被选中的概率随机选择个体。

④对所选择的个体进行编码交叉生成新个体，并以一定的概率随机地对新个

体进行随机编码变异。

⑤对新生成的个体，返回步骤③。

遗传算法流程，如图2-4-11所示。

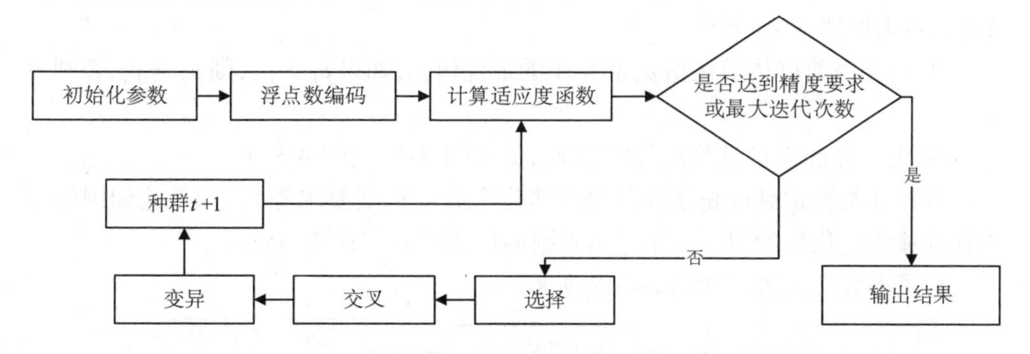

图2-4-11 遗传算法流程

4.4.2.3 粒子群算法

1995年，美国学者通过分析鸟群捕食过程的随机搜索过程提出了粒子群算法（particle swarm optimization，PSO），该算法的核心是利用群体的信息共享和随机搜索策略，每次更新和迭代都往群体最优的方向发展，使得求解优化目标逐渐从无序变为有序的过程。

粒子群算法主要思路是随机初始化一群随机粒子，然后逐步迭代各个粒子速度和位置，最终获得较优的取值的过程。每一个粒子都具有粒子飞行速度 v_i 和飞行未知 x_i 两个参数，同时每次迭代更新需要确定当前该粒子所能找到的最优值 p_{id} 和整个种群所能找到的群体最优值 p_{gd}，主要更新公式如下：

$$v_{id} = w \times v_{id} + c_1 r_1 (p_{id} - x_{id}) + c_2 r_2 (p_{gd} - x_{id}) \tag{2-4-31}$$

$$x_{id} = x_{id} + v_{id} \tag{2-4-32}$$

其中，w 表示例子更新的惯性因子，一般为非负值；c_1 和 c_2 是粒子群算法的加速常数，c_1 表示该粒子的加速常数，c_2 表示算法全局的加速常数，一般 $c_1, c_2 \in [0,4]$，并且一般加速常数取2，r_1 和 r_2 为取值范围在 $[0,1]$ 之间的随机数，p_{id} 是当前粒子的历史最优值，p_{gd} 为所有粒子群的历史最优值。

粒子群算法主要运行流程如下：

① 在 D 维的空间初始化群体 X（大小为 N），有：

$$X_i = (x_{i1}, x_{i2}, \cdots, x_{iD}), i = 1,2,\cdots,N \tag{2-4-33}$$

并且给定该粒子 i 初始速度 V_i：

$$V_i = (v_{i1}, v_{i2}, \cdots, v_{iD}), i = 1,2,\cdots,N \tag{2-4-34}$$

② 确定每个粒子的适应度函数$f(x_i)$，适应度函数一般为当前粒子对于目标函数的取值。

③ 对比适应度函数$f(x_i)$和当前粒子的最优值p_i，如果$f(x_i) > p_i$，则$p_i = f(x_i)$，否则保持p_i不变。

④ 对比当前群体最优值p_g和粒子的最优值p_i，如果$p_i > p_g$，则$p_g = p_i$，否则不变。

⑤ 更新种群X的速度v_{id}和位置x_{id}，见式(2-4-31)、(2-4-32)。

⑥判断是否达到停止条件（最大迭代次数或精度要求等），如果达到则停止迭代并输出优化后的值，如果达不到则循环②至⑤直到达到要求。

粒子群算法流程，如图 2-4-12 所示。

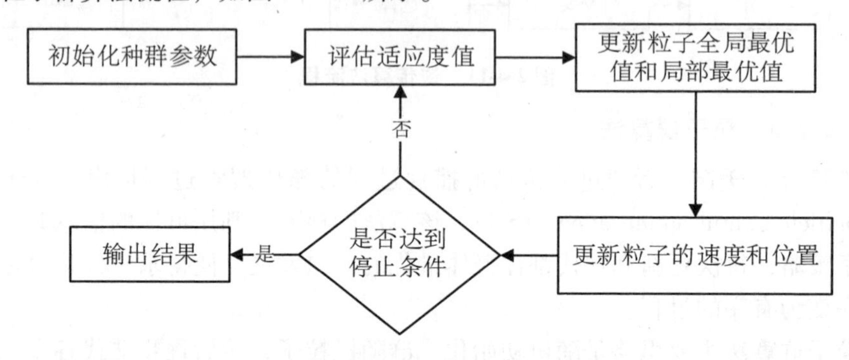

图 2-4-12　粒子群算法流程图

4.5　小结

本章面向复杂系统设计流程及多阶段设计问题，结合大数据分析技术方法，介绍了多数据分析方法集成的复杂系统体系结构建模与设计、综合评估以及优化设计方法，形成多数据分析方法集成的复杂系统设计技术体系。关于本章介绍的内容，做出以下几点补充说明。

第一，本章的内容主要针对复杂系统（尤其是在武器装备领域的复杂系统）体系结构设计相关问题，因此所介绍的技术方法无论是在具体内容还是在适用问题领域上都有一定的限定范围；第二，在应用大数据分析技术解决具体设计问题的过程中，本章对数据分析技术和方法的选取依据介绍较少，目的是保持类似问题解决方式的开放性，在“授人以渔”的基础上引导读者思考其他技术方法解决类似问题的可行性与效率。

第3篇　实践篇

导　　语

为将本书上述技术理论与复杂系统设计实际应用问题相结合，本篇详尽地展示了三个面向复杂系统设计的大数据管理与分析技术应用实例，实例覆盖复杂系统设计领域的大数据管理与分析技术架构、复杂装备体系设计以及复杂机电产品设计等三个方面的复杂系统设计问题。

第1章　复杂系统设计领域的大数据管理与分析技术架构

针对复杂系统设计领域，本章主要基于一个实际的多类型/多平台/跨域数据管理分析框架的应用案例，给出了一种复杂装备体系领域大数据管理与分析架构的参考。主要分为复杂装备系统信息数据管理与分析框架、数据流建模与交互、数据自适应分析与融合技术三个部分。

1.1　复杂系统信息数据管理与分析框架

1.1.1　问题分析

现阶段研究人员进行框架设计通常依赖于常规项目方案或经验知识，存在周期长、关联性弱、效果差等问题。为实现大量级、高维度、多种类、复杂关联、强时效的数据，即多类型/多平台/跨域数据的管理与分析，有必要为大数据管理与分析系统建立一套与实际业务相适应的集群框架，以确保平台的高可靠性、高可用性、功能的有效性和结构的合理性。

多类型/多平台/跨域数据管理分析框架是搭建大数据管理与分析系统的重要基础框架。该框架以底层平台、数据层、数据处理与分析、数据服务为主干，同时兼顾结构逻辑和功能逻辑，针对大数据管理与分析系统的业务逻辑，实现功能设计和结构安排，通过建立多类型/多平台/跨域数据管理分析框架实现了大数据管理与分析系统的底层搭建和上层设计。因此，本章给出了多类型/多平台/跨域数据管理分析框架的设计方案和数据处理方案以及提供给外部业务系统的数据和计算接口方案，为大数据管理与分析系统的开发和应用提供了理论基础与技术支撑。

1.1.2　应用情况

数据管理与分析框架是构建在现有设计、仿真、试验与评估等业务系统之外的数据系统，通过割离内部运行复杂、专业要求高的实际业务，达到简化系统逻辑、提高系统运行效率的目的。在此基础上，需要针对外部业务系统提供相应的数据和计算接口，从而支持其他系统各种数据的导入处理以及数据结果的计算、可视化与导出处理等数据操作。这些接口主要包括：统一数据查询接口、结构化数据存储接口、非结构化数据存储接口、可视化工具接口、异构数据交互接口、数据导出接口和分布式计算接口。系统通过这些接口为其他系统和访问用户提供访问系统内部数据资源、存储资源、计算资源和服务资源的协议，使其能够顺利使用相关资源。系统工作的主要流程围绕复杂装备系统设计、仿真、试验和评估四个业务流程展开，主流程如图 3-1-1 所示；并且底层以数据管理与分析框架作为支撑，主要参考大数据计算框架和 HDFS 分布式文件系统，同时为了支撑装备系统设计、仿真、试验和评估四个业务流程基础的数据应用，以中间数据流程作为底层基础支撑和顶层业务应用之间的交互媒介，数据流程主要包括查询存储、数据预处理、数据交互、数据分析与结果导出以及可视化。业务过程中涉及的数据可能来自数据管理与分析框架，也可能来自业务过程中或业务结果后产生的数据，这些数据一部分通过系统提供的数据存储接口导入数据管理与分析框架中，另一部分评估无用的数据则在业务系统中保存。在业务开展的过程中，由于业务需求的不同，针对设计人员、仿真人员、试验人员和评估人员需要提供不同的系统界面和应用服务，其最终目的是为红线所示的评估结果提供指导设计的有效反馈。为了整合数据流与业务流，以应用分析服务（工具）在设计过程中的作用

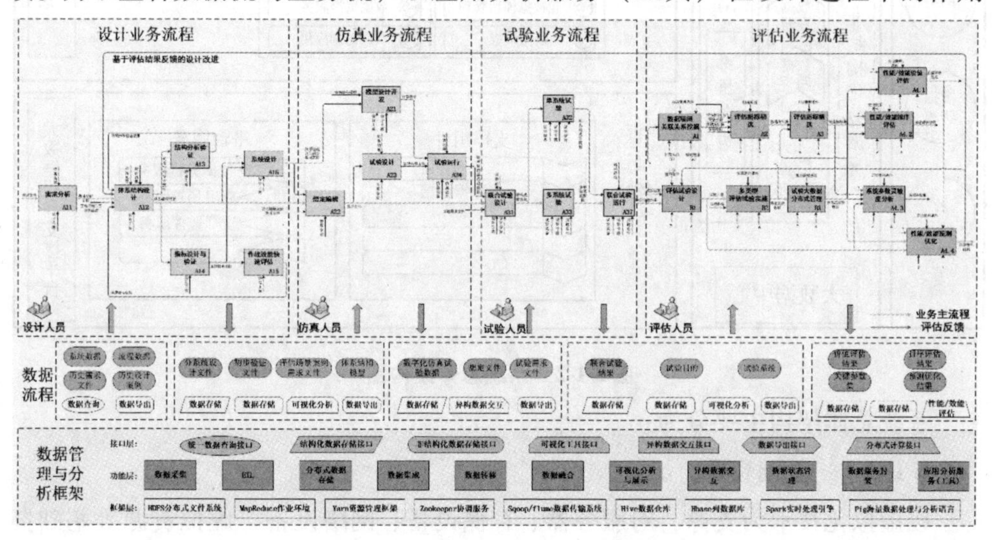

图 3-1-1　系统综合设计与大数据系统工作的主要流程

为例，说明数据管理与分析框架对业务支撑的具体方法：为实现设计过程中设计方案的推送，开发相应的应用分析服务，使设计人员能够根据任务信息和原有方案，通过关联分析挖掘关联规则，从而针对特定任务的信息为设计人员推送一些有参考价值的设计方案。

1.1.3 系统总体架构

总体架构严格按照功能模块化、构件化、分层构建的思想加以设计和实现。这种规划一方面可以较好地展现系统所包含的各个层面的所有内容，另一方面也可以清楚地展现出所设计的系统对各层基础的良好适应性，充分证明系统的可扩展性及持续发展性。系统总体架构如图 3-1-2 所示。

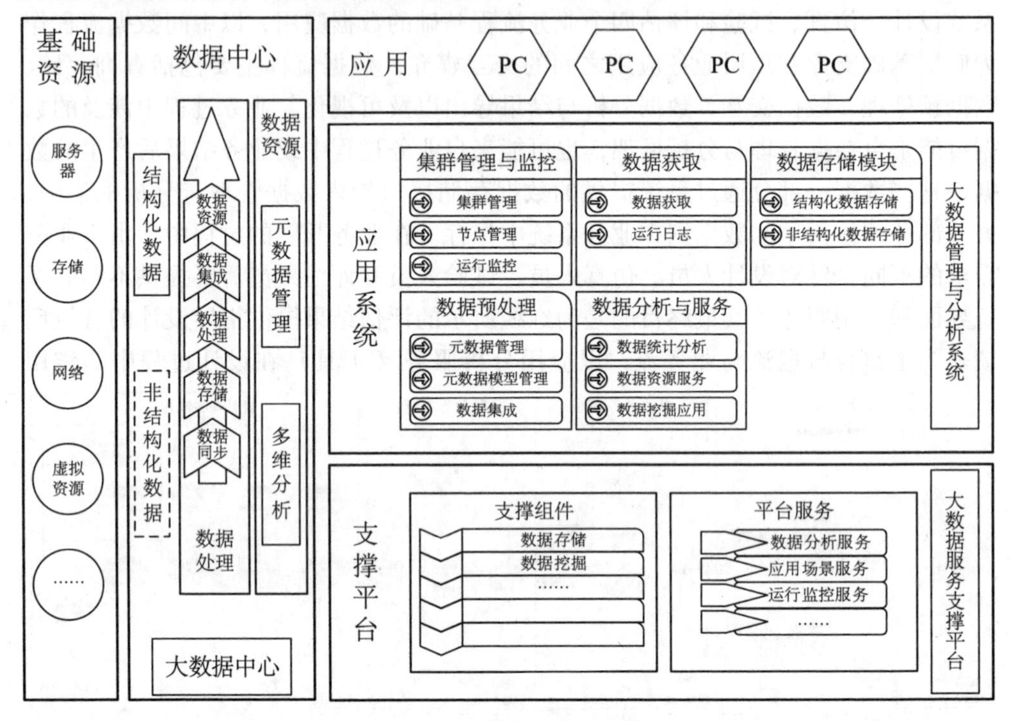

图 3-1-2 系统总体架构图

系统总体架构主要分为：

1.1.3.1 基础资源

以虚拟化技术为支撑，对服务器、存储设备、网络设备、虚拟资源等基础资源适当进行建设，完善资源服务管理，搭建灵活快速的基础平台。

（1）基础资源支撑

主要包括服务器、存储和网络等，分别提供计算能力、存储能力和交换能力。大数据管理与分析系统由多台物理服务器组成，满足最低配置要求以提供计算能力。其中数据的有效存储是平台对底层业务数据管理系统数据进行获取的过程，是数据生命周期开始的第一个环节，主要通过接口方式获得结构化和非结构化类型的海量数据。同时，高速、稳定、安全的网络环境为整体设计提供支撑。

（2）资源服务

资源服务是用户使用基础设施的接口，在基础资源全面虚拟化的基础上，通过对虚拟资源的有效调度管理，以服务的方式为用户提供各种高度可扩展的、灵活的 IT 资源。

1.1.3.2　数据中心

数据中心是处理数据和提供数据服务的中枢系统，数据中心主要存储和处理结构化和非结构化的数据，并提供如数据存储、数据管理、数据预处理等相关的服务，然后再将数据提供给不同的系统和用户。

1.1.3.3　支撑平台

支撑组件为上层应用系统提供统一的安全管理、开发环境、构件化的工具服务支撑，主要包括支撑组件（操作系统、数据库）、平台服务等。支持用户管理、场景分析、数据分析、运行监控等多项数据应用支撑。

1.1.3.4　应用系统及应用

结合实际需求，构建集群管理与监控模块、数据获取模块、数据存储模块、数据预处理模块、数据分析与服务模块五大功能模块。

大数据管理与分析在系统设计全生命周期起着支撑作用。在复杂系统全生命周期的设计、仿真、试验和评估过程中，各个分系统之间以文件、数据交换的形式进行交互，其中涉及的仿真传输主要是体系结构模型和分系统设计文件；仿真到试验传输的是想定文件和数字化仿真结果；试验到评估传输的主要是试验结果。在各个系统运行和系统间数据传输过程中，大数据管理与分析系统将为各子系统提供数据分析和计算支持，故在此过程中，需要有大量来自各个子系统的数据集成到大数据管理与分析系统中来，同时将各个来源的数据进行处理、分析和挖掘之后将结果反馈到对应的子系统中。同时大数据管理与分析系统提供多个数据处理算法/技术包，可供其他子系统调用和运算。

1.2 数据流建模与交互

1.2.1 问题分析

数据流建模技术是针对平台中数据流向复杂、数据格式不一，且数据交互频繁的问题，基于 IDEF0 和 DFD 相关规范，利用规定的图形符号和自然语言，按照自顶向下、逐层分解的结构化方法描述和建立整个平台的数据流模型，实现对各系统内和系统间数据流的全过程描述。数据交互技术通过衡量平台各个子系统所需要的数据，改造自身的结构以实现系统之间数据共享，并对其他系统开放访问，从而实现与其他系统的数据交互和整合。数据交互的关键在于开发相应的数据接口应用，从而实现系统之间的数据迁移。为此，提出数据流建模和交互技术的具体实施技术要求：

①建立平台体系层数据流模型，明确综合设计系统、建模与仿真系统、联合试验系统和智能评估系统间的数据流动关系。

②明确系统间流动数据的具体类型和格式，包括装备数据、防御流程数据、防御需求数据、体系结构模型、系统设计文件、初步设计验证结果、想定文件、数字化仿真结果、联合试验结果、多装备系统防御方案和防御能力快速评估结果等。

③明确各系统具体的业务流程，并建立系统层数据流模型，包括综合设计系统、建模与仿真系统、联合试验系统和智能综合评估系统的数据流模型。

④分别明确综合设计系统、建模与仿真系统、联合试验系统和智能评估系统内的流动数据的具体类型和格式。

⑤明确具体设计业务的元数据模型，为平台提供统一的数据描述。

⑥明确数据映射关系，包括体系结构模型和系统设计文件在综合设计系统与建模和仿真系统间的映射关系、想定文件和数字化仿真结果在建模与仿真系统与联合试验系统间的映射关系、联合试验结果在联合试验系统与智能综合评估系统间的映射关系等。

大数据管理与分析系统需要支撑来自设计、试验、仿真和评估等多个系统的数据的预处理、分析和应用等多个过程。其中大数据系统主要支撑三个方面的业务：一是体系结构设计支撑。二是部署方案设计支撑。三是关键节点、链路发现与可视化支撑。对于上述三项业务的数据来说主要存在以下问题：

①各项业务中的数据流问题。上述大数据支撑的三项业务中，体系结构设计牵扯的数据内容最多，包括体系结构使命任务、能力指标、系统指标、活动、节

点等多个阶段的多个数据；同时对于体系结构设计支撑来说，又包括历史方案推荐、基于总体指标的评估值预测和总体指标参数优化等方面。业务将牵扯到多个平台、多种数据库以及多类型的数据，数据支撑的前提是对三项业务的深刻理解，而对于上述复杂的数据流过程来说，需要引入合适的数据流建模方法来支撑业务数据的梳理。

②多类型/多平台/跨域数据交互问题。大数据管理与分析系统作为设计、试验、仿真和评估等多个平台的数据管理与分析支撑软件，需要通过业务集成系统和多家平台进行交互，但是每家平台都有相应的数据结构、数据库以及平台语言，作为数据交互的中间件，大数据系统需要在多类型/多平台/跨域系统之间实现数据管理和交互，需要建立统一的数据描述标准和模板，用于支撑异构数据的交互。

1.2.2 技术方案

系统数据流程如图3-1-3所示，在通过人工获取或自动获取的方式，将数据获取至临时库中，对数据进行审查和校验，删除重复信息、纠正存在的错误，并保证数据的一致性后，存入正式库，数据采集的过程完成。

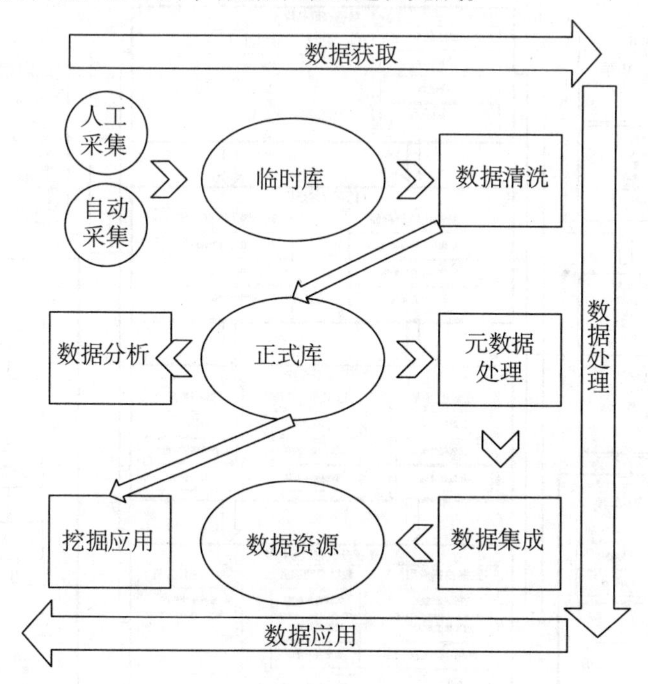

图3-1-3 系统数据流程

正式库中的数据，需要先进行元数据处理，提取元数据，生成元数据模型，并对元数据和元数据模型进行管理。然后利用生成的元数据和元数据模型，根据需要将多个数据集作为目标数据，再经过封装后作为数据资源提供服务，完成数据预处理的过程。

经过预处理的数据，便可用来进行数据分析和挖掘应用。利用数据统计与分析的方法，对数据进行统计分析，并以可视化方式呈现，以供用户查看和参考决策。挖掘应用主要是针对应用场景进行数据的深度挖掘分析，深度探索和发现隐藏在数据之中的模式、规律和关系，以辅助决策。

大数据管理与分析系统各个功能模块和数据、算法等底层之间的交互关系如图 3-1-4 所示，其中数据获取模块主要和底层数据库之间进行交互，即为了实现数据获取，首先根据底层平台向业务集成系统发起请求，通过业务集成系统的反馈从而获取数据，然后将所获取的数据存储到相应的数据库中；数据存储模块是基于上述数据获取模块获取到的数据进行存储，主要和系统底层与数据之间进行交互，且主要是针对结构化数据和非结构化数据进行存储、浏览、编辑和查询，基于此实现数据存储和数据管理；数据预处理模块主要是和底层算法与系统平台

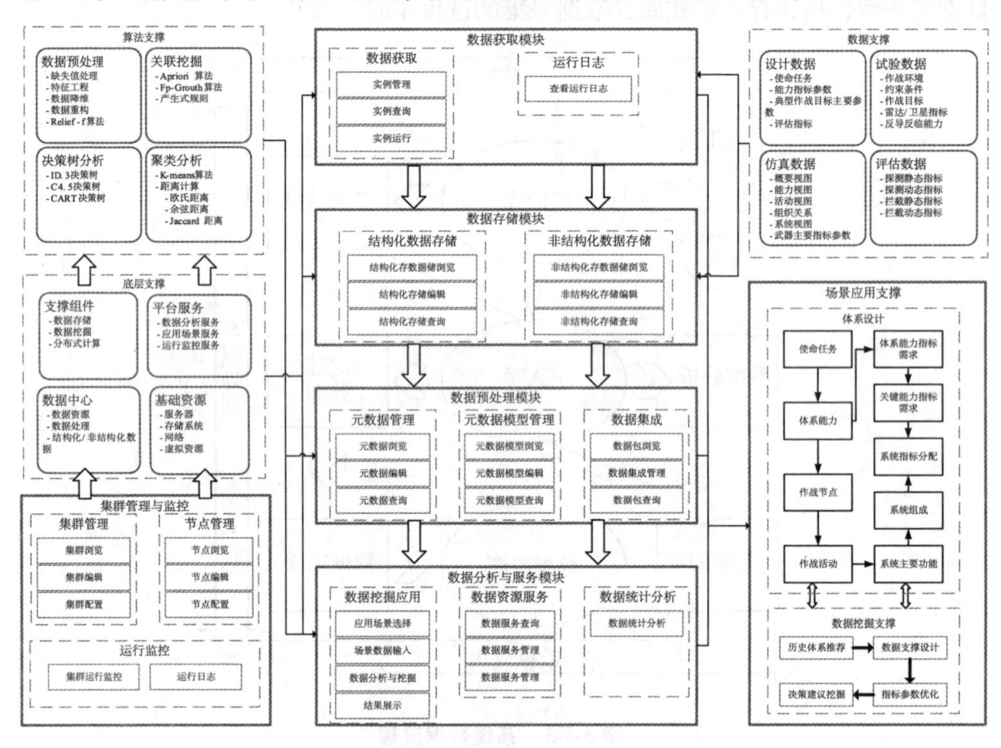

图 3-1-4　系统运行流程图

之间交互，即为了实现数据预处理，需要根据底层提供的部分算法包对数据进行清洗、计算和集成，在此过程中需要底层平台提供计算支撑；数据分析与服务模块主要是用于支撑场景应用，即向应用场景提供相关的服务，同时需要数据、算法和底层提供相应的支撑，其中分析与服务主要为数据挖掘支撑，即基于现有的数据进行计算挖掘，从而发现隐藏的知识，同时提供多个数据资源服务用于支撑场景应用；同时为了实现对底层的监控与管理，需要集群管理与监控模块，该模块主要是和底层进行交互，通过监控底层服务器、数据节点的运行情况从而保证系统能够正常地运行以支撑上层应用和计算。

1.2.3 平台应用

1.2.3.1 多装备系统体系综合设计数据流程

在多装备系统综合设计系统的数据流模型中，多装备系统综合设计主要分为防御推演、历史推荐、体系结构设计、结构分析验证、指标设计与验证、防御效能快速评估、总体指标参数优化、系统设计八项任务。防御推演的输入数据为需求文件，控制数据为防御背景，支撑对象为设计专家，输出数据为想定文件。历史推荐的输入是使命任务，支撑为推荐算法，控制为防御背景和设计约束，输出为历史体系数据。体系结构设计的输入数据为想定文件、装备系统库、防御流程库、快速评估结果和结构分析验证结果，控制数据为标准规范和设计约束，支撑对象包括设计工具，输出数据为初步结构设计文件和体系结构模型。结构分析验证的输入数据为初步结构设计文件，支撑对象包括验证工具，输出数据为结构分析验证结果并反馈给体系结果设计。指标设计与验证的输入数据为体系结构模型，支撑对象包括验证工具，输出数据为关键技术指标。防御效能快速评估的输入数据为关键技术指标，支撑对象包括评估工具，输出数据为快速评估结果并反馈给体系结构设计。总体指标参数优化的输入是仿真数据和快速评估结果，支撑对象包括代理模型和启发式算法，输出为优化后的结果。系统设计的输入数据为体系结构模型和关键技术指标，支撑对象包括设计工具，输出数据为分系统设计与初步验证文件。

综合设计首先根据设计专家下发的需求文件、防御背景以及现有资源、技术为基础，通过推演得到基于需求的使命任务、想定文件等。在推演过程中，主要是设计专家结合使命任务对防御概念进行快速演示，演示场景及相应的防御体系，将相应的任务内容、执行任务过程中的装备、任务地点、任务执行条件等相关演示规则下发到具体的攻防双方，攻防双方根据已有的使命任务结合交战规则进行交战，最后通过交战结果形成防御概念说明、典型场景描述等；体系结构验证是基于典型防御场景和防御概念输入，利用体系结构设计工具建立系统的体系结构视图产品。体系结构开发设计主要关注体系的能力视图、防御视图、系统视图和数据视图。随后可基于系统评估结果对系统体系结构模型加以优化。在输入部分，防御概念通过防御时间、防御事件、防御地点及防御背景等信息组合加以说明，提供能力、系统和活动等关键数据，支撑体系结构设计，典型场景描述，攻防双方态势图，辅助形势的判断，支撑仿真想定设计。然后利用技术指标设计结果、仿真数据和能力评估工具，计算得到各项技术指标的计算值。在技术指标设计验证阶段，利用技术指标/验证工具对技术指标进行初步设计，根据初步设计指标分配进行检验与快速评估，根据评估结果对设计进行优化，形成技术指标模型。其中技术指标模型是利用体系结构构建软件构建体系的能力视图、系统视图和数据视图来描述，最后再利用技术指标设计验证工具和能力评估工具对技术指标和体系结构模型进行评估，其中技术指标设计验证工具是基于典型防御场景及体系结构模型描述的系统构成及防御运用，利用解析方法对系统的主要技术指标进行初步设计、能力评估工具的读取和仿真数据，能力评估工具读取防御仿真数据，对评估指标进行计算实现系统的快速评估。

1.2.3.2 多装备系统防御的部署方案设计数据流程

多装备系统防御部署方案设计主要是针对防御部署过程中，根据部署要求以启发式算法为基础，设计在满足约束的情况下最大化部署覆盖面积的过程。数据流程主要分为三个部分：任务分解、历史推荐和方案设计，其中任务分解是指针对已有的部署要求对区域进行网格划分并且输入到后期的方案设计中，任务分解的输入是装备系统文件、需求文件，由设计专家支撑，由防御背景和位置约束控制，输出是部署网格、部署要求和防御范围；历史推荐输入是需求文件，由底层推荐算法支撑，输出是已有的历史部署方案；方案设计是防御部署方案设计的核心过程，其中输入包括部署网格和部署要求、防御范围以及已有的历史部署方案，由设计专家和启发式算法支撑设计，输出是设计的部署方案。

1.2.3.3 关键节点、链路发现与可视化应用数据流程

关键节点、链路发现与可视化是指在防御过程中信息在实体（装备、指挥所等）之间传输时所形成的网络。考虑到网络中关键节点和关键链路的发现对信息传输的抗毁性和可靠性的重要性，故利用现有的大量仿真数据来支持构建信息传输网络，并挖掘网络中的关键节点和链路。其中关键节点、链路发现与可视化主要包括五个模块：子系统节点统计、子系统网络分析、系统节点统计、系统网络

分析和可视化。其中子系统节点统计是指对信息网络中的子系统的统计分析，输入是已有的基于仿真的信息传输数据，由时间尺度和系统划分标准控制，输出是子系统关键节点和关键链路的结果数据；系统节点统计是指对整个信息网络系统的统计分析，输入是子系统关键节点和关键链路，信息传输数据，由时间尺度和系统划分标准控制，输出是基于统计分析之后的系统关键节点和关键链路结果数据；子系统网络分析是指对信息网络中的子系统的网络分析，输入是已有的基于仿真的信息传输数据，由时间尺度和系统划分标准控制，输出是基于网络分析子系统关键节点和关键链路结果数据；系统网络分析是指利用网络分析技术对整个信息传输系统进行分析，输入是子系统的关键节点、链路数据和已有的仿真数据，由时间尺度和系统划分标准控制，输出是基于网络分析的系统关键节点、链路分析结果数据；可视化是指对信息传输网络的可视化，包括统计结果的可视化（饼状图、柱状图和河流图等）和信息传输网络可视化（子系统传输网络、总体传输网络），输入是统计分析和网络分析结果，包括子系统和系统的关键节点和关键链路，由可视化图形和网络图支撑，以图形化的形式进行输出。

1.2.3.4 异构数据交互技术

为了满足多装备系统综合体系设计与研发的数据需求，往往需要多平台、多类型、多来源和多种数据库的数据相互配合与交互，实现数据的获取、转换、传输和处理。根据业务/部门需求的不同，多类型/多平台/跨域装备系统存在着多种开发语言（如 C、C + +、Java、python 等）、开发平台（如 Java 语言的 Eclipse、IDEA；python 语言的 Spider、Notebook 等）、操作系统（Windows、Linux 等）、数据库管理系统（MySQL、ORACLE）、网络体系结构、通信协议等的差异，因而来自于不同的应用系统中的异构的数据往往无法进行交互和共享，虽然异构数据可能存在相同的意义。因此，多装备系统综合设计与评估需要重新衡量各个子系统所需要的数据，通过改造自身的结构以实现系统之间数据共享，并对其他系统开放访问，从而实现与其他系统的数据交互。这样的交互过程即为异构数据交互，其关键在于开发相应的数据接口应用，从而实现系统之间的数据迁移。

异构数据交互的基本流程如图 3-1-5 所示，针对不同的数据库以接口的形式进行交互。

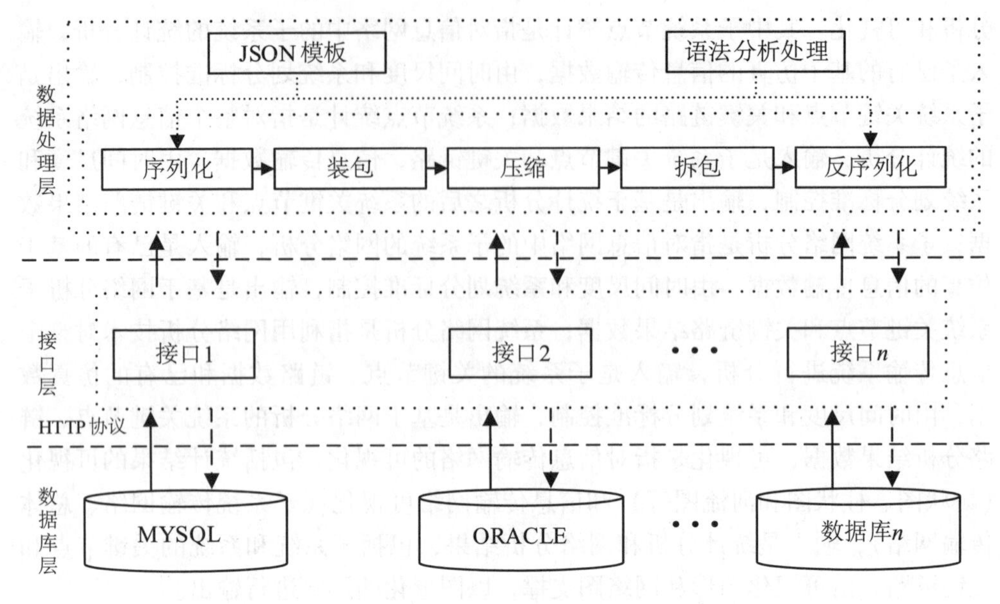

图 3-1-5 异构数据交互示意图

1.3 数据自适应分析与融合技术

1.3.1 问题分析

多装备系统综合设计与评估是装备系统研制流程，各种应用场景对数据需求的差异度较大，比如数字化仿真主要关注设计过程中产生的体系结构设计数据、指标设计数据、装备模型数据等，而装备系统性能评估则需要来自天基、地（海）基、空基产生的观测数据和装备模型数据等。同时，不同应用场景也可能对数据的尺度、维度、边界及约束等条件具有不同的需求，为解决这种数据的差异化需求问题，本项目提出高维多尺度数据自适应分析与融合技术，面向差异化的应用场景提供自适应的数据融合方案。

在多装备系统综合设计与评估过程中，数据种类繁多，结构复杂，来源和存储分散，而且各种需求场景差异度大，为了提供有效、可用、完整的数据内容，需要在构建数据模型的基础上，进一步实现面向应用的数据融合。从总体而言，自适应分析与融合技术要求数据融合时，选取表达准确、精度高的数据进行融合，并对融合后的数据进行几何拓扑、空间关系与逻辑一致性处理，使融合后的数据更精确、更全面；自适应分析能做到快速响应需求和快速反馈，从而保证融合后的数据在准确性、全面性等方面达到最优。针对具体的高维多尺度数据自适应分析与融合技术提出如下要求：

①能够抽取、转换和加载其他系统数据库中的数据，并且可分布式存储各个来源的数据。

②提供加载数据的质量保证功能，采用业务规则和技术规则校验数据质量，提供满足质量需求的数据。

③提供自适应分析方法，支持离线、实时的自适应分析功能，所提取的规则可随时调用与修改；支持对数据尺度、维度、顺序、边界及约束等数据条件的自适应分析，并建立自适应融合专家知识库。

④提供数据重构方法，支持结构化数据需求的快速响应与重构，能够确保重构数据的准确性和关键特征、属性不丢失并能去除冗余部分。

⑤支持结构化、半结构化和非结构化的多域数据的降维处理，提供数据降维方法，可根据实际数据需求对降维质量和程度进行管理与控制。

1.3.2　技术方案

数据融合的过程主要包括 ETL 数据获取、自适应数据融合和融合结果组装与服务三个方面。

ETL 数据获取是数据抽取、转换和加载的过程，通过对目标模型等数据库采用增量抽取和全量抽取相结合的方法进行数据抽取，然后利用数据转换技术解决系统数据格式的不一致、数据输入错误、数据不完整等问题，并采用 SQL 加载和批量加载的技术对已经转换或加工好的数据进行快速加载，最终为数据融合提供准确、完善的基础数据。通过定期检查数据质量，并根据业务需求、模型要求等制定相应的数据处理规则，以此为数据转换技术的细节提供支撑。自适应分析与融合的实现主要包括三个方面的子技术：基于元数据模型的自适应融合分析方法、单域数据重构技术和多域数据降维技术，以下分别对每个子技术进行描述。

1.3.2.1　基于元数据模型的自适应融合分析方法

数据管理与分析系统所存储的数据来自设计、试验、仿真和评估，并且每个源头的数据具有海量性、多样性、高速性等大数据所具有的基本特征，故一般无法从具体的数据去考虑处理方法，而应该更注重某类数据的元数据，从元数据角度考虑数据集成和融合方法，以此作为该类数据针对某个场景需求的数据的处理方法。元数据为描述数据的数据，主要是描述数据的属性信息，用来支持如存储位置、历史数据、资源查找、数据基本信息查询等功能。如何提取元数据成为实现数据自适应技术的基础之一。

为了解决元数据提取问题，采用实体—属性模型作为建模方法，以设计、仿真、试验、评估中所用到的实体作为建模对象，提取其核心数据、特征信息和扩展信息等作为建模属性，同时考虑更细致的实体属性，如具体该数据的采集时间、内存大小、数据类型、数据结构等，建立实体－属性模型。在综合设计过程中的实体属性模型中，如使命任务说明包含的数据有任务目的，承担的部队，执行任务的装备、地点以及执行条件，同时一个任务会用到多个装备系统，所以任务对巡航装备实体为一对多的关系。实体－属性模型以图形化的形式描述了各个实体内部的属性和实体与实体之间的交互关系，从而直观地描述了实体和属性，极大化地方便了元数据的提取。故在元数据提取过程中拟采用实体－属性模型作为描述各个数据系统的基础建模方法，通过对每个系统的实体－属性模型来提取元数据。

通过上述的实体－属性关系建模，结合元数据的定义标准和一般规则，我们定义了以下几种元数据的元素（括号内为元素的表示）：名称（Title）、数据来源（Source）、关键字（Keywords）、数据描述（Description）、日期（Date）、数据类型（Data Type）、数据格式（Format）。

作为标准，所有数据的元数据的提取都主要针对以上所描述的几种元素，以此作为数据自适应融合与集成分析的依据。

通过实体—属性模型提取出元数据之后，建立元数据模型来描述源数据和目标数据的映射关系。元数据模型包含描述源数据数据结构和目标数据数据结构的元数据以及两者间的映射关系。其中，元数据是描述数据仓库内重要数据的结构的数据，大数据管理与分析系统从其他系统的数据库中采集所需要的数据并进行存储，为了提高对数据的利用需要对这些数据进行结构化的描述。将同类数据用合适的字段进行标识，元数据是一组相关字段的集合，大数据管理与分析系统通过对元数据的管理间接实现对底层数据的管理。目标数据是数据交互过程的结果，它的数据结构是由业务需求决定的所需数据的字段。元数据和目标数据的数据结构间的映射是存在于字段间的映射关系，映射的过程即为字段代表数据的运算过程。由于元数据模型与业务需求密切相关，不同的业务需求需要不同的元数据模型实现数据间的交互，因此需要在元数据模型定义的基础上制定元数据模型的构建规则。

构建元数据模型规则的关键在于构建目标数据数据结构与源数据数据结构间映射关系的表达规范，映射关系中运算符分为二元运算符、多元运算符、行列运算符和自定义类运算符。

对于数据自适应集成与融合来说，自适应阶段可看成是一个数据分流的过程，虽然元数据模型已经明确地描述了从源数据到目标数据的映射关系，即已经明确了具体的数据处理方式。但是在数据自适应冷启动阶段，数据处理样本较少，直接采用其他的自适应技术可能会导致效率低下、处理结果不好等问题，故前期采用专家经验和知识作为数据处理的依据，即人工知识干涉数据处理方式。

产生式规则是人工智能中应用最多的一种知识表示模式，尤其是在专家系统方面，许多成功的专家系统都是采用产生式知识表示方法。产生式的基本形式 P→Q 或者 IF P THEN Q，P 是产生式的前提，也称为前件，它给出了该产生式可否使用的先决条件，由事实的逻辑组合来构成；Q 是一组结论或操作，也称为产生式的后件，它指出当前提 P 满足时，应该推出的结论或应该执行的动作。

产生式规则是专家知识和经验的一种表示方法，即知道已知前提，判断由前提决定基于前提的操作方式。在自适应融合与分析过程中，为了实现数据融合与集成，需要针对较大数据量的数据进行处理，而在多装备系统设计过程中，数据来源多、去向复杂，大多和业务结合紧密，所以针对单个业务就会存在该业务所独有的数据融合和集成方法，所以在前期融合和集成样本数据量较少的情况下，只能大量依据经验和知识结合业务和具体的数据进行数据处理技术分流，即根据数据和经验直接获取数据处理技术对数据进行处理，并将该流程存储为数据，作为后期数据分析方法的训练样本。

以上是对基于专家经验的产生式规则的简单描述，通过利用上述表达式结合实际的算法，可以对前期较少量的数据进行处理和分析。同时为了适应大规模数据集的自适应处理，可将每次基于专家经验和知识处理数据的过程进行标准化的描述，形成样本作为后期数据处理技术分流的学习样本。其中标准化的描述可表示源数据到目标数据的映射关系，即简单映射（$a \xrightarrow{f} b$）和复合映射（$a \xrightarrow{f_{1\cdots f_n}} b$），并且源数据标准化描述时都主要考虑其元数据，即上述的数据名称（Title）、数据来源/去向（Source）、关键字（Keywords）、数据描述（Description）、日期（Date）、数据类型（Data Type）、数据格式（Format）。

传统的基于规则的数据处理分流方法——产生式规则针对较小数据量，较小的特征时应用效果不错，但是在处理大量数据时，尤其是数据的维度、类型、来源复杂时，可能会出现适应性差等问题。由于产生式规则本身的特点，想要修改既有的规则非常复杂，会耗费大量时间与精力，因此采用产生式规则与随机森林算法相结合的方式，实现数据的自适应分析。随机森林分类算法的主要优势在于：

①按照机器学习分类方法的不同，可分为有监督式分类、无监督式分类以及

半监督式分类三种类型。鉴于数据自适应分析方法并非仅仅根据数据的特征将数据分为两类或者多类，而是希望训练出一个能够基于历史数据和知识库数据，给出适合当前类型的数据与业务场景的数据处理方法的模型，因此采用有监督式学习分类算法进行模型的构建。随机森林分类算法可以符合这一要求。

②相比其他有监督式分类算法，随机森林分类算法对高维数据具有较强的处理能力，并且对于不均衡数据处理效果较好。在多装备系统综合设计与评估过程中的特征通常是高维的；同时，由于数据来源的不确定性，各类数据处理方法的使用情况也可能是不均衡的。

从这两点来看，在进行数据自适应分析模型构建时，随机森林是一种比较理想的分类算法。因此，在与基于产生式规则的数据自适应处理技术相结合的基础上，采用随机森林分类算法构建数据自适应分析模型。利用随机森林分类算法建立数据自适应分析模型时，需要训练数据和算法的综合参与，模型的构建和实现流程如图 3-1-6 所示。

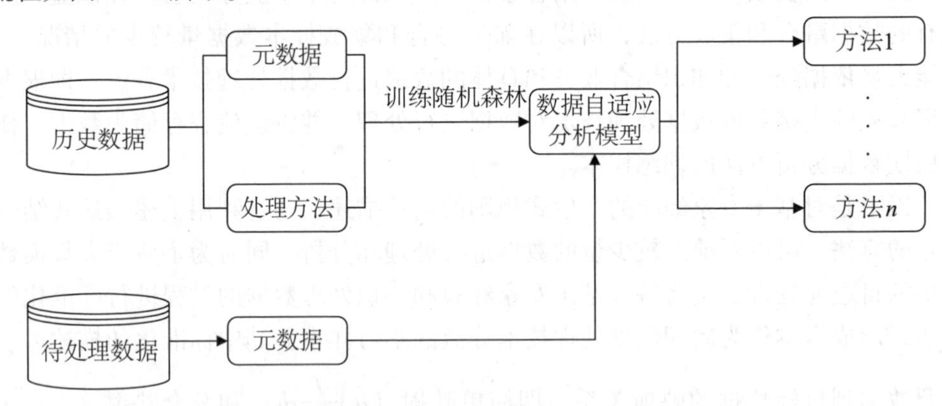

图 3-1-6　基于随机森林的数据自适应分析过程

下面详细介绍随机森林算法的处理过程。随机森林是一种集成学习算法。集成学习的一般结构是：先产生一组“个体学习器”，再用某种策略将它们结合起来。随机森林是在以决策树为个体学习器进行集成的基础上，进一步在决策树的训练过程中引入随机属性的选择。首先，算法采用有放回抽样的方法获得包含 m 个样本的数据集，并按照类似的操作总共采样出 T 个这样的数据集，作为 T 个训练数据集。然后基于每个训练数据集训练出一个对应的个体学习器，再将这些个体学习器结合。每个个体学习器的学习方法是：在每个决策结点，先从该结点的 d 个属性中随机选择一个包含 k 个属性的子集，然后从这个子集中选择一个最优属性用于划分。参数 k 控制了随机性的引入程度，一般取 $k = \log_2 d$。

1.3.2.2　单域数据重构技术

在多装备系统综合设计与评估过程中，会生成许多来自传感器、设计人员、评估人员、评估系统等不同来源的数据。这些数据普遍具有维度高、种类杂的特点，难以直接处理与应用。在工作人员综合设计与评估的过程中往往会用到许多来自同一领域不同方面的数据。不同方面的结果在属性值、尺度、边界等方面通常有所差异，因此在综合利用这些数据之前必须进行合适的转化。其中，面对来自同一领域不同方面的数据，采用单域数据重构技术进行转化。下面介绍这些技术。

（1）数据冲突处理

当同一观测对象拥有多个数据来源时，其同一属性值可能具有不同的观测值，但如果这种属性值是在同一评价体系下获得的，例如，不同卫星探测到的同一飞行器的经纬度差异较大，就需要按照一定的逻辑或方法，对产生冲突的数据进行适当的处理，保证其完整性和简洁性，才能进入下一步的数据处理阶段。根据工作人员的需求、业务规则、应用场景、专家经验等因素，数据冲突的处理方法可能不止有一种。以下介绍三类数据冲突处理逻辑与一种基于 D-S 证据理论的数据冲突解决方法，可根据具体情况进行选择与综合应用。

（2）冲突忽略

冲突忽略的主要思想是：对于不同数据源中有冲突的部分，系统在最大程度上予以保留，不代替人工做出选择。这种做法的好处在于最完整地保留了冲突信息，避免了冲突处理逻辑不合理导致的信息丢失。冲突忽略的具体做法包括两种，一种是直接在冲突项中列出所有的冲突值，即在一条数据的同一属性下给出所有数据源关于该属性的结果；一种是列出所有可能的数据组合，即列出多条数据，每条数据为综合考虑所有冲突值后的一种可能性。

（3）冲突回避

冲突回避的主要思想是：当某一实体的属性值在不同数据源中有冲突时，按照某一个或几个特定条件的数据集决定最终结果，条件由人工提前设置好。这种做法的好处在于得到的结果都是相对可靠的数据，一定程度上提高了数据处理的效率，可以减轻工作人员的处理负担。冲突回避的具体做法包括四种：

①以没有缺失值的数据集为准，即同一属性以有数据的部分覆盖数据缺失的部分。

②只返回一致的数据，即在有冲突的属性下直接告诉工作人员该项有冲突。

③冲突数据以偏好的数据集为准，即工作人员按照以往的经验指定一个数据集的结果为优先考虑的结果，不同的属性可以指定不同的优先数据集。

④冲突数据以最新的数据集为准，这种方法只能在数据中带时间戳时使用。

(4) 冲突协调

冲突协调的主要思想是：当不同数据集在某一项数据上产生分歧时，根据一定的方法综合考虑所有数据集，再给出一个最终结果，方法同样是由人工提前定好。这种做法的好处在于可以利用所有数据集的结果，冲突解决过程中的信息损失相对较少。冲突协调的具体做法包括三种：

①采用投票原则解决数据冲突，即选取出现频次最高的数据作为最终结果。

②采用各数据集加权的方式解决数据冲突，最方便的方法就是求平均值，这种方法仅适用于有数学意义的数据。

③采用随机原则选择最终结果，即根据随机算法抽取某一数据集的结果为最终结果。

(5) 基于 D-S 证据理论的数据冲突解决方法

D-S 证据理论是对经典概率理论的扩展，首先由 Dempster 在 20 世纪 60 年代提出，把命题的不确定性问题转化为集合的不确定性问题，后来由他的学生 Shafer 加以扩充和发展，用信任函数和似真度函数重新解释了该理论，所以称为 Dempster-Shafer 理论。下面介绍证据理论的基本概念。

定义 1：设 U 表示 X 所有可能取值的一个论域集合，且所有在 U 内的元素都是互不相容的，则称 U 为 X 的识别框架。

定义 2：设 U 为一识别框架，则函数 $m: 2^U \rightarrow [0, 1]$ 在满足下列条件时：

① $m(\phi)=0$

② $\sum_{A \subset U} m(A) = 1$

称 $m(A)$ 为 A 的基本概率赋值，它表示对命题 A 的基本信任程度。

定义 3：设 U 为一识别框架，$m: 2^U \rightarrow [0, 1]$ 是 U 上的基本概率赋值，定义函数

$$\mathrm{BEL}(A) = \sum_{B \subset A} m(B) \tag{3-1-1}$$

为 A 在 U 上的信任函数，A 被称为信任函数 BEL 的焦元。即 A 的信任函数为 A 中每个子集的基本信任度值之和。

对于一个命题 A 的信任不仅要考虑其信任函数，为了全面描述对一个命题的信任程度，还必须引入似真度函数。

定义 4：设 U 为一识别框架，定义函数

$$\mathrm{PL}(A) = 1 - \mathrm{BEL}(\bar{A}) = \sum_{B \cap A \neq \phi} m(B) \tag{3-1-2}$$

为 A 在 U 上的似真度函数。

PL（A）表示不否定 A 的信任度，是所有与 A 有交集的集合的基本概率赋值之和，因此有 $BEL(A) \leqslant PL(A)$。$PL(A) - BEL(A)$ 表示对 A 不知道的信息，称为焦元 A 的不确定性，区间［$BEL(A)$，$PL(A)$］为焦元 A 的信任度区间。区间有三种特殊情况：

① ［1，1］表示 A 为真。

② ［0，0］表示 A 为假。

③ ［0，1］表示对 A 一无所知。

D-S 证据理论的置信区间如图 3-1-7 所示。

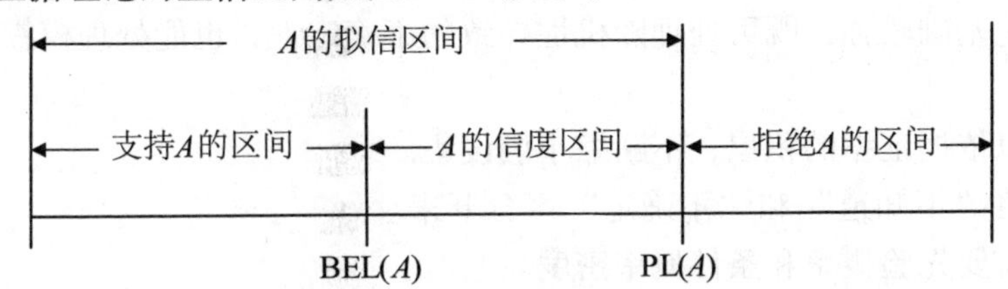

图 3-1-7 D-S 证据理论的置信区间

以上是单一识别框架中对焦元 A 的信任程度判断，如果有多个识别框架可供参考，可以用 Dempster 组合规则对某一事件 A 的基本概率赋值进行组合。

定义 5：设 m_1，m_2，…，m_n 是识别框架 U 上的 n 个相互独立的命题 A_i 的基本概率赋值，为确定组合后的命题 C 的基本概率赋值 m，定义如下运算：

$$m = m_1 \oplus m_2 \oplus \cdots \oplus m_n \tag{3-1-3}$$

设归一化常数

$$K = 1 - \sum_{\cap A_i = \phi} \prod_{i=1}^{n} m_i(A_i) \tag{3-1-4}$$

则 m 的值可以表示为：

$$m(C) = \begin{cases} \dfrac{\sum\limits_{\cap A_i = C} \prod\limits_{i=1}^{n} m_i(A_i)}{K} & \forall A \subset UA \neq \phi \\ 0 & A = \phi \end{cases} \tag{3-1-5}$$

见式（3-1-4），若 $K \neq 0$，则 m 的结果有意义，表示现有的证据可以相互支持；若 $K = 0$，则 m 的结果没有意义，表示现有的证据完全矛盾，无法进行组合。式（3-1-5）被称为 Dempster 组合规则。

运用组合规则可以将多个识别框架中的基本概率赋值合成为一个，合成后的结果多数时候是真值所在的区间，因此需要进一步处理才能得到合适的结果。基于合成结果的决策方法有：

①直接求出每个结果对应的基本概率赋值，选取值最大的结果，并且保证最终结果与其他结果的差值大于某一阈值。

②如果无法直接求出结果，可利用“最小点”规则缩小真值所在的区间。具体做法如下：若在集合 A 中，去掉某个元素后的集合设为B_1，信任函数为 BEL(B_1)，且 $|\mathrm{BEL}(A)-\mathrm{BEL}(B_1)|<\varepsilon$，则认为可去掉该元素，$\varepsilon$ 为预先设定的阈值。重复上述过程，直到某个子集B_k不能再按照“最小点”原则去掉元素为止，则B_k即为判决结果。

D-S 证据理论具有如下优点：

①理论基础较强，既可处理随机性导致的不确定性，也能处理模糊性导致的不确定性。

②可以依据证据的积累，不断缩小假设集。

③能将“不知道”和“不确定”区分开来。

④不需要先验概率和条件概率密度。

（6）非对称性高斯拟合

在单域数据重构过程中，会遇到许多时序数据及其对应的曲线。直接分析这些数据和曲线往往十分困难，因而需要使用曲线拟合的方法。曲线拟合的优势在于以较少的数据体现曲线的整体特点，提高曲线分析的效率。非对称高斯函数拟合是一种较好的曲线拟合方法，其过程是将整体拟合拆分为局部拟合的过程。在被拟合曲线相邻的极大值点和极小值点之间往往有一段明显的过渡过程，在两个相邻的极小值点之间的曲线整体上与经典的高斯分布曲线有相似之处。但是一阶高斯分布的对称性与被拟合曲线通常有较大差别，而高阶高斯复杂的计算过程会对曲线拟合的效率产生较大影响，因此选用非对称高斯函数作为拟合函数，其特点是不强调曲线微小复杂的变化，而是将整体趋势和全局特征作为拟合重点。以时序曲线的拟合过程为例，具体过程如下：

①时序曲线分段。首先确定曲线中的极值点，再以极小值点为分界点将曲线划分为一个个时序曲线段，即不同特征的变化趋势，然后分别对每个时序曲线段进行拟合。

②非对称高斯函数拟合。非对称高斯函数见式（3-1-6）：

$$G(t,\ \mu,\ \sigma_1,\ \sigma_2)=\alpha+\frac{2}{\sqrt{2\pi}}\frac{1}{\sigma_1+\sigma_2}g(t,\ \mu,\ \sigma_1,\ \sigma_2) \tag{3-1-6}$$

其中，α 是高斯函数的峰值，即时序曲线段取极大值时对应的标量值；函数 $g(t,\ \mu,\ \sigma_1,\ \sigma_2)$定义为：

$$(t, \mu, \sigma_1, \sigma_2) = f(x) = \begin{cases} \exp\left[-\left(\dfrac{\mu - t}{2\sigma_1}\right)^2\right] & t \leqslant \mu \\ \exp\left[-\left(\dfrac{t - \mu}{2\sigma_2}\right)^2\right] & t > \mu \end{cases} \tag{3-1-7}$$

其中，μ 是高斯函数最值点的位置，对应于时序曲线段取到峰值点时对应的时间步；σ_1是高斯函数左侧的跨度，对应于左侧时间步的数目；σ_2是高斯函数右侧的跨度，对应于右侧时间步的数目。相关参数可利用最优化方法迭代获取，目标函数为

$$M(t) = \sum_{t=t_1}^{t_n} [S(t) - G(t)]^2 \tag{3-1-8}$$

其中，$S(t)$ 是实际的时序曲线段，$G(t)$ 是局部非对称高斯拟合曲线。t_1是该段时序曲线的起始时刻，t_n是该段曲线的终止时刻。当目标函数 $M(t)$ 取最小时，可获得非对称高斯拟合函数的最优参数。

（7）拉格朗日插值

在获取曲线数据时，往往得到的是一些离散的数据点，这限制了工作人员所能使用的数据范围。例如，在卫星以若干秒为时间单位采集的数据集中，工作人员无法直接获得这若干秒中每 1 秒的具体数据，需要利用已有的数据对所需数据进行合理的估计。根据已有数据中离所需数据最近的前后两点，拉格朗日插值可以给出一个较好的估计值。以时间序列数据为例，具体方法如下：

①确定所需数据对应的时刻t_k。

②根据所需数据确定在时间上距离其最近的前后两点(t_0, y_0)和(t_p, y_p)，其中$0 \leqslant k \leqslant p$。

③根据拉格朗日插值公式

$$y(t_k) = l_0(t_k)y_0 + l_p(t_k)y_p \tag{3-1-9}$$

求出t_k对应的估计值y_k，其中，$l_0(t_k)$，$l_p(t_k)$分别满足

$$l_0(t_k) = \frac{t_k - t_p}{t_0 - t_p} \tag{3-1-10}$$

$$l_p(t_k) = \frac{t_k - t_0}{t_p - t_0} \tag{3-1-11}$$

④输出(t_k, y_k)，即为所求时刻对应的数据。

（8）模糊集理论

在多装备系统综合设计与评估过程中，经常存在定性的评价指标，如“强预警能力”“高速”“高自动化程度”等。这些指标无法直接与其他数据进行处理

融合，也不一定能找到一个合适的分界线加以对应。模糊集理论可以使用隶属度函数对定性指标进行一定程度的量化，为顶层应用提供较为合理的数据支撑。下面介绍模糊集理论。

定义6：设 U 是论域，称映射 μ_A：$U \to [0, 1]$，$\mid x \mid \to A(x_i) \in [0, 1]$。

定义6确定了一个 U 上的模糊子集 A，此映射称为 A 的隶属函数，$A(x_i)$ 为 x 对 A 的隶属程度。模糊子集简称为模糊集，隶属程度简称为隶属度。构建隶属度函数常用的方法有模糊统计法和模糊函数。

（1）模糊统计法

思路是从历史设计数据中进行统计，每种评价对应的出现次数与总次数之比即为隶属度函数。例如，系统的自动化程度可用其反应时间表示，建立“自动化程度高”的隶属度函数，以系统反应时间作为论域 X，从历史数据中将“自动化程度高”对应到若干区间。

（2）模糊函数

以实数 R 为论域，用某些带参数的函数来表示某种模糊概念的隶属度函数，函数形式和参数依据实验或经验确定。常用的分布类型有矩形分布、梯形分布、三角分布、正态分布等。

矩形分布

$$\mu_A(x) = \begin{cases} 1, & a \leqslant x \leqslant b \\ 0, & \text{其他} \end{cases} \tag{3-1-12}$$

标准梯形分布

$$\mu_A(x) = \begin{cases} 0, & x < a \\ \dfrac{x-a}{b-a}, & a \leqslant x < b \\ 1, & b \leqslant x < c \\ \dfrac{d-x}{d-c}, & c \leqslant x < d, \\ 0, & x \geqslant d \end{cases} \tag{3-1-13}$$

偏小型梯形分布

$$\mu_A(x) = \begin{cases} 1, & x < a \\ \dfrac{b-x}{b-a}, & a \leqslant x < b \\ 0, & x \geqslant b \end{cases} \tag{3-1-14}$$

偏大型梯形分布

$$\mu_A(x)=\begin{cases}0, & x<a\\ \dfrac{x-a}{b-a}, & a\leqslant x<b\\ 1, & x\geqslant b\end{cases} \tag{3-1-15}$$

三角分布（梯形分布特殊情况）

$$\mu_A(x)=\begin{cases}\dfrac{x-a}{b-a}, & a\leqslant x<b\\ \dfrac{c-x}{c-b}, & b\leqslant x<c\\ 0, & 其他\end{cases} \tag{3-1-16}$$

正态分布

$$\mu_A(x)=\mathrm{e}^{-\left(\frac{x-a}{\sigma}\right)^2} \tag{3-1-17}$$

其中，a 为均值，σ 为均方差。

1.3.2.3　多域数据降维技术

在多装备系统综合设计与评估过程中会用到来自多个来源的数据，这些数据可能从不同方面描述了同一对象的不同属性，但属性之间可能存在内在联系。比如，监视范围与预警覆盖范围、虚警率与识别正确率等。因为可能存在一定程度上的冗余，所以在使用前需要对属性进行降维处理，以缩减数据大小，提高数据处理效率，节约计算资源，保证上层应用能在较短的时间内获得可靠的结果。根据数据特点不同，可以分为线性降维方法和非线性降维方法。下面分别介绍这些方法。

（1）线性降维方法

①主成分分析（PCA）。PCA 的主要方法是：原始数据之间因存在线性关系而存在一定程度的冗余。为在去除冗余的同时最大程度保留原有数据之间的区分关系，PCA 认为应当保证数据在降维之后方差最大化，使得降维结果之间尽可能分开。设数据样本$\boldsymbol{x}_i$为 d 维向量，在使用 PCA 之前需要先对数据样本进行中心化，即 $\sum_i \boldsymbol{x}_i=0$ 。设投影变换后得到的新坐标系为 $\{\boldsymbol{\omega}_1, \boldsymbol{\omega}_2, \cdots, \boldsymbol{\omega}_{d'}\}$，其中$\boldsymbol{\omega}_i$是标准正交基向量，$\|\boldsymbol{\omega}_i\|_2=1$，$\boldsymbol{\omega}_i^{\mathrm{T}}\boldsymbol{\omega}_j=0(i\neq j)$，$d'<d$。则样本点$x_i$在超平面上的投影是$\boldsymbol{W}^{\mathrm{T}}x_i$，投影后的方差是 $\sum_i \boldsymbol{W}^{\mathrm{T}}\boldsymbol{x}_i\boldsymbol{x}_i^{\mathrm{T}}\boldsymbol{W}$ ，于是优化目标可写成

$$\max_{\boldsymbol{W}}\mathrm{tr}(\boldsymbol{W}^{\mathrm{T}}\boldsymbol{x}_i\boldsymbol{x}_i^{\mathrm{T}}\boldsymbol{W})\ \mathrm{s.\,t.}\ \boldsymbol{W}^{\mathrm{T}}\boldsymbol{W}=\boldsymbol{I} \tag{3-1-18}$$

对数据的协方差矩阵 $\boldsymbol{X}\boldsymbol{X}^{\mathrm{T}}$进行特征值分解，并将求得的特征值从大到小排序，再取前d'个特征值对应的特征向量构成$\boldsymbol{W}^*=\{\boldsymbol{\omega}_1, \boldsymbol{\omega}_2, \cdots, \boldsymbol{\omega}_{d'}\}$，就可得

到将样本点投影到超平面所需的降维矩阵。降维后的维数d'通常由用户给出，还可以从信息利用率的角度设置一个重构阈值。例如，规定利用原样本点 85% 以上的数据，可选择使下式成立的最小d'值：

$$\frac{\sum_{i=1}^{d'} \lambda_i}{\sum_{i=1}^{d} \lambda_i} \geqslant 0.85 \tag{3-1-19}$$

PCA 的好处在于：需要技术人员提供的经验和知识较少，有利于技术人员的快速判断与决策；原有数据的冗余可以在很大程度上消除；计算方法简单，易于实现，适用性广，可以作为技术人员降维处理的首选尝试方法。

②线性判别分析（LDA）。LDA 同样可以用于数据之间存在线性关系的数据，其特点在于可以在一定程度上利用已有知识和经验来提高降维结果之间的区分程度。其主要方法是：给定训练样本集，设法将样例投影到一条直线（超平面）上，使已知的同类样例的投影点尽可能接近，不同类样例的样本点尽可能远离。当新样本到来时，将其投影到同样的直线（超平面）上，再根据投影点的位置判断新样本的类别。所以 LDA 可以较好地利用先验知识，为新样本同时完成分类与降维的任务。给定数据集 $D=\{(x_i, y_i)\}_{i=1}^{m}$，$y_i \in \{0, 1\}$，LDA 通过最小化类内离散矩阵$\boldsymbol{S}_w$并同时最大化类间离散矩阵$\boldsymbol{S}_B$，来寻找合适的投影矩阵 $\boldsymbol{W}$。$\boldsymbol{S}_w$与$\boldsymbol{S}_b$分别定义如下：

$$\boldsymbol{S}_w = \sum_{i=1}^{C}\sum_{j=1}^{N_i}(x_j^{(i)} - m^{(i)})(x_j^{(i)} - m^{(i)})^{\mathrm{T}} \tag{3-1-20}$$

$$\boldsymbol{S}_b = \sum_{i=1}^{C} N_i(m^{(i)} - m)(m^{(i)} - m)^{\mathrm{T}} \tag{3-1-21}$$

其中，N_i是第 i 个类中的样本数；$x_j^{(i)}$是第 i 个类中第 j 个样本；$m^{(i)} = \frac{1}{N_i}\sum_{j=1}^{N_i} x_j$ 表示第 i 个类的均值向量，m 表示所有样本的均值向量，C 为样本的类别数。LDA 的优化目标如下：

$$\max_{W}\frac{\mathrm{tr}(\boldsymbol{W}^{\mathrm{T}}\boldsymbol{S}_b\boldsymbol{W})}{\mathrm{tr}(\boldsymbol{W}^{\mathrm{T}}\boldsymbol{S}_w\boldsymbol{W})}$$
$$\text{s. t. } \boldsymbol{W}^{\mathrm{T}}\boldsymbol{W} = \boldsymbol{I} \tag{3-1-22}$$

最终可转化为如下广义特征值问题求解：

$$\boldsymbol{S}_b\boldsymbol{W} = \lambda\,\boldsymbol{S}_w\boldsymbol{W} \tag{3-1-23}$$

$\boldsymbol{W}$ 的闭式解是$\boldsymbol{S}_w^{-1}\boldsymbol{S}_b$的 d'个最大非零广义特征值对应的特征向量组成的矩阵，

且$d' \leqslant C-1$。

LDA 的优势主要是可以利用技术人员掌握的知识与经验，结果也更具有可解释性，相比 PCA 的模糊性更能反映类别间的差异，更容易被技术人员直观地理解，进而方便他们在接下来的操作中使用这些结果。

（2）非线性降维方法

①局部线性嵌入（LLE）。LLE 的主要方法是用局部线性来逼近原始数据全局的非线性，因此每个样本点可以通过其领域样本的线性组合进行重构，并在低维空间继续保持，由此保证整体的几何性质基本不变。具体来说，假定每个样本可由距离其最近的 m 个样本点线性重构：

$$x_i = \omega_{ij_1} x_{j_1} + \omega_{ij_2} x_{j_2} + \cdots + \omega_{ij_k} x_{j_k} \tag{3-1-24}$$

LLE 认为能在低维空间中继续保持。将样本中心化，求解对于样本点x_i对应的低维空间坐标z_i见式（3-1-25）：

$$\min_{z_1, z_2, \cdots, z_m} \sum_{i=1}^{k} \left\| z_i - \sum_{j \in Q_i} \omega_{ij} z_j \right\|_2^2 \text{s. t.} \sum_{j \in Q_i} \omega_{ij} = 1 \tag{3-1-25}$$

令$C_{jk} = (x_i - x_j)^{\mathrm{T}}(x_i - x_k)$，$\omega_{ij}$有闭式解

$$\omega_{ij} = \frac{\sum_{k \in Q_i} C_{jk}^{-1}}{\sum_{l,s \in Q_i} C_{ls}^{-1}} \tag{3-1-26}$$

令 $\boldsymbol{Z} = (z_1, z_2, \cdots, z_m) \in \boldsymbol{R}^{d' \times m}$，$(\boldsymbol{W})_{ij} = \omega_{ij}$，$\boldsymbol{M} = (\boldsymbol{I} - \boldsymbol{W})^{\mathrm{T}}(\boldsymbol{I} - \boldsymbol{W})$，则式（3-1-26）可重写为

$$\min_{Z} \operatorname{tr}(\boldsymbol{ZMZ}^{\mathrm{T}}) \text{s. t.} \boldsymbol{ZZ}^{\mathrm{T}} = \boldsymbol{I} \tag{3-1-27}$$

见式（3-1-27），可通过特征值分解来求解。将求得的特征值从大到小排序，再取后d'个特征值对应的特征向量构成$\boldsymbol{Z}^{\mathrm{T}}$，$\boldsymbol{Z}^{\mathrm{T}}$中每一列即为一个样本的低维坐标。

LLE 的优势主要是不再假定数据之间存在线性关系，因而可以处理非线性信号，为技术人员提供了一种降维的新思路；同样无须技术人员提供已有的经验和知识，降低了方法的使用门槛。

②拉普拉斯映射（LE）。LE 也应用了“用部分逼近整体”的方法，但它采用了邻接图的方式来描述部分。首先是选取邻域，构造邻近图 G。如果节点x_i和x_j是接近的，就把第 i 个和第 j 个节点连接起来。有两种方式：

a. ε－邻域。如果$\|x_i - x_j\|_2^2 < \varepsilon$，就把第 i 个和第 j 个节点连接起来。

b. k 最近邻法。如果节点x_i在节点x_j的 k 个最近邻点内，那么就把第 i 个和第

j 个节点连接起来。

然后选取合适的权重ω_{ij}构建原有矩阵的邻接图。如果第 i 个和第 j 个节点是连接的，就设置权重ω_{ij}，一般采用热核函数$\omega_{ij}=\exp\left(-\frac{\|x_i-x_j\|_2^2}{t}\right)$来确定$\omega_{ij}$的值。否则$\omega_{ij}=0$。随后是特征映射，假定以上构造的图 G 是连通的，那么寻找低维嵌入的问题就归结为求解广义特征向量问题：$\boldsymbol{L}y=\lambda\boldsymbol{D}y$。其中 $\boldsymbol{D}$ 是对角矩阵，$d_{ii}=\sum_j\omega_{ij}$，$\boldsymbol{L}=\boldsymbol{D}-\boldsymbol{W}$ 称为拉普拉斯矩阵。此时求解低维坐标就转化为求解下列优化问题：

$$\min\operatorname{tr}[\boldsymbol{X}(\boldsymbol{D}-\boldsymbol{W})\boldsymbol{X}^{\mathrm{T}}]\ \text{s.t.}\ \boldsymbol{X}^{\mathrm{T}}\boldsymbol{D}\boldsymbol{X}=\boldsymbol{I} \tag{3-1-28}$$

见式（3-1-28），同样采用特征值分解的方式求解，将求得的特征值从大到小排序，再取后d'个特征值对应的特征向量作为降维后的结果输出。d'为降维后的维数，可见式（3-1-19）选取。

③等度量映射（Isomap）。Isomap 的主要方法是：通过适当的方式，使原始数据在低维空间中的距离保持其原来的距离。设 m 个 d 维样本在原始空间的距离矩阵为 $\boldsymbol{D}\in\boldsymbol{R}^{(m\times m)}$，其第 i 行第 j 列的元素dist_{ij}为原始样本x_i和x_j之间的距离。因为原始数据所在的空间不一定是欧氏空间，所以dist_{ij}采用 Floud 算法来获得。Isomap 的目标是获得原始数据在 d'维空间的表示 $\boldsymbol{Z}\in\boldsymbol{R}^{d'\times m}$，$d'\leqslant d$，且任意两个样本在 d'维空间中的欧氏距离等于原始空间中的距离，即$\|z_i-z_j\|=\mathrm{dist}_{ij}$。

令 $\boldsymbol{B}=\boldsymbol{Z}^{\mathrm{T}}\boldsymbol{Z}\in\boldsymbol{R}^{m\times m}$，其中 $\boldsymbol{B}$ 为降维后样本的内积矩阵，$b_{ij}=z_i^{\mathrm{T}}z_j$，有

$$\begin{aligned}\mathrm{dist}_{ij}^2&=\|z_i\|^2+\|z_j\|^2-2\,z_i^{\mathrm{T}}z_j\\&=b_{ii}+b_{jj}-2\,b_{ij}\end{aligned} \tag{3-1-29}$$

降维后的样本 $\boldsymbol{Z}$ 被中心化，即 $\sum_{i=1}^{m}z_i=0$，同时令

$$\mathrm{dist}_{i.}^2=\frac{1}{m}\sum_{j=1}^{m}\mathrm{dist}_{ij}^2 \tag{3-1-30}$$

$$\mathrm{dist}_{.j}^2=\frac{1}{m}\sum_{i=1}^{m}\mathrm{dist}_{ij}^2 \tag{3-1-31}$$

$$\mathrm{dist}_{..}^2=\frac{1}{m^2}\sum_{i=1}^{m}\sum_{j=1}^{m}\mathrm{dist}_{ij}^2 \tag{3-1-32}$$

b_{ij}可表示为以下形式：

$$b_{ij}=-\frac{1}{2}(\mathrm{dist}_{ij}^2-\mathrm{dist}_{i.}^2-\mathrm{dist}_{.j}^2+\mathrm{dist}_{..}^2) \tag{3-1-33}$$

求得矩阵 $\boldsymbol{B}$ 后对其进行特征值分解，$\boldsymbol{B}=\boldsymbol{V}\boldsymbol{\Lambda}\boldsymbol{V}^{\mathrm{T}}$，其中 $\boldsymbol{\Lambda}=\mathrm{diag}$（$\lambda_1$，$\lambda_2$，

$\cdots$，λ_n）为特征值构成的对角矩阵，且满足$\lambda_1 \geqslant \lambda_2 \geqslant \cdots \geqslant \lambda_n$，$\boldsymbol{V}$ 是特征向量矩阵。然后取 $\boldsymbol{\Lambda}$ 左上角 $d' \times d'$ 块构成对角矩阵$\tilde{\boldsymbol{\Lambda}}$，令$\tilde{\boldsymbol{V}}$表示相应的特征向量矩阵，则 $\boldsymbol{Z}$ 可表达为：

$$\boldsymbol{Z} = \tilde{\boldsymbol{\Lambda}}^{1/2} \tilde{\boldsymbol{V}}^{\mathrm{T}} \in \boldsymbol{R}^{d' \times m} \tag{3-1-34}$$

其中每一列为一个样本的低维坐标。

Isomap 的优势主要是不再假定数据之间存在线性关系，同时保留有数据之间的相互关系，可以在特定场合下发挥作用；作为处理非线性数据的另一种方法，可以在 LLE 表现不佳的时候作为替代方案以供参考。

④多维尺度分析法（MDS）。MDS 的关键是将高维数据映射到欧式空间中，再在欧式空间内用符合布局的点距来近似原先高维数据之间的关系。MDS 的主要方法是：首先构建 m 个数据在原始空间的距离矩阵 $\boldsymbol{D} \in \boldsymbol{R}^{(m \times m)}$，其中$d_{ij}$表示第 i 个数据与第 j 个数据之间的差异性（欧式距离）。然后将现阶段矩阵 $\boldsymbol{D}$ 降维到 d 维空间，根据差异性矩阵，寻找 k 个向量q_1，$\cdots$，$\tilde{q}_k \in \boldsymbol{R}^d$，$\tilde{q}_i - \tilde{q}_j \approx d_{i,j}$得到新的最优解矩阵 $G =$［$\tilde{q}_1$，$\cdots$，$\tilde{q}_k$］^{T}，然后问题转变为下列优化问题：

$$\min_{\tilde{q}_1, \cdots, \tilde{q}_k} \sum_{i<j} \left(\tilde{q}_1 - \tilde{q}_k - d_{ij} \right) \tag{3-1-35}$$

通常使用迭代算法计算最优解矩阵 $\boldsymbol{G}$，并以式（3-1-35）作为结束迭代的条件。即如果满足式（3-1-35），结束迭代，数据最优解矩阵 $\boldsymbol{G}$ 代替原有矩阵 $\boldsymbol{D}$。

MDS 的优势在于能够较好的保持原先数据的差异性，不仅在这个空间上表达数据之间的联系，而且降低了数据集的维度，方便在进行试验、仿真、评估等操作时对数据集的观察，从而将高维信息通过矩阵运算转换到低维空间中。

⑤t-SNE（t 随机邻接嵌入）。t-SNE 的主要方法是：保证数据在从高维映射到低维时相互之间的分布概率不变。t-SNE 将原始空间中的数据分布视为高斯分布，将降维后的数据分布视为 t 分布。首先在原始空间中将欧氏距离转化为条件概率来表达一个点周围的分布概率

$$p_{j|i} = \frac{\exp\left(- \dfrac{\|x_i - x_j\|_2^2}{2\sigma_i^2} \right)}{\sum\limits_{k \neq i} \exp\left(- \dfrac{\|x_i - x_k\|_2^2}{2\sigma_i^2} \right)} \tag{3-1-36}$$

对于变换后的样本z_i，可以得到分布概率

$$q_{j|i} = \frac{\left(1 + \|z_i - z_j\|_2^2\right)^{-1}}{\sum\limits_{k \neq l} \left(1 + \|z_i - z_j\|_2^2\right)^{-1}} \tag{3-1-37}$$

为保留完整的局部特征，需保证$P_{j|i}=q_{j|i}$，为此引入 KL 散度进行优化，优化目标如下：

$$\min C=\min\sum_{i}\sum_{j}p_{j|i}\log\frac{p_{j|i}}{q_{j|i}} \tag{3-1-38}$$

通过梯度下降法可获得最终的降维结果z_i，优化的梯度如下：

$$\frac{\delta C}{\delta z_i}=4\sum_{j}(p_{ij}-q_{ij})(z_i-z_j)(1+\|z_i-z_j\|_2^2)^{-1} \tag{3-1-39}$$

t-SNE 是一种常用的将高维数据降成二维的方法，应用较为广泛，表现良好。

⑥局部切空间排列（LTSA）。LTSA 的主要方法是利用样本点邻域的切空间来表示局部的几何性质，然后将这些局部切空间排列起来构造流形的全局坐标。LTSA 首先寻找每个样本点的领域，设$\boldsymbol{X}_i=[x_{i1}, x_{i2}, \cdots, x_{ik}]$为样本点$x_i$包括自身在内的最近的 k 个邻域点所构成的矩阵。随后 LTSA 计算一个 d 维的仿射子空间来逼近$\boldsymbol{X}_i$中的点，即：

$$\min_{x,\theta,Q}\sum_{j=1}^{k}\|x_{ij}-(x+\boldsymbol{Q}\theta_j)\|_2^2=\min_{x,\theta,Q}\|\boldsymbol{X}_i-(x\,l_k^{\mathrm{T}}+\boldsymbol{Q\Theta})\|_F^2 \tag{3-1-40}$$

其中，$\boldsymbol{\Theta}=[\theta_1, \cdots, \theta_k]$ 且 $\boldsymbol{Q}$ 的列数为 d，记$\bar{x}=\boldsymbol{X}_i\boldsymbol{l}_k$为邻域矩阵$\boldsymbol{X}_i$的中心点，$\boldsymbol{Q}_i\sum_i\boldsymbol{V}_i^{\mathrm{T}}$为中心化邻域矩阵$\boldsymbol{X}_i-\bar{x}\boldsymbol{l}_k^{\mathrm{T}}=[x_{i1}-\bar{x}, \cdots, x_{ik}-\bar{x}]$的奇异值分解。则式（3-1-40）的最优解为：$x=\bar{x}_i$，$\boldsymbol{Q}=\boldsymbol{Q}_i$，$\boldsymbol{\Theta}=\boldsymbol{Q}_i^{\mathrm{T}}(\boldsymbol{X}_i-\bar{x}\boldsymbol{l}_k^{\mathrm{T}})$，进而得到局部坐标系统$\boldsymbol{\Theta}_i=[\theta_1^{(i)}, \cdots, \theta_{k_i}^{(i)}]=[\boldsymbol{Q}_i^{\mathrm{T}}(x_{i_1}-\bar{x}_i), \cdots, \boldsymbol{Q}_i^{\mathrm{T}}(x_{i_k}-\bar{x}_k)]$。将所有这些有交叠的局部坐标$\boldsymbol{\Theta}_i$排列起来，以得到一个全局坐标系统$\boldsymbol{T}=[\tau_1, \cdots, \tau_N]$。其中，全局坐标$\tau_{ij}$应该能反映有局部坐标$\theta_{ij}$决定的局部几何结构，即满足：

$$\tau_{ij}=\bar{\tau}_i+\boldsymbol{L}_i\theta_j^{(i)}+\varepsilon_j^{(i)},\ j=1, \cdots, k,\ i=1, \cdots, N \tag{3-1-41}$$

其中，$\bar{\tau}_i$是τ_{ij}的中心，$\boldsymbol{L}_i$是一个待定的局部仿射变换矩阵，$\varepsilon_j^{(i)}$是局部的重建误差，对应于$\boldsymbol{T}=[\tau_1, \cdots, \tau_N]$有$\boldsymbol{E}_i=[\varepsilon_1^{(i)}, \cdots, \varepsilon_{k_i}^{(i)}]$，则有式（3-1-41）的矩阵形式：

$$\boldsymbol{T}_i=\frac{\boldsymbol{T}_i\boldsymbol{l}_k\boldsymbol{l}_k^{\mathrm{T}}}{k}+\boldsymbol{L}_i\boldsymbol{\Theta}_i+\boldsymbol{E}_i \tag{3-1-42}$$

局部重建误差矩阵$\boldsymbol{E}_i$可以写成

$$\boldsymbol{E}_i=\boldsymbol{T}_i\left(I-\frac{\boldsymbol{l}_k\boldsymbol{l}_k^{\mathrm{T}}}{k}\right)-\boldsymbol{L}_i\Theta_i \tag{3-1-43}$$

为了尽可能保持局部的低维特征，极小化下列的重建误差：

$$E(T)=\sum_i \|E_i\|_2^2=\sum_i \min_{L_i}\left\|T_i\left(I-\frac{l_k l_k^{\mathrm{T}}}{k}\right)-L_i\Theta_i\right\|_2^2 \tag{3-1-44}$$

添加中心化和标准化约束后，式（3-1-42）有可以写成

$$E(T)=\sum_i \left\|T_i\left(I-\frac{l_k l_k^{\mathrm{T}}}{k}\right)(I-\Theta_i^{+}\Theta_i)\right\|_2^2=\mathrm{tr}(T\Phi T^{\mathrm{T}}) \tag{3-1-45}$$

其中，$\Phi=\sum_{i=1}^{N} S_i W_i W_i^{\mathrm{T}} S_i^{\mathrm{T}}$ 为排列矩阵，$S_i\in R^{(N\times k)}$是满足$\{x_1, \cdots, x_N\}$，$S_i=\{x_{i_1}, \cdots, x_{i_k}\}$ 是选择矩阵，且$W_i=I-\left[\frac{l_k}{\sqrt{k}}, V_i\right]\left[\frac{l_k}{\sqrt{k}}, V_i\right]^{\mathrm{T}}$。这样式（3-1-43）的最优解能通过计算矩阵 Φ 的 d 个最小非零特征值所对应的特征向量$v_1, \cdots, v_d$来获得，即 $T=[u_1, \cdots, u_d]^{\mathrm{T}}$。

1.3.3 平台应用

在本系统中，可以将记录有各数据集元数据、数据使用场景与人员、对应解决方法的历史记录作为训练样本，以此训练随机森林的算法模型。其中，将数据集元数据、数据使用场景与人员作为其特点，将对应的解决方法作为其结果，以此训练算法模型。为了提高算法的准确度与计算效率，可以先对数据集采用产生式规则进行预分类，例如，将单域数据分为一类，多域数据分为另一类。如果判断数据为多域，再利用算法根据数据集的特点推荐不同的处理方法。数据处理人员可以选择推荐的方法，也可以手动指定处理方法。随后这次操作记录会被记录下来并作为新的训练样本。随机森林的好处在于可以充分利用历史数据，并且可以根据历史数据调整分析结果，实现分析方法的自动调整。

在业务中使用布尔值表示数据集是否具有对应的属性，数据集属性有以下方面：

①数据来源的类型$X_1=(x_{11}, x_{12}, \cdots, x_{n_1})$，例如，雷达信号、卫星信号等。

②使用数据的上层应用所属的系统类型$X_2=\{x_{21}, x_{22}, \cdots, x_{n_2}\}$，例如，目标跟踪系统、身份识别系统等。

③使用数据的业务场景类型$X_3=\{x_{31}, x_{32}, \cdots, x_{n_3}\}$，例如，分析信号特征、数据可视化等。

④数据集边界与约束条件$X_4=\{x_{41}, x_{42}, \cdots, x_{n_4}\}$，例如，无约束、部分约束、完全约束等。

最终将上述内容组合成为一个新向量$Z=(X_1, X_2, X_3, X_4)$。同时为对应的

处理方法编号，比如非对称高斯拟合方法为1，拉格朗日插值法为2，等等。处理方法对应的变量为 $\boldsymbol{Y}$。将所有历史记录整理为（$\boldsymbol{Z}$，$\boldsymbol{Y}$）形式的向量，以此来训练模型。当新数据集到来时，向模型输入其对应的向量 $\boldsymbol{Z}'$，即可获得模型推荐的处理方法 $\boldsymbol{Y}'$。数据使用人员可以选择接受或拒绝模型的推荐，同时该数据集的向量 $\boldsymbol{Z}'$ 与最终选择的处理方法 $\boldsymbol{Y}^*$ 以（$\boldsymbol{Z}'$，$\boldsymbol{Y}^*$）的方式记录入历史记录库中，供模型未来训练使用。

例如，历史记录中有三个数据集具有如下属性，同时对应于如下数据处理方法：

①数据来源：雷达信号；上层应用所属系统：目标跟踪系统；所使用的业务场景：分析信号特征；数据集边界与约束条件：无约束；对应的数据处理方法：非对称性高斯拟合。

②数据来源：卫星信号；上层应用所属系统：身份识别系统；所使用的业务场景：数据可视化；数据集边界与约束条件：无约束；对应的数据处理方法：拉格朗日插值。

③数据来源：雷达信号；上层应用所属系统：身份识别系统；所使用的业务场景：分析信号特征；数据集边界与约束条件：部分约束；对应的数据处理方法：主成分分析。

这三个数据集对应的表示其特征与处理方法的向量分别为：

①$\boldsymbol{Z}_1 = (1, 0, 1, 0, 1, 0, 1, 0, 0)$，$\boldsymbol{Y}_1 = (1, 0, 0)$。

②$\boldsymbol{Z}_2 = (0, 1, 0, 1, 0, 1, 1, 0, 0)$，$\boldsymbol{Y}_2 = (0, 1, 0)$。

③$\boldsymbol{Z}_3 = (1, 0, 0, 1, 1, 0, 0, 1, 0)$，$\boldsymbol{Y}_3 = (0, 0, 1)$。

则可将这三条历史记录整理为（$\boldsymbol{Z}$，$\boldsymbol{Y}$）形式的向量。其余的历史记录也可以按照相似的方式进行整理，最终作为随机森林的训练数据，训练数据自适应分析模型。

1.4 小结

本章主要介绍了一种复杂系统设计领域的大数据管理与分析技术架构，分为三个部分：复杂系统信息数据管理与分析框架、数据流建模与交互、数据自适应分析与融合技术。均从问题分析、技术方案与平台应用三个角度进行介绍。总的来说，本章在复杂系统设计领域中，将已有的大数据分析与处理技术进行了统筹与整合，提出了一整套复杂系统设计的流程。该流程能够适用于各种条件下的复杂装备体系设计场景，从而能够更加精确、快速、有效地完成系统的设计。

第2章 面向复杂装备体系设计的应用
——大数据驱动的装备体系综合设计技术研究

本章主要介绍大数据管理与分析技术在复杂装备体系设计中的一个应用案例，用以展示大数据管理与分析技术在复杂装备体系设计中的重要作用。该案例包含该装备体系结构与主要指标的综合设计内容、该装备体系的部署方案设计以及该系统的参数优化等方面的应用。

2.1 多装备系统体系结构与主要指标综合设计

为了更深入地说明多装备体系综合设计流程，并明确流程中具体的任务和活动，采用综合设计过程中的两个典型案例对综合设计流程进行说明，包括多装备系统体系结构与主要指标综合设计和多装备系统协同防御部署方案设计，案例中主要是对设计问题、设计方法和设计具体案例进行描述，通过描述实现对系统具体数据、业务活动、流程等的深入理解。

2.1.1 问题定义与梳理

装备体系及包含他们的装备体系的综合设计问题，主要是根据使命任务、现有协同防御的性能和效能等要求，考虑未来的技术水平、协同防御流程、典型场景下的时空约束关系，以智能算法为基本优化算法，对优化变量进行优化。多装备系统体系结构与主要指标的综合设计问题可表示为：

$$\Phi = \{\mathrm{Ts}, \mathrm{Es}, M, \mathrm{Con}, \mathrm{Abl}, \mathrm{Ev}\} \tag{3-2-1}$$

其中：

①Ts：使命任务，描述防御环境、约束条件、防御对象、防御目标、防御目的。

②Es：现有条件中所具有的装备和装备相关的指标。

③M：体系结构模型，主要描述了装备组成、信息链路、防御流程等指标。

④Con：综合设计问题中的指标约束。

⑤Abl：能力指标，表示在综合设计过程中所涉及的体系结构模型需要达到的能力，主要包括侦察预警监视能力、指挥控制能力、防御防空反临能力、信息基础支撑能力。

⑥Ev：评价指标，指对可行解从抗毁性、可靠性、时效性等多个方面进行评价。

2.1.2 设计案例

为了进一步说明综合设计问题，采用某典型武器的设计案例作为阐述依据，该问题中的有限优化变量集 V：

$$V=\{v_{\mathrm{M}},\ t_{\mathrm{WR}},\ t_{\mathrm{WP}},\ \cdots,\ l_{-1},\ l_{-2},\ l_{-3}\} \tag{3-2-2}$$

其中：

①v_{M}：主战拦截弹平均速度。

②t_{WR}：主战的系统反应时间。

③t_{WP}：主战的防御准备时间。

④l_{-1}：主战收到防御指令（开始防御准备）时目标距离。

⑤l_{-2}：开始指挥决策（收到预警）时目标距离。

⑥l_{-3}：首次预警探测时目标距离。

下面进一步介绍综合设计问题的各部分内容：

（1）有限变量值域集合 D

$$D=\{D_1,\ D_2,\ D_3,\ \cdots,\ D_{12}\} \tag{3-2-3}$$

其中：

D_1：v_{M}的值域，$v_{\mathrm{Ml}}\leqslant v_{\mathrm{M}}\leqslant v_{\mathrm{Mu}}$，边界根据预测的武器速度范围给出。

$D_2\sim D_9$：t_{WR}，t_{WP}等各防御环节时间的值域，$0\leqslant t$。

D_{12}：l_{-3}的值域，$l_{-3l}\leqslant l_{-3}\leqslant l_{-3u}$，边界根据预测的天基预警系统探测范围给出。

（2）有限变量的约束集合 C

$$C=\{C_1,\ C_2,\ \cdots,\ C_7\} \tag{3-2-4}$$

其中：

C_1：末次拦截时间约束，$l_1-l_2/v_T\geqslant t_{l_2}+t_{\mathrm{WR}}$；

C_2：末次拦截飞行时间，$t_{l_2}=l_2/v_{\mathrm{M}}$；

C_7：预警时间约束，$l_{-3}-l_{-2}/v_T\geqslant t_{\mathrm{GW}}+t_{\mathrm{SW}}$（天基预警和地基预警可并行，但保守考虑按加和时间计）。

（3）优化的目标函数 J

各防御环节的时间之和：

$$J = t_{wr} + t_{wp} + \cdots + t_{sw} \tag{3-2-5}$$

综上所述，该问题可描述为：

$$\min J,\ \text{s. t.} \begin{cases} V \in D \\ C_{eq} = 0 \\ C \leqslant 0 \end{cases} \tag{3-2-6}$$

（4）评估指标体系

E_v：$E_v = \{P_z, R_z, T, Z_s, C\}$，包括抗毁性、可靠性、时效性、装备规模与成本等，其中：

①抗毁性：$P_z = P_1 * P_2 * \cdots * P_n \leqslant C_1$。

②时效性：$T = t_{wr} + t_{wp} + \cdots + t_{sw} \leqslant C_2$。

③可靠性：$R = R_1 * R_2 * \cdots * R_n \leqslant C_3$。

④装备规模：Z_s。

⑤成本：$C = c_{zb} + c_{wx} + \cdots + c_{ld} \leqslant C_4$。

⑥C_i表示该评价指标的阈值。

（5）变量描述

①使命任务变量：防御对象（离散值）、目标速度、防御目标、防御/探测范围等。

②设计变量：协同防御的防御能力等。

③装备变量：装备类型、探测范围、探测精度、武器范围、武器飞行速度、系统反应时间、防御准备时间等。

④防御对象变量：飞行速度、武器威力等。

⑤评价变量：抗毁性、可靠性、时效性、装备规模与成本等。

2.1.3 场景需求

2.1.3.1 数据选取

收集如下的目标数据：

①设计输入：使命任务中的战场环境、防御目标、防御目的等信息。

②设计结果：体系结构模型与总体指标集合。

③评价信息：通过防御能力快速评估或仿真得到的防御能力或防御效能。

④仿真实验数据：在典型场景下的仿真过程数据，包括时间、实体的状态变

化、数据的传递等各种过程数据。

2.1.3.2 数据挖掘

①分析设计输入、设计结果、外部辅助评价信息等数据，识别出关键设计指标。

②分析设计输入、设计结果、外部辅助评价信息等数据，挖掘出使命任务和设计指标之间的关联关系。

2.1.3.3 设计方案预测与推送

根据设计输入，依据关联规则模式生成的辅助设计信息，预测并为设计师推送可能符合设计要求的装备体系结构模型和总体指标集合。

2.1.4 场景应用

依据多装备系统体系结构与主要指标综合设计的实际工作过程，结合大数据管理与分析的需要，将场景流程分为使命任务、防御能力、装备体系、综合评价几个关键节点，将场景应用分为设计、历史、调优、决策几个方面。

2.1.4.1 场景流程

用户在进行体系结构设计时的实际工作过程比较复杂，主要分为使命任务、防御能力、装备体系、综合评价几个关键节点。

（1）使命任务

装备体系的使命任务是指在一定的防御环境、约束条件和防御目标下，防御装备体系达成特定的防御目的所执行的行动和担负的责任。在体系的使命任务研究中，主要对其防御环境、约束条件、防御目标、防御目的等要素进行分析和梳理。

①防御环境。防御环境主要描述体系在执行特定任务时所受的所有外界环境及其影响的综合，包括对抗环境、自然环境、诱发环境等几个方面。

a. 对抗环境。体系所处的对抗环境为A国和B国之间的海域对抗，在对抗中可能采用某装备，对抗过程主要发生在前期强对抗阶段。

b. 自然环境。包括近地空间环境，空中环境，地、海面环境等。主要为环境可能对装备和防御过程造成的影响。

c. 诱发环境。诱发环境指任何人为活动、平台、设备等产生的局部环境。

②约束条件。体系防御的约束条件主要包括空间约束、时间约束等方面。

a. 空间约束。以某防御想定为背景，空间包括某空间到某空间，地域范围包括某海域到某海域。

b. 时间约束。一个相对独立的防御阶段持续进行若干天，预计最长防御时间不会超过若干月，且高强度对抗主要出现在防御前期。

③防御目的。防御的最终目的，比如侦察和监视某装备的动向，对某装备拦截和驱离，对某装备预警和拦截，保护对空安全。

（2）防御能力

①侦察预警监视能力（表3-2-1）。

表3-2-1　侦察预警监视能力子能力与关键指标

一级子能力	二级子能力	关键指标
侦察能力	对某装备监视能力	监视范围、目标编目管理数量、定轨精度、可探测目标尺寸、识别正确率
预警能力	对某装备预警能力	预警覆盖范围、预警时间、发现概率、虚警率、识别正确率、某装备预报精度、目标容量
侦察监视能力	对某装备搜索发现能力	搜索覆盖范围、发现概率
	对某装备识别确认能力	识别用时、识别正确率
	对某装备监视跟踪能力	航迹连续性、数据更新率
	对某装备指示能力	定位精度、信息时延
	对某装备效果评估能力	评估用时、评估正确率

②指挥控制能力（表3-2-2）。

表3-2-2　指挥控制能力子能力与关键指标

一级子能力	二级子能力	关键指标
态势生成与分发能力	数据处理能力	处理速率、错漏率、自动化程度
	态势分析支持能力	分析时延、分析准确率
	数据分发能力	态势更新周期、分发准确率
指挥决策能力	筹划支持能力	决策要素覆盖率、决策支持用时
	方案评估能力	
	计划规划能力	行动覆盖率、行动规模、计划生成用时、计划调整用时、战场空间范围
	防御评估能力	评估用时、评估正确率
力量控制能力	行动控制能力	控制容量、控制范围、指令时延
	防御控制能力	
	协同控制能力	

③反某装备能力（表3-2-3）。

表3-2-3 反某装备能力子能力与关键指标

一级子能力	二级子能力	关键指标
防御能力	对某装备1防御能力	防御范围、多目标能力
	对某装备2防御能力	
	对某装备3防御能力	
	对某装备4防御能力	
	对某装备5防御能力	

④信息基础支撑能力。

信息基础支撑能力包括通信能力、信息保障能力等几个方面。

（3）装备体系

①装备系统构成（表3-2-4）。

表3-2-4 装备系统类别及构成

系统类别		装备系统
侦察预警系统	天基系统	某型号1卫星，某型号2卫星
信息保障系统	卫星通信系统	通信卫星
	导航定位系统	通信卫星
	通信中继系统	通信飞机
	数据链系统	数据链系统
	无线电通信系统	通信系统
指挥信息系统	航天器测控运控系统	某具体型号
	情报信息处理系统	某具体型号
	指挥控制系统	某具体型号
防御平台及装备体系	地空装备体系	某具体型号
	船舶装备体系	某具体型号
	预警装备体系	某具体型号

②装备系统主要功能（表 3-2-5）。

表 3-2-5 装备系统主要功能

系统类别		装备系统
天基侦察预警系统	预警卫星	检测信号 类型判断 获取图像和数据 数据处理 数据传输、中继和指令信息收发
地基侦察预警系统	预警雷达	远程搜索、监视 初步识别 目标信息传输、提供引导信息
卫星通信系统	通信卫星	商业通信转发服务
空基通信中继系统	通信飞机	信号检测、分析识别、测向/定位 处理/显示 目标指示 通信、数据传输与中继
无线电通信系统	通信系统	通信与数据传输
情报信息处理系统	某型号装备	某具体功能
指挥控制系统	某型号装备	处理/显示 方案筹划支持 行动计划规划（筹划）支持 效果评估支持 行动管控 装备管控 指令和数据传输与分发
装备体系	某防御系统	目标搜索、识别、监视、跟踪 装备体系防御指挥 防空、防御 向其他系统提供目标指示

（4）综合评价

大数据管理与分析系统主要是使用综合评价的结果作为参考依据，结合使命任务、防御能力、装备体系等数据进行综合分析。

2.1.4.2 场景实现

用户在进行体系结构设计的实际工作内容比较多，在对用户工作内容进行分析的基础上，将场景应用分为设计、历史、调优、决策四个方面。其中设计和历史体系结构模型推荐可直接基于使命任务和历史体系结构模型进行应用，而调优和决策需要综合考虑部署方案和综合评估指标进行计算和应用，故调优和决策应用将在后面章节综合考虑综合评价和部署方案的基础上进行叙述。

在场景应用中，设计、历史、调优和决策并不是单独并行实现的，而是各个应用流程之间会存在交互关系。场景应用典型流程中体系结构模型设计是场景应用最主要的过程，历史推荐、体系结构优化以及决策建议新型号都是在体系结构模型设计的基础上进行的。在设计过程中，首先根据使命任务计算新的使命任务与历史使命任务的相似度，然后基于相似度值向设计者推荐已有的相似体系结构模型，同时根据使命任务确定能力指标，再判断历史体系结构中的装备体系是否能够达到能力指标要求，当不能满足要求时，考虑定性/定量原因，逐级分解原因并逐渐确定装备体系，同时在这个阶段中，对于现有装备库中装备达不到的要求可提出新装备开发建议；而在方案评估与优选过程中，可基于历史设计数据向新的设计方案提出改善意见，主要从装备体系和主要指标参数进行考虑，通过调优和决策过程提高设计效能参数。

多装备系统体系结构、主要指标参数设计过程、大数据管理分析系统所提供的数据支撑方式主要从体系设计支撑和历史体系结构模型推荐方面进行描述，其中体系设计支撑是指场景流程中，大数据管理与分析系统主要提供各个设计节点中的关键设计参数推荐，同时在并行的体系能力指标需求确定、关键能力指标计算以及系统总体指标分配过程中，大数据管理与分析系统根据使命任务分解出的主要能力指标参数综合考虑总体指标参数的计算方法，定量地向用户提供关键能力指标和系统总体指标的推荐；历史体系结构模型推荐是指根据使命任务计算新的使命任务和历史使命任务之间的相似关系之后向用户推荐已有的历史体系结构模型，其中历史体系结构模型包含各个设计过程的信息和各个相关的指标参数。

（1）体系设计

为用户提供多装备系统体系结构与主要指标参数综合设计的功能，将原有线下的设计过程移至本系统中，进一步加强用户工作中的信息化程度，在提高用户工作效率的同时，又实现了数据的创造和累积。

主要场景应用为，先通过大数据管理与分析系统的界面，新建并录入使命任务信息后，根据使命任务划定防御能力，再设计多套装备体系的构成及主要参数，最后是对设计的结果进行综合评价，然后可根据评价结果选取合适的体系设计方案。在此过程中，底层计算框架会实现逐级分解，并且在每一步设计过程中会根据“使命任务－能力指标－装备体系”之间的关联关系向设计者推荐每一步所需的部分关键参数。同时根据使命任务分解出的体系能力指标需求到关键能力指标需求以及基于系统指标的分配过程中，可通过底层所设置的各个指标之间的关联和计算关系，直接根据体系能力指标需求计算出关键能力指标需求和分配到具体装备系统的指标，此过程中大数据管理与分析系统会根据体系能力指标需求向设计人员推荐相关的指标，设计人员也可根据自身需求对能力指标进行修改和完善，通过以上体系设计和能力指标设计过程辅助设计者进行设计。下面介绍流程逻辑与算法。

（2）基本逻辑

在体系设计过程中，输入是使命任务和能力指标参数值，其中使命任务主要包括防御环境、空间约束、时间约束、力量约束、防御对象、防御任务；能力指标参数值是与侦察预警、指挥控制、电子对抗、目标拦截、信息支撑等相关的设计所要求的体系结构模型应该达到的参数值，完成设计之后输出的是一个完整的体系结构模型，主要是装备系统、体系指标和防御流程。在此过程中，“使命任务－能力指标－装备体系”之间的映射关系相对来说是固定的，故可通过建立底层映射关联并结合任务到体系结构之间的映射关系构建多层决策树。基于映射关系支持和多层决策树建立设计过程中的自动化推荐，即“使命任务－能力指标－装备体系”的推荐。针对能力指标之间的推荐过程，先建立体系指标和总体指标之间关联关系、关键指标提取与计算方法、总体到系统指标的分配原则，基于以上基本规则，当设计人员输入相关的使命任务和能力指标参数之后，系统可向设计人员推荐相关的能力指标参数和总体指标参数，同时基于总体指标参数向装备体系指标进行分解，并将相关的结果推荐给设计人员，设计人员可根据所推荐的结果进行修改和完善。

在进行映射关系支持之前，先根据已有的历史体系结构模型提取出使命任务、体系能力、防御节点、防御活动和装备系统的取值，以使命任务、体系能力、防御节点、防御活动和装备系统的各个指标作为结点，通过对历史体系结构模型的学习，生成使命任务、体系能力、防御节点、防御活动和装备系统为基本内容的决策树结构。同时针对前期冷启动过程中数据量较少的问题，采用产生式规则“If-Then”结构构建简单的规则分流，如 If（使命任务为拦截某武器），Then（能力对某装备的拦截能力），通过上述规则可建立较多的规则作为分流的依据，当数据量达到一定的量级时再采用决策树进行学习建立模型供设计者使用。

用户先将使命任务每个具体的值和指标输入系统中，系统根据具体的使命任务分解出具体的能力指标，然后用户继续输入具体的能力指标参数值，系统基于决策树模型向用户推荐需要设计的体系能力、防御节点、防御活动、系统主要功能组成以及具体的系统组成，同时根据使命任务和能力指标参数值确定体系的总体指标需求。在用户完成以上参数值的输入之后，系统会将整个体系结构模型封装成 XML 格式的数据并存储在系统中，同时输出到业务集成系统中供后续的其他分析软件使用。

而针对能力指标的推荐过程来说，主要是先通过提取设计师的经验提取各个指标之间的关系、计算方法以及总体指标到系统指标分配的规则，通过以上规则的提取建立指标数据之间的映射关系，并将映射关系写入底层指标参数逻辑中，通过逻辑关系向设计人员推荐相关参数。

在以上描述的过程中，主要涉及的数据处理流程包括数据获取、数据清洗、数据分析和数据输出等，其中数据获取主要由系统的数据获取模块和数据存储模块支撑；数据清洗需要根据具体的数据情况进行清洗，需要系统底层作为支撑，数据分析人员根据实际的情况对数据进行清洗；数据分析主要由底层计算平台和编译环境支撑，同时大数据管理与分析应用系统会根据所设计的体系结构模型将其封装相应的 XML 文档。

（3）支撑算法

①决策树算法。决策树及其变种是一类将输入空间分成不同的区域，每个区域有独立参数的算法。决策树分类算法是一种基于实例的归纳学习方法，它能从给定的无序的训练样本中，提炼出树型的分类模型。树中的每个非叶子节点记录了使用哪个特征来进行类别的判断，每个叶子节点则代表了最后判断的类别。根节点到每个叶子节点均形成一条分类的路径规则。而对新的样本进行测试时，只需要从根节点开始，在每个分支节点进行测试，沿着相应的分支递归地进入子树再测试，一直到达叶子节点，该叶子节点所代表的类别即是当前测试样本的预测类别。

为了实现任务到装备系统的关联，直接从使命任务推荐与其相关的装备系统，如防御目的为预警与监视，则可以直接推荐“武器预警卫星、地面接收站、武器预警中心”。为了构建决策树，以使命任务 - 能力指标 - 装备系统作为树的节点，以其所包含的特征作为分类依据，以此生成决策树。且历史体系结构模型数据样本量越大，通过使命任务获得装备系统的结构越准确。

②产生式规则。针对前期设计过程中体系结构模型样本较少，直接进行数据

学习生成决策树，会导致结果可信度不高，对于新设计任务无法处理等情况，前期可根据设计师经验建立一定的规则作为推荐的依据。可采用产生式规则的方法进行推荐，产生式的基本结构包括前提和结论两部分：前提（或If部分）描述状态，结论（或Then部分）描述在状态存在的条件下所做的某些动作。

以“任务-能力-节点-活动-功能-系统”为基础，通过构建普适化的关联关系，以前一步所获得的结论作为下一步的前提，实现从任务到系统中的各个环节的指标的推荐。

（4）历史推荐

在实际工作中，有时会有相近或类似的使命任务，若完全按照新的使命任务进行体系设计，会比较费时间和精力，比较好的处理方式是，对比查找过去进行过体系设计的使命任务，找到比较相近或类似的历史使命任务和对应的体系设计，以此为参考进行本次的体系设计。

主要场景应用为，通过大数据管理与分析系统的界面，先录入新的使命任务或选择已定义的使命任务，然后可根据情况选择是否输入并限定防御能力。输入完成后，大数据管理与分析系统会通过并行计算对比查找比较相近或类似的历史使命任务和对应的体系设计，并把查找结果推荐给用户。下面介绍流程逻辑和算法。

①基本逻辑。在体系设计过程中，输入是使命任务和能力指标参数值，其中使命任务主要包括防御环境、空间约束、时间约束、力量约束、防御对象、防御目的；能力指标参数值是与侦察预警、指挥控制、电子对抗、目标拦截、信息支撑等相关的设计所要求的体系结构模型应该达到的参数值，完成设计之后输出的是一个完整的体系结构模型，主要是装备系统、体系指标和防御流程。为了辅助设计师高效、便利地完成体系结构模型设计，将历史设计方案推荐给设计师作为参考，推荐过程中主要考虑使命任务的相似度，对于使命任务相似的方案所设计的结果也应该是相似的。故为了计算使命任务的相似度，主要考虑数值型的相似和文字描述型的相似度，其中数值型的相似度直接利用两数值之间的距离表示，而文字型的相似度考虑采用将文字向量化，然后计算语义距离作为相似度，同时在使命任务中防御环境、约束条件、防御对象、防御目标、防御目的对体系结构模型的影响程度是不一样的，故采用加权的方法输出两个使命任务的综合距离。

基于使命任务相似的历史体系结构模型推荐过程主要是用于支撑系统设计过程中的使命任务、能力指标需求、关键能力指标需求、系统主要功能、系统组成和系统指标分配过程。在此过程中，当两个使命任务具有较高的相似性时，它们之间的其他关键指标也具有一定的相似性，故选取历史体系结构模型作为参考对设计过程支持是具有一定的价值的。在处理过程中，主要考虑以下历史使命任务参数作为输入：防御环境（对抗环境、自然环境、诱发环境）以离散值作为输入；约束条件（空间约束、时间约束、力量运用约束），空间约束以坐标连续值的形式输入，时间约束主要是指强对抗时间，主要是以连续值的形式输入，力量运用约束是以离散值的形式输入；防御对象（航天器目标、弹道武器目标、空气动力目标）主要以离散值的形式进行输入；防御任务（预警监视、防御、远程对空防御）主要以离散值的形式输入。为了寻找合适的、相似的使命任务进行推荐，采用 K-means 进行聚类寻找最相近的样本并将其推荐给设计人员，其中距离计算主要考虑使命任务之间的距离（即相似度），故需要定义使命任务各个特征的相似度并将其进行统一性的距离度量，最后再进行 K-means 聚类，故为了进行距离计算，逐一对指标参数进行分析并采用合适的归一化方式建立使命任务度量向量，其中具体距离度量方式见表 3-2-6。以使命任务的每个指标参数值作为向量维度数，然后再利用余弦相似度计算方式作为两个使命任务的距离依据，最后再对使命任务进行聚类计算从而获得最相似的体系结构模型。

表 3-2-6　使命任务相关指标度量方式

总体指标	指标	类型	距离度量方式	归一化方式
防御环境	对抗环境	离散值	相似 = 1/不同 = 0	0，1 取值
	自然环境	离散值	相似 = 1/不同 = 0	0，1 取值
防御对象	—	离散值	建立防御对象分类树，寻找两个对象的共同根节点长度作为度量依据	长度的倒数
防御任务	预警监视任务	离散值	相似 = 1/不同 = 0	0、1 取值
	防御任务	离散值	相似 = 1/不同 = 0	0、1 取值
	远程对空防御	离散值	相似 = 1/不同 = 0	0、1 取值
空间约束	经度，纬度	连续值	中心点的距离	$(x-u)/\sigma$
	高度	连续值	差值	$(x-u)/\sigma$
时间约束	防御持续时间	连续值	差值	$(x-u)/\sigma$
	高强度对抗时间	连续值	差值	$(x-u)/\sigma$
力量约束	人力	离散值	相似 = 1/不同 = 0	0、1 取值
	装备	离散值	相似 = 1/不同 = 0	0、1 取值

②算法支撑。在计算数值型的距离和文字型的语义距离过程中，会采用多种距离计算方法，现阶段来说可采用的距离计算方法主要有欧式距离、余弦距离和

Jaccard 距离等。

对于数值型的数据，可采用欧式距离直接表示数据之间的距离：

$$d(a,b) = \sqrt{\sum_{i=1}^{n} (a_i - b_i)^2} \tag{3-2-7}$$

其中，a、b 表示两个数值型数据，a_i和 b_i分别表示第 i 个数值型数值。

对于文字型描述的使命任务，可采用余弦距离进行计算：

$$\cos(a,b) = \frac{a \cdot b}{|a| \cdot |b|} = \frac{\sum_{i=1}^{n} a_i b_i}{\prod_{i=1}^{n} \sqrt{a_i^2 + b_i^2}} \tag{3-2-8}$$

其中，a、b 表示两个文字型数据通过语义向量化所获得的两个具有标准格式的向量，a_i和 b_i分别表示第 i 个向量维度特征。

对于某些具有特定取值的特征，如在空间约束、时间约束、力量运用约束中：空间约束的取值是海域、空域，力量约束采用常规防御对抗、蓝方攻击红方等。为了计算他们之间的距离，可采用 Jaccard 距离直接计算该数据中取值相等的样本个数：

$$J(A, B) = \frac{P(A, B)}{(P(A) + P(B) - P(A, B))} \tag{3-2-9}$$

其中，$P(A, B)$ 表示 A 和 B 相等的个数，$P(A)$ 和 $P(B)$ 分别表示 A 和 B 的数量。

2.2　多装备系统协同防御的部署方案设计

在复杂装备系统的体系结构设计结束，完成了相应的装备型号选择以后，下一步要完成的就是确定装备部署的位置。装备部署方案针对多型装备系统、探测系统或包含前两者的防御平台的协同防御需求，根据使命任务、装备系统的类型、性能及数量、考虑部署区域等的限制，设计多装备系统的部署方案。在设计部署方案时，将防御区域划分为网格并针对网格进行求解，在利用所有装备满足指定位置覆盖重数、避开不适宜部署位置的前提下，需要尽可能地扩大装备的总覆盖范围。但是在网格数量、装备数量、保卫点数量等较大时，对部署方案的直接求解可能比较困难。

考虑到装备部署方案由使命任务和装备体系决定，如果使命任务和装备体系相似，部署方案也会具有一定的参考价值。所以可以根据使命任务和装备体系向设计人员推荐已有的部署方案，可以在一定程度上减少设计人员在设计新部署方案时的压力，提高部署方案的设计效率。

2.2.1 场景说明

2.2.1.1 设计问题

针对多型装备体系、探测系统或包含前两者的防御平台的协同防御需求，根据使命任务、装备系统的类型、性能及数量、考虑部署区域等的限制，设计多装备系统的部署方案。

多装备系统部署方案问题可表示为：

$$\Phi = \{T_s, A, E_a, C\}$$

其中：

①T_s：使命任务，描述防御对象（离散值）、防御目的（离散值）、防御/探测范围等。

②A：部署方案，描述装备组成、部署位置。

③E_a：所有装备集合。

④C：约束集合。

$$C = \{C_1, C_2, C_3\}$$

a. C_1：装备数量约束。

b. C_2：覆盖性能约束。

c. C_3：部署位置约束。

下面进一步介绍多装备系统部署方案的各部分内容。

①评价指标

$$\text{Com} = \sum_{i=1}^{n} \omega_i I_i$$

a. I_1：覆盖范围评价指标（对探测系统覆盖范围指探测范围，对装备体系覆盖范围指杀伤范围）。

b. I_2：防御目标完成准确率评价指标。

c. I_3：系统部署时间评价指标。

d. ω_i表示第 i 个指标（$i=1, 2, 3, \cdots$）对应的评价参考权重。

②有限优化变量集 V。

③有限变量值域集合 D。

④优化的目标函数。

该问题可描述为：

$$\max Com, \text{ s. t.} \begin{cases} V \in D \\ C_{eq} = 0 \\ C \leqslant 0 \end{cases}$$

2.2.1.2　设计案例

假定X千米×Y千米防御区域，按x千米分网格，形成5行5列部署矩阵，待部署装备数量为4，装备的作用距离为y千米。

初始部署矩阵（初值）

$$\boldsymbol{V}_0 = \begin{bmatrix} 0 & 0 & 0 & 0 & 0 \\ 0 & 0 & 0 & 0 & 0 \\ 0 & 0 & 1 & 1 & 0 \\ 0 & 0 & 1 & 1 & 0 \\ 0 & 0 & 0 & 0 & 0 \end{bmatrix}$$

覆盖要求矩阵

$$\boldsymbol{C}_R = \begin{bmatrix} 0 & 0 & 0 & 0 & 0 \\ 0 & 0 & 1 & 0 & 0 \\ 0 & 1 & 3 & 0 & 0 \\ 0 & 0 & 1 & 0 & 0 \\ 0 & 0 & 0 & 0 & 0 \end{bmatrix}$$

不宜部署区域

$$\boldsymbol{C}_T = \begin{bmatrix} 0 & 0 & 0 & 0 & 0 \\ 0 & 1 & 0 & 0 & 0 \\ 0 & 0 & 0 & 0 & 0 \\ 0 & 0 & 0 & 0 & 0 \\ 0 & 0 & 0 & 0 & 0 \end{bmatrix}$$

转化为等式约束和不等式约束，求解得到优化结果：

$$\boldsymbol{A}_0 = \begin{bmatrix} 0 & 0 & 0 & 0 & 0 \\ 0 & 0 & 0 & 1 & 0 \\ 0 & 1 & 0 & 0 & 0 \\ 0 & 1 & 0 & 1 & 0 \\ 0 & 0 & 0 & 0 & 0 \end{bmatrix}$$

2.2.2 场景需求

2.2.2.1 数据选取

收集如下的目标数据：

①设计输入：使命任务中的战场环境、防御目标、防御目的等信息。

②设计结果：多装备系统部署方案。

③评价信息：通过防御能力快速评估或仿真得到的防御能力或防御效能。

④仿真实验数据：在典型场景下的仿真过程数据，包括时间、实体的状态变化、数据的传递等各种过程数据。

2.2.2.2 模式发现

①分析设计输入、设计结果、外部辅助评价信息等数据，发现关联模式。

②分析历史设计结果数据，选择部署方案。

2.2.2.3 设计方案预测与推送

根据设计输入，生成辅助设计信息，预测并为设计师推送可能符合设计要求的多装备系统部署方案。

2.2.3 场景应用

依据多装备系统协同防御的部署方案设计的实际工作过程，结合大数据管理与分析的需要，将场景流程分为使命任务、部署约束、装备部署、综合评价几个关键节点，将场景应用分为设计、历史、调优、决策几个方面。

2.2.3.1 场景流程

用户在进行部署方案设计时的实际工作过程比较复杂，在经过分析讨论后，提取设计流程的关键步骤，设计了大数据管理与分析系统中的场景流程，主要分为使命任务、部署约束、装备部署、综合评价几个关键节点。

（1）使命任务

装备体系的使命任务是指在一定的防御对象、约束条件和防御目标下，防御装备部署达成特定的防御目的所执行的行动和担负的责任。在防御部署的使命任务研究中，主要对其防御对象、防御目的、重点部署区域等要素进行分析和梳理。

①防御目的。防御的最终目的，比如侦察和监视某装备动向，对某装备拦截和驱离，对某装备预警和拦截，保护某装备对空安全等。

②重点部署区域。为更好地达成防御、探测等防御目的，防御装备系统在部署时所应考虑的重点区域。

③防御/探测范围。多装备系统协同防御时应覆盖的防御、探测的范围。

（2）部署约束

部署约束主要有装备数量约束、覆盖性能约束、部署位置约束等。

（3）装备部署

装备部署是将我方所有的装备按一定的规则部署在指定位置，在达到防御目的、满足重点部署区域要求的同时，尽可能提高综合评价。

（4）综合评价

部署方案的评价指标主要有覆盖范围、防御目的完成程度、系统部署时间等。见表3-2-7。

表3-2-7 装备部署的综合评价

约束名	描述数据
覆盖范围	权重、描述、指标计算方法、评估阈值、备注
防御目的完成程度	权重、描述、指标计算方法、评估阈值、备注
部署时间	权重、描述、指标计算方法、评估阈值、备注

2.2.3.2 场景实现

为了与装备系统和主要指标参数设计结合，考虑将调优和决策结合，将数据驱动的装备系统性能/效能评估结合在一起考虑，从而提高主要指标参数优化效果。

（1）方案设计（图3-2-1）

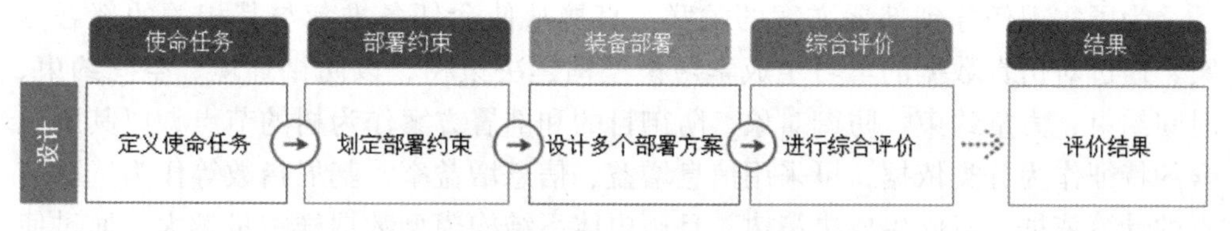

图3-2-1 部署方案设计流程

主要场景应用为，先通过大数据管理与分析系统的界面，新建并录入使命任务信息后，根据使命任务划定部署约束，再设计多个部署方案的构成及主要参数，最后是对设计的结果进行综合评价，然后可根据评价结果选取合适的装备部署方案。

（2）流程逻辑与算法

①基本逻辑。在部署方案设计过程中，输入是使命任务和仿真数据，其中使

命任务主要包括防御环境、空间约束、时间约束、力量约束、防御对象、防御目的；仿真数据主要是来自仿真过程中的各类数据以及基于仿真数据所获得的关联关系和用于学习的模型，完成设计之后输出的是一个详细的合理的部署方案。通过对仿真数据的挖掘并结合专家经验，可提取出大量的经验辅助设计者对部署方案进行设计。

先根据已有的历史部署方案提取出使命任务、仿真数据和部署方案的取值，以使命任务中的各个指标——防御环境、空间约束、时间约束、力量约束、防御对象、防御目的作为结点，通过对历史部署方案的学习，生成以防御环境、空间约束、时间约束、力量约束、防御对象、防御目的为基本内容的决策树结构。

用户先将使命任务每个具体的值和指标输入系统中，系统根据具体的使命任务基于决策树模型向用户推荐具体的部署方案，系统会将整个部署方案封装成XML格式的数据并存储在系统中，同时输出到业务集成系统中供后续的其他分析软件使用。

②支撑算法。决策树及其变种是一类将输入空间分成不同的区域，每个区域有独立参数的算法。决策树分类算法是一种基于实例的归纳学习方法，它能从给定的无序的训练样本中，提炼出树型的分类模型。树中的每个非叶子节点记录了使用哪个特征来进行类别的判断，每个叶子节点则代表了最后判断的类别。根节点到每个叶子节点均形成一条分类的路径规则。而对新的样本进行测试时，只需要从根节点开始，在每个分支节点进行测试，沿着相应的分支递归地进入子树再测试，一直到达叶子节点，该叶子节点所代表的类别即是当前测试样本的预测类别。

为了实现任务到部署方案的关联，直接从使命任务推荐与其相关的部署方案，通过对仿真数据的学习生成学习模型构建决策树，以防御环境、空间约束、时间约束、力量约束、防御对象、防御目的和部署方案作为树的节点，以其所包含的特征作为分类依据，可采用信息增益、信息增益率、基尼指数等作为选取节点的计算依据，以此生成决策树。且历史体系结构模型数据样本量越大，通过使命任务获得部署方案越准确。

（3）历史推荐

在实际工作中，有时会有相近或类似的使命任务，若完全按照新的使命任务进行体系设计，会比较费时间和精力，比较好的处理方式是，对比查找过去进行过部署方案的使命任务，找到比较相近或类似的历史使命任务和对应的部署方案，以此为参考进行本次的部署方案设计。如图 3-2-2 所示。

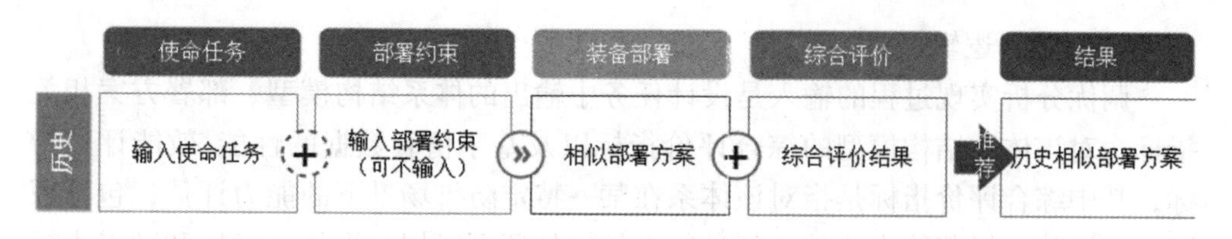

图 3-2-2 部署方案设计的历史推荐

主要场景应用为，通过大数据管理与分析系统的界面，先录入新的使命任务或选择已定义的使命任务，然后可根据情况选择是否输入并限定部署约束。输入完成后，大数据管理与分析系统会通过并行计算对比查找比较相近或类似的历史使命任务和对应的部署方案，并把查找结果推荐给用户。

2.3 基于数据的指标参数优化和关键节点/链路发现

2.3.1 场景分析

对于设计完成的体系结构模型和装备部署方案，为了提高装备系统的总体防御性能和防御效能，考虑综合设计评价和基于仿真数据的性能和效能评价指标，对体系结构模型和装备部署方案设计参数进行优化。同时对于某些总体指标需求过高或者现有的装备无法达到的情况，采用决策建议挖掘的方法，通过对比真实的防御性能、效能和总体指标需求之间的关系，从而提出新装备开发和改善建议。综合考虑体系结构模型设计过程参数和装备部署方案设计参数，支持全过程的参数与性能、性能指标参数之间的灵敏度和相关性分析，并基于灵敏度和相关性分析结果反馈给设计人员，向设计人员提供对参数优化的建议。

2.3.1.1 调优分析

调整优化体系结构的设计和部署方案的总体设计过程，用以往比较传统的处理方式，是根据用户经验调整某个或某些参数，通过仿真数据、综合评价等方式确定调整是否有效，然后再继续调整参数。如此反复的调优过程，较为烦琐费时，对用户经验的依赖也非常大，为解决此问题，大数据管理与分析系统设计了本场景应用。

主要场景应用为，先通过大数据管理与分析系统的界面，根据引导逐步完成使命任务、防御能力和装备体系以及部署方案的主要节点的录入或选择操作，基于对过往数据的学习和建模，同时考虑仿真和评估数据，智能地计算分析出目标体系结构中的关键参数，并给出优化建议。下面给出流程逻辑与算法。

（1）基本逻辑

调优分析实现过程的输入是设计任务中输出的体系结构模型、部署方案相关指标、对该体系结构模型的综合评价指标以及基于仿真数据的性能/效能评估指标，其中综合评价指标是指对该体系在某一特定防御场景下的能力评估，包括探测能力评估、拦截能力评估，每种能力的评估还可以划分为静态指标和动态指标等多个能力指标。根据体系结构设计流程，体系结构模型的输入可作为体系结构设计流程中的最终映射结果，综合评价指标与防御节点之后的系统指标分配设计过程进行数据的灵敏度分析或者回归挖掘分析，从而找到最佳的调优方案，实现调优过程并最终输出调优后的体系结构模型，对于需要考虑装备体系性能、效能指标相关的参数，通过基于对仿真数据的评估结果反馈到体系设计和部署方案设计，通过灵敏度分析和关联分析寻找相关关系，从而支撑设计师进行指标参数优化。在选择算法过程中，由于 Relief-F 特征选择算法能够巧妙地将灵敏度分析和回归挖掘分析的方法融为一体，故使用该算法支撑调优分析过程。

体系结构模型和部署方案主要指标参数优化过程中，输入是体系结构模型、部署方案、综合评价和基于仿真数据的性能/效能等多个指标参数。此过程中考虑 Reilef-F 算法作为灵敏度分析和回归挖掘分析的技术，先通过对数据样本进行清洗，主要包括缺失值填充和数据降维，然后基于清洗之后的数据进行学习，从而获得和评估指标参数相关性较大的参数，同时对比系统的总体指标要求，对于未达到要求的评估指标，寻找其相关的体系结构模型中的相关指标，按相关性的高低推荐给设计人员，从而告知设计人员大致的参数优化方向，从而指导指标参数优化的过程。

（2）算法支撑

Relief 算法最初局限于两类数据的分类问题。Relief 算法是一种特征权重算法，根据各个特征和类别的相关性赋予特征不同的权重，权重小于某个阈值的特征将被移除。算法从训练集 D 中随机选择一个样本 R，然后从和 R 同类的样本中寻找最近邻样本 H，称为 Near Hit，从和 R 不同类的样本中寻找最近邻样本 M，称为 Near Miss，然后根据以下规则更新每个特征的权重：如果 R 和 Near Hit 在某个特征上的距离小于 R 和 Near Miss 上的距离，则说明该特征对区分同类和不同类的最近邻是有益的，则增加该特征的权重；反之，如果 R 和 Near Hit 在某个特征的距离大于 R 和 Near Miss 上的距离，说明该特征对区分同类和不同类的最近邻起负面作用，则降低该特征的权重。以上过程重复 m 次，最后得到各特征的平均权重。特征的权重越大，表示该特征的分类能力越强，反之，表示该特征分类能力越弱。Relief 算法的运行时间随着样本的抽样次数 m 和原始特征个数 N 的增加线性增加，因而运行效率非常高。

Relief-F算法是Relief算法的扩展，可以处理多类别问题。该算法用于处理目标属性为连续值的回归问题。Relief-F算法在处理多类问题时，每次从训练样本集中随机取出一个样本 R，然后从和 R 同类的样本集中找出 R 的 k 个近邻样本（Near Hits），从每个 R 的不同类的样本集中均找出 k 个近邻样本（Near Misses），然后更新每个特征的权重。

在实际调优分析问题中，将某个具体调优目标（即综合评价指标）视为一种类别；在防御节点之后的系统指标分配设计过程中，将不同的数据视为不同的特征维度；通过上述Relief-F算法，找到影响调优目标的各个指标或指标分配数据，并将对调优目标的调优幅度在上述数据中进行回归。

2.3.1.2 决策挖掘

实际工作中，当用户在进行体系结构和部署方案的设计和优化时，若发现现有防御装备的参数和性能满足不了防御能力需求时，会通过个人经验给出一些决策建议，比如将某个或某些防御装备参数进行升级，或者设计研发某个新型号的防御装备等。决策建议的准确性和有效性，在很大程度上依赖于用户经验，而决策建议的范围，也往往受限于用户的思维惯性。为更好地辅助用户做出决策，大数据管理与分析系统设计了本场景应用。

应用场景为，先通过大数据管理与分析系统的界面，根据引导逐步完成使命任务、防御能力和装备体系以及部署方案的主要节点的录入或选择操作，对已有数据进行建模分析，通过后台分布式地深度运算挖掘出可能的决策建议，供用户参考和使用。

决策建议流程主要是基于调优分析结果和装备库装备主要指标参数进行对比，通过对比总体指标参数要求、性能/效能指标需求和实现该要求的装备的参数，如果现有的所有装备指标参数达不到要求，经过对比分析之后将决策建议提供给相应的人员，说明现有的装备体系性能指标参数达不到总体指标参数要求，建议生产或开发新性能的装备体系来满足以上参数要求。

决策建议过程单独作为一个设计模块时，应先使用Relief-F特征选择算法进行调优分析，然后将调优分析结果输出的系统指标分配与使命任务映射出的体系能力指标的需求进行对比，同时对比体系防御性能/效能指标要求，找出不符合体系能力指标需求的指标，映射到具体装备，输出决策建议。

2.3.2 场景应用

地面防御信息传输链路在提升防御效能，实现地面防御系统的互连、互通和互操作等方面具有重要的作用，同时防御信息链路的性能直接决定信息传输的性能，从而决定防御系统防御性能。针对多装备体系中的协同防御信息传输的性能，加强关键信息链路的抗毁性、可靠性，考虑基于历史仿真数据或实时防御数据，对大量数据进行分析，结合数据统计、机器学习等数据挖掘方法，通过对仿真数据的理解，逐步挖掘影响场景的关键指标。通过模型对关键路径进行分析，从而挖掘出仿真过程中的关键路径。即实现对某一部署方案下信息链路的信息可视化与不同类型节点标识，并基于仿真数据发现网络中的关键信息链路和关键节点，对关键节点和链路加以关注，从而提高多装备体系的防御性能。

在防御过程中，各搜索节点将得到的空情传递到情报处理中心进行融合，情报处理中心再将分析、处理后的空情传递给战役级指挥中心；战役级指挥中心在得到空情信息后，将目标信息以及目标分配方案传递给下级指挥中心；除战役级指挥中心外的各级指挥中心，利用所属的搜索节点搜索目标，在得到空情信息后，结合上一级指挥中心的目标分配方案，得出本级的防御决心；在紧急情况下，战役级指挥中心也可对防御单元指挥中心进行直接指挥，在不违背上级防御意图的情况下，下级指挥中心可根据掌握的空情修改本级的防御任务；在火力单元指挥中心，根据上级分配的目标，指挥所属火控雷达进行搜索跟踪，获得连续的射击诸元，火控雷达将获得的目标信息再传递给火力单元指挥中心，进一步确定目标；指挥员在接到上级命令后向火控雷达下达发射命令，火控雷达接到命令，控制高炮进行发射；对一批目标射击完毕后，下级指挥中心应将射击结果及人员伤亡、弹药损耗情况上报给上级指挥中心，直到战役级指挥中心；战役级指挥中心根据部队的情况，对防御决策进行相应调整，为下一次防御做好准备。

以典型信息链路为例，探测系统发现敌方对我防御目标，将预警信号传输给指挥所，指挥所对传递信息进行防御态势评估，并做出决策，如防空防御，将信息传递给装备体系进行防空动作。

基于仿真的信息传输链路表见表 3-2-8，其中发送者和接收者句柄作为信息传输的实体，施动方和受动方表示信息传输的方向。

表 3-2-8　仿真事件数据表

属性编号	属性名
1	试验 ID
2	发送时间
3	发送者句柄

续表

属性编号	属性名
4	接收者句柄
5	消息编号
6	施动方
7	施动方隶属
8	受动方
9	受动方隶属

2.3.2.1　场景数据输入与可视化分析

为了发现多装备体系中的协同防御过程中信息传输的关键节点和关键链路，其中解析获得的大量仿真数据可作为数据的输入，关键链路和节点的发掘比较关注在协同防御过程中的信息传输过程，故在海量的解析数据中，只用提取与信息传输相关的数据即可，通过对仿真结果数据的分析，将主要提取仿真数据中的战场态势数据、信息分发数据、信息接收数据、区域信息数据、装备组成数据、动态实体信息数据等关于防御流程、防御实体和信息传输相关的数据。

为有效利用仿真生成的数据，实现信息链路，尤其是关键链路的可视化展示，需对数据表中关键指标进行提取并进行定量化统计。

对于信息链路生成，需明确以下两个关键参数：节点属性信息与信息传播方向信息。其中，节点属性信息包括节点类型与节点地理位置。信息结构见表3-2-9。

表3-2-9　关键指标数据结构表

属性编号	属性名
1	事件序号
2	节点类型信息
3	节点位置信息
4	信息受动方

在明确信息链路数据关键指标信息后，对历史仿真数据进行可视化输出。对于密度、频数信息，通常采用节点和连边的方式表示数据传输的信息网络。为了更加形象化地表示出关键节点和关键路径，采用节点大小来表示节点的重要度，即在仿真信息传输过程中频数大的节点在可视化过程中就大；采用传输链路的粗细来表示传输链路的重要性，即信息传输链路出现的频数越大，则该链路就越重

要。如图 3-2-3 所示为典型信息传输链路构建流程，首先根据战场范围进行大致的网格划分，并基于经纬度确定各个实体（节点）的位置，通过统计信息传输相关的表之后获取节点出现的频数，并基于传输关系构建信息传输链路网络，最后根据节点的频数对节点排序之后生成不同节点的大小来表示节点的重要度，同理利用信息传输链路的统计频数对链路进行排序并根据链路的重要度生成粗细不同的链路，从而完成数据可视化的构建。

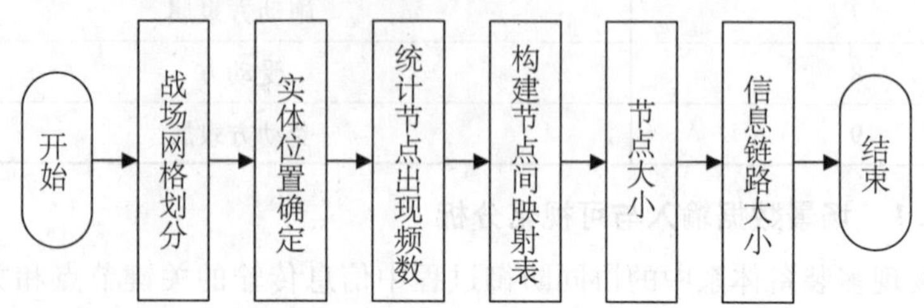

图 3-2-3　信息传输链路构建流程

2. 3. 2. 2　交互设计

为了更好地展示和挖掘关键链路和关键节点信息，设计了如图 3-2-4 所示的大数据可视化界面。针对大量仿真数据隐藏的潜在知识问题，同时考虑在仿真过程中的防御、拦截的关键路径的重要性，结合大量数据的统计分析，从而挖掘出仿真过程中的关键路径。大数据管理与分析系统结合仿真数据的这种特点与任务要求，提供基于仿真数据的可视化分析界面。整个可视化界面的数据直接对接存储在大数据管理与分析系统的数据库，能够基于数据库的更新同步更新界面信息。如图 3-2-4 所示。

（1）页面展示

可视化界面主要对仿真数据的关键路径与关键节点等热点信息提供直观且清晰的展示。系统界面主要分为三部分，界面左部的条状图展示了每个子系统中在更新数据前后排名前三的关键节点，以及节点在信息链路中的通信次数。

界面右上方的折线图以七次更新周期为一个循环，展示了每次更新数据时各子系统的数据增量趋势以及他们对比的数据量的增长趋势；右边在中间部分的对比条形图展示了现有仿真数据下各子系统排名前三的关键节点的数据对比的信息；右下方饼状图则展示了每个子系统在总通信次数中的占比，清楚地反映出部分与部分、部分与整体之间的数量关系，易于显示每组数据相对于总数的大小，能给设计人员提供每个子系统相对重要性的关键信息。

界面中间部分将仿真数据整体的信息链路中的信息流向完整而又全面地展现

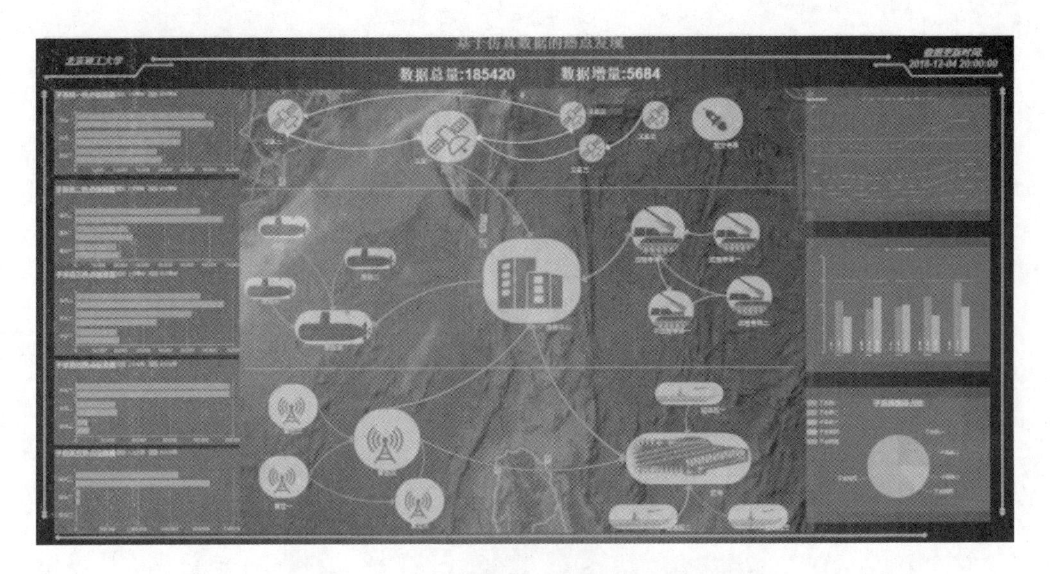

图 3-2-4　基于仿真数据的可视化分析主界面

出来，不同颜色的图标代表了不同子系统中的节点，节点与节点之间的连线代表了信息传递的流向，两个节点信息流动越频繁表示它们在整个模型中的重要程度越高，相应的在可视化界面中，连线就会越粗壮。简而言之，连线的粗细对应着信息链路中信息传递路径的重要程度，通过这种可视化的方法能直接挖掘出仿真数据中的关键路径。而同样的表示方法也体现在图标的大小上面，信息链路中信息传递经过某个节点的次数越多，相应的在可视化界面中节点图标就会越大。图标的大小对应着节点在信息链路中的重要程度，通过这种可视化的方法能直接挖掘出仿真数据中的关键节点。

可视化界面的整体显示如图 3-2-4 所示，它只关注两个仿真数据中最重要的信息：关键路径与关键节点。主界面的相关内容与展现形式能给设计人员发现热点信息提供极大的帮助与启发，若想只关注某一个子系统，通过点击左边相应的子系统模块，即可进入子系统对应的可视化界面中，如图 3-2-5 所示。

在子系统的详细界面中，子系统的各个节点名称以及信息链路的通信次数的详细数据会显示出来，给设计人员提供一个详细的参考值，来发现各层次与整体之间的联系。

（2）交互方式

①在如图 3-2-4 所示的主界面中，设计人员通过移动鼠标至对应模块，可以查看对应模块内容的提示信息，移至对应图表的具体图形上时，可以查看具体数值信息。

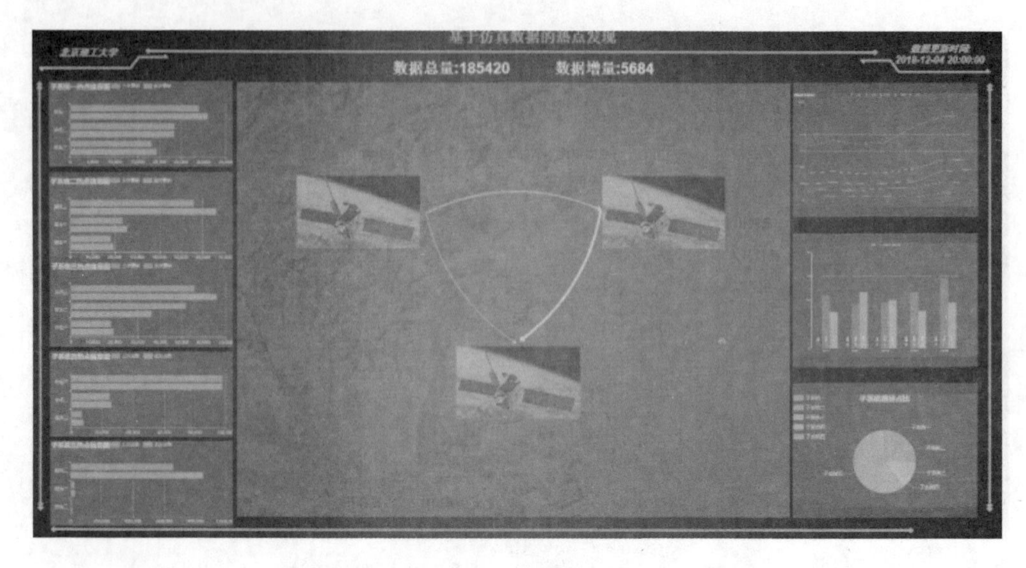

图 3-2-5　卫星子系统信息链路的可视化界面

②通过点击左侧各个子系统模块，可以进入如图 3-2-5 所示的子系统信息链路的可视化界面，查看某个具体的子系统的信息。

③可视化主界面的中间部分，设计人员可以通过移动鼠标至某个节点来查看于该节点有信息联系的其余节点，排除干扰，也可以移至某条信息链路上查看这条信息链路的节点信息。

2.4　小结

本章以大数据驱动的装备体系综合设计技术为例，详细介绍了大数据管理与分析技术面向复杂装备体系设计的一个应用。主要分为三个部分：多装备系统体系结构与主要指标综合设计、多装备系统协同防御的部署方案设计、基于数据的指标参数优化和关键节点/链路发现。在该应用案例中，大数据管理与分析技术被应用到了军事领域，对装备体系参与到防御任务中如何发挥更高的效能起到了指导性的作用。

第3章　面向复杂机电产品的设计应用——基于大数据分析方法的机床加工精度改进设计关键技术研究

本章主要介绍大数据管理与分析技术在复杂机电产品设计中的一个应用案例，用以展示大数据管理与分析技术在复杂机电产品设计中的重要作用。该案例以数控机床几何误差为研究对象，引入数据挖掘数据相关理论和方法，构建大数据环境下数控机床加工精度预测模型架构：研究几何误差因素的数据分类、聚类、频繁项挖掘等技术，提出一种数控机床几何精度数据挖掘优化算法，获取其中隐藏知识，建立数控机床几何误差时变挖掘系统，实现时域范畴内的几何误差动态预测；基于多体系统理论，建立大数据环境下数控机床加工精度预测模型；通过数控机床铣刀工作点加工精度测量现场试验，验证该加工误差模型的有效性，实现大数据环境下数控机床加工精度的实时预测。

3.1　基于大数据分析方法的机床加工精度改进设计研究背景和意义

五轴数控机床具备高精度和灵活稳定地加工复杂形状零件表面的能力，被广泛地应用于现在的制造产业中，其制造与发展水平直接影响到我国汽车、航天航空、武器装备等重要行业领域的发展。数控机床设计与使用过程中性能的优劣主要体现在是数控机床的精度，而数控机床的精度指标主要有加工精度、定位精度和重复定位精度，其中加工精度是数控机床追求的最终精度，是衡量数控机床工作性能的非常重要的指标。在机械加工中，由于受到数控机床零部件和结构的几何误差、热误差、载荷误差、伺服误差等多种误差因素的影响，实际刀具位置必然偏离理想的刀具位置，产生加工误差。同时，五轴数控加工中心是一个复杂的工艺系统，随着对五轴数控机床的加工精度要求的日益提高，误差因素呈现随机性、模糊性、时变性和相关性及其庞大的数据量等大数据特征，对加工精度的影响不可忽略。采用传统的方法进行误差分析建模，不仅误差分析建模过程复杂、困难甚至不可能，而且由于需要严格的假设条件，造成分析计算结果与客观实际相差甚远。因此，探索新的误差分析建模理论和方法很有必要，是提升我国高档高精度数控机床的技术水平和性能所面临的一个难题。

数据挖掘作为一种跨多学科领域的新兴技术，能够从大量的、含有噪声的、不确定的、模糊的现实业务数据中进行算法操作，最终发现目前尚未被认知的或无法明确被认知的且具一定实际含义的数据知识。该技术具备极强的开放性和包容性，广泛应用于市场分析、科学研究、社会学研究等多个领域，能够针对数控机床误差因素的大数据特征，充分考虑实际加工中影响加工精度的各种因素，解决当前数控机床加工精度预测问题。

数控机床的加工精度主要受到机床零部件和结构的空间几何误差、热误差、载荷误差、伺服误差等因素的影响。对数控机床误差源的大量研究表明，机床几何误差、热误差和载荷误差约占总误差的70%。其中，机床的几何误差直接影响刀具加工点的位置误差，50%的加工误差都是由机床的几何误差引起的。机床具有多种几何误差，包括定位误差、直线度误差、滚摆误差、颠摆误差、偏摆误差以及运动轴之间的垂直度和平行度误差等。由此可知，影响数控机床加工精度的误差因素种类众多且作用机制复杂，其中：几何误差作为影响加工精度的典型误差源之一，受工作环境、工作状态等因素影响呈现数据量庞大、复杂、增长迅速的大数据特点，采用现有的建模方法难以建立几何精度退化预测数学模型，进而难以实现数控机床加工精度的准确预测。由于数据挖掘技术能够从大量的、模糊的、隐蔽的数据中准确且高效地分辨有价值的数据，因此，如何运用数据挖掘技术开展数控机床几何精度衰退规律的研究，是实现数控机床加工精度准确预测的关键科学问题。

此外，根据几何误差基本变量间的关系，国内外学者在机床误差建模领域已经开展了多方面的研究，提出了不少建模方法。如几何法、误差矩阵法、二次关系法、机构学法、刚体运动学法等。上述这些研究为进行机床精度分析和误差检测、补偿提供了一定的基础，但是由于存在适用范围小、没有通用性以及易产生人为推导误差等问题，未能从根本上解决机床误差建模的通用性问题。多体系统理论是建立在传统坐标变换理论和多序体特征描述方法的基础上的，由于对复杂机械系统较强的概括能力和特有的系统描述方式，可全面考虑影响系统的各项因素及相互耦合关系，因而，广泛适用于复杂机械系统运动误差建模。

3.2 基于大数据分析方法的机床加工精度改进设计关键问题描述

该案例研究的五轴立式加工中心 XKH800 是一种由多个刚体和柔体通过某种形式联结的复杂机械结构，具备高精度、高刚度、高速度等特点，能够加工复杂曲面，如图 3-3-1、图 3-3-2 所示；其三维模型如图 3-3-3 所示，其技术参数见表 3-3-1。

图 3-3-1 复杂曲面模型（铝）的加工过程

图 3-3-2 两种加工工件

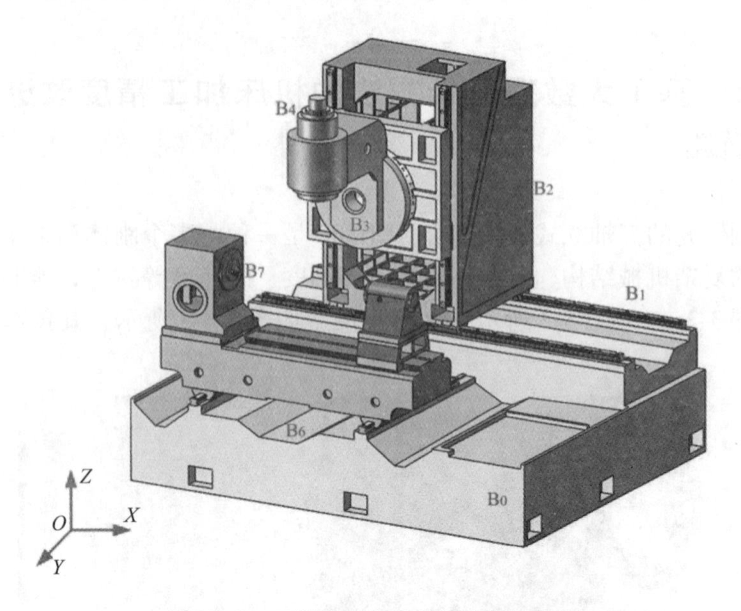

图 3-3-3　五轴数控机床的运动结构模型

表 3-3-1　五轴数控机床的主要技术参数

主要技术参数	数值
A 轴端面至顶尖最大距离	800 mm
A 轴最大回转半径	220 mm
X – 轴行程	1250 mm
Y – 轴行程	400 mm
行程 Z – 轴	400 mm
行程 A – 轴	360°
行程 B – 轴	±40°
X 、Y 、Z 轴的分辨率	0. 001 mm
分辨率 A 、B 轴	0. 001°
主轴转速	60 ~ 10000 r/min
主轴电机功率	30 KW
刀库容量	16 把
最大刀具长度	180 mm
电源要求	380V 50HZ

续表

主要技术参数	数值
满载电流	200A
压缩空气气压	0.55～0.6 MPa
机床外形尺寸	3260 mm×2600 mm×2600 mm
机床净重	10000 kg
机床占地	4365 mm×4550 mm
加工空间	600 mm×600 mm×400 mm

为说明数据挖掘技术在数控机床加工精度的应用，本案例关键问题可描述为以下两个子问题，见表 3-3-2。

①面向复杂系统改进设计，针对复杂系统作用过程，即机床加工过程中影响加工精度的各种作用因素，通过基于数据方法的影响因素实体建模与分析技术，选择并改进适用的数据挖掘算法，解决数控机床各项几何误差衰退预测问题。

②面向复杂系统改进设计，针对复杂系统作用过程，即机床加工过程中因系统体系结构而产生的几何误差的时变性，通过基于数据方法的复杂系统体系结构建模与分析技术，解决数控机床加工精度实时预测问题。

表 3-3-2　本案例关键问题描述

待关联的输入参数	输出项	
物理参数（工件和刀具等） 工艺参数（铣削速度、进给量、背吃刀量等） 几何参数（工件几何结构、刀具几何结构） 加工温度 加工时间	子问题（i）：45 项几何误差实时预测值	子问题（ii）：数控机床实时加工精度

针对子问题（i），需选择先进的数据挖掘方法算法，对加工前与加工过程中多种物理参数和几何参数与各项几何误差进行关联，为此，本案例提出基于改进 Apriori 算法的数控机床几何误差衰变模型；针对子问题（ii），为满足大数据存储和处理的需求，融合各种相关监测数据，本案例采用分布式技术，运用多体系统理论，构建基于大数据环境下数控机床加工精度预测模型架构，如图3-3-4所示，该架构主要包含 5 个功能模块：

①数据采集整合单元。数据来源主要有数控系统内部数据、环境信息数据、

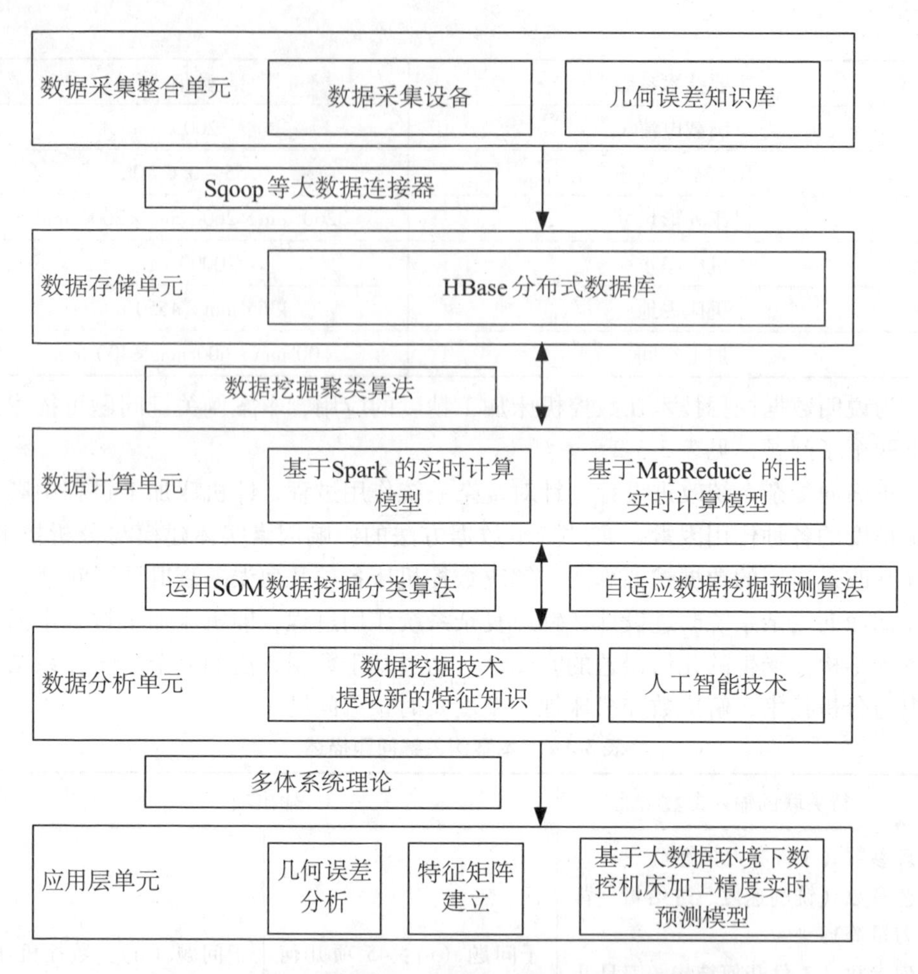

图 3-3-4　基于大数据环境下数控机床加工精度预测模型架构

各种仪器采集到的数控机床各功能零部件的几何误差、加工过程数据等。数据来源不同，数据类型较为复杂，数据量相当庞大。数据整合的目的是将各数据源的数据进行抽取，采用 Sqoop 等大数据连接器，按照统一规范进行标准化。

②数据存储单元。根据大数据处理的特点，采用 HBase 分布式数据库等实现数据的存储，满足高容错率和高吞吐量的需求，提高数据处理的效率。

③数据计算单元。该模块主要功能是实现几何误差衰退规律的计算。包含有聚类、分类、关联和预测等数据挖掘算法库。根据不同的计算实时性要求，提出基于 Spark 的实时计算模型，获取数控机床实时数据；基于 MapReduce 的非实时计算模型，获取数控机床相关离线数据。

④数据分析单元。该模块针对数据计算单元提供的计算结果，通过数据挖掘技术提取新的特征知识，结合数控机床几何误差数据库提供的特征信息，利用人工智能技术对几何误差衰变规律进行预测，以及实现新的特征入库。

⑤应用单元。将获取的数控机床几何误差衰退规律运用于数控机床加工精度建模中，实现大数据环境下数控机床加工精度实时预测。

3.3 基于数据挖掘的数控机床几何误差建模分析和预测

数控机床几何误差分析和预测实现是数控机床加工精度实时预测的基础，由于数控机床是一种复杂的多体结构，本章采用多体系统理论对几何误差进行相关分析，并选择合理的数据挖掘算法实现数控机床几何误差预测。

3.3.1 数控机床几何误差建模分析

拓扑结构是对多体系统结构的高度提炼和全面概括，是研究多体系统的基础和依据。基于图论和低序体阵列描述法是描述多体系统拓扑结构的两种基本方法，其中，低序体阵列是通过多体系统的体和其低序体来对拓扑结构进行描述，该描述方法使拓扑结构更为简洁方便，故本章采用的是拓扑结构的低序体阵列描述方法。

如图 3-3-3 所示，该五轴数控机床的主要功能部件有床身、X 轴、Y 轴、Z 轴、A 轴、B 轴和主轴，此外，还包括刀具和工件。

若仅考虑静态误差（即几何误差）对数控机床加工精度的影响，只需对该数控机床 3 个移动副（X 轴、Y 轴和 Z 轴）和 2 个转动副（A 轴和 B 轴）进行分析。

①对于移动副产生的误差，以 X 轴平动单元为例，由导轨误差导致的六项误差分别为定位误差 Δx_x，Y 方向直线度误差 Δy_x，Z 方向直线度误差 Δz_x，滚摆误差α_x，颠摆误差 β_x，偏摆误差γ_x；其他平动单元产生的误差与此类似。

②对于转动副产生的误差，以 A 轴转动单元为例，转动轴 A 轴运动过程产生六项误差的性质和类型与 X、Y、Z 轴相似，分别为一项窜动误差 Δx_A，两项跳动误差（Δy_A、Δz_A）以及三项转角误差（$\Delta \alpha_x$、$\Delta \beta_x$、$\Delta \gamma_x$）。

④此外，运动过程中，各方向运动部件导轨间还存在垂直度误差，包括 X、Y 轴垂直度误差（$\Delta \gamma_{xy}$），X、Z 轴垂直度误差（$\Delta \beta_{xz}$），Y、Z 轴垂直度误差（$\Delta \alpha_{yz}$）；单元间误差还包括 A、Y 轴垂直度误差（$\Delta \gamma_{xa}$），A、Z 轴垂直度误差（$\Delta \beta_{xa}$），B、X 轴垂直度误差（$\Delta \gamma_{yb}$），B、Z 轴垂直度误差（$\Delta \alpha_{yb}$）及 A 轴和 B 轴

的两项偏移误差（Δy_{AB}、Δz_{AB}）。

因此，这5个运动副共产生45项几何误差，其中，与位置相关的几何误差有30项；与位置无关的几何误差共9项，包括3项垂直度误差、4项平行度误差和2项偏移误差；此外，主轴产生的误差共6项。因此，影响数控机床静态加工误差建模的几何误差共45项，其意义及表达式见表3-3-3。

表3-3-3　五轴数控机床几何误差符号及意义（单位：mm或°）

误差几何含义	符号	编号
*X*轴定位误差	Δx_x	1
*X*轴*Y*向直线度误差	Δy_x	2
*X*轴*Z*向直线度误差	Δz_x	3
*X*轴滚摆误差	$\Delta \alpha_x$	4
*X*轴颠摆误差	$\Delta \beta_x$	5
*X*轴偏摆误差	$\Delta \gamma_x$	6
*Y*轴*X*向直线度误差	Δx_y	7
*Y*轴定位误差	Δy_y	8
*Y*轴*Z*向直线度误差	Δz_y	9
*Y*轴颠摆误差	$\Delta \alpha_y$	10
*Y*轴滚摆误差	$\Delta \beta_y$	11
*Y*轴偏摆误差	$\Delta \gamma_y$	12
*Z*轴*X*向直线度误差	Δx_z	13
*Z*轴*Y*向直线度误差	Δy_z	14
*Z*轴定位误差	Δz_z	15
*Z*轴颠摆误差	$\Delta \alpha_z$	16
*Z*轴偏摆误差	$\Delta \beta_z$	17
*Z*轴滚摆误差	$\Delta \gamma_z$	18
*A*轴*X*向跳动误差	Δx_A	19
*A*轴*Y*向窜动误差	Δy_A	20
*A*轴*Z*向跳动误差	Δz_A	21
*A*轴绕自身的转角误差	$\Delta \alpha_A$	22

续表

误差几何含义	符号	编号
A 轴绕 Y 轴的转角误差	$\Delta\beta_A$	23
A 轴绕自身的转角误差	$\Delta\gamma_A$	24
B 轴 X 向跳动误差	Δx_B	25
B 轴 Y 向窜动误差	Δy_B	26
B 轴 Z 向跳动误差	Δz_B	27
B 轴绕 X 轴的转角误差	$\Delta\alpha_B$	28
B 轴绕自身的转角误差	$\Delta\beta_B$	29
B 轴绕 Z 轴的转角误差	$\Delta\gamma_B$	30
主轴 X 向跳动误差	Δx_φ	31
主轴 Y 向跳动误差	Δy_φ	32
主轴 Z 向窜动误差	Δz_φ	33
主轴绕 X 轴的转角误差	$\Delta\alpha_\varphi$	34
主轴绕 Y 轴的转角误差	$\Delta\beta_\varphi$	35
主轴绕自身的转角误差	$\Delta\gamma_\varphi$	36
X、Y 轴垂直度误差	$\Delta\gamma_{xy}$	37
X、Z 轴垂直度误差	$\Delta\beta_{xz}$	38
Y、Z 轴垂直度误差	$\Delta\alpha_{yz}$	39
B、X 轴垂直度误差	$\Delta\gamma_{yB}$	40
B、Z 轴垂直度误差	$\Delta\alpha_{yB}$	41
A、Y 轴垂直度误差	$\Delta\gamma_{xA}$	42
A、Z 轴垂直度误差	$\Delta\beta_{xA}$	43
A 轴偏移误差	$\Delta\gamma_{AB}$	44
B 轴偏移误差	Δz_{AB}	45

在数控机床加工过程中，各误差源作用在成形过程中，使加工进程偏离给定进程，造成成品加工误差。引起数控机床加工误差的误差源主要包括：几何误差、受力变形、热变形、刀具磨损、切削力及振动等，这些误差源都会不同程度地反映在机床全部或部分单元误差上。因此，随着加工进程的推进，几何误差呈

现随机性、模糊性和时变性等大数据特征，导致数控机床几何精度的衰退。那么，如何运用数据挖掘技术在时域范畴内准确描述几何误差衰变规律，进而研究机床主要功能部件精度衰退对数控机床加工精度的作用规律，是当前亟待解决的科学难题。为解决这一难题，本章通过分析对比经典关联规则挖掘算法 Apriori 和改进 Apriori 算法，提出基于改进 Apriori 算法的数控机床几何误差衰变模型，实现从大量的、模糊的、隐藏的知识中提取有价值的信息，揭示数控机床几何误差衰变规律。

3.3.2 改进的 Apriori 算法

经典 Apriori 算法不具备复杂的公式推理，算法思想也比较简单，所以实现起来比较容易。但是这种经典关联规则算法随着数据量的增多，以及业务设置的支持度偏小时，存在产生庞大候选集和频繁扫描数据库两大缺陷，导致该算法处理的时间效率会越来越低。

为了解决以上问题，有学者提出了改进 Apriori 算法。该算法从两个方面对经典算法进行优化：(1) 将在元数据读入待处理数据集的同时以特定的数据结构存储 hashmap 中，将算法从遍历事务数据库转换到遍历对应的事务项来获取项在元数据集中的频数，这样的好处就是我们可以避免重复扫描数据库，大大降低算法的时间复杂度；(2) 在频繁 $k-1$ 项集两两自连接形成候选集 C_k之前，对将参与组合的元素进行计数处理，统计项集中所有项出现在该维所有项集中的次数，如果项元素的个数达不到 $k-1$，则在产生 k 维候选项集时，将此项元素不参与连接，从而排除了由该元素引起的大规模的所有组合，针对海量数据而言，事务项的数量和种类也特别庞大，这种剔除不必要项元素可以过滤掉由该项组合的所有项集，从而大大减少了候选集的数量，为后续支持度计算也节省时间。因此，本案例采用改进 Apriori 算法研究数控机床几何误差衰变模型。

3.3.3 基于改进 Apriori 算法的数控机床几何误差衰变模型

由于数据挖掘技术能够实现数据的关联与预测，因此，本章引进数据挖掘技术，通过分析和对比相关挖掘算法，提出一种基于改进 Apriori 算法的数控机床几何误差衰变建模方法，建立数控机床几何误差时变挖掘系统，实现时域范畴内的几何误差动态预测。

在本案例建立的数控机床几何误差时变挖掘系统，通过分析数控机床工艺参数、加工材料、环境温度、刀具切削性能之间的关联因素和几何误差衰变规律，以开展时域范畴内的几何误差预测，从而为数控机床加工精度预测与精度设计提供有用的数据依据。此外，根据预测期限的差异性，可划分预测为超短期、短期、中期以及长期等，或以小时、日、月度以及年度进行预测。同时，本系统用于采集数控机床运行的物理参数和几何参数包括传感器模组、微处理芯片、数据存储器，其中，加工工艺参数按照分组方法在数控机床加工前进行设置；传感器模组用于采集数控机床的实时几何误差参数和物理参数，传感器模组的输出级与微处理芯片的输入级电连接；微处理芯片的第一输出端与数据存储器的输入端电连接。书中的数控机床几何误差影响因素分析与数据采集方法如图 3-3-5 所示。

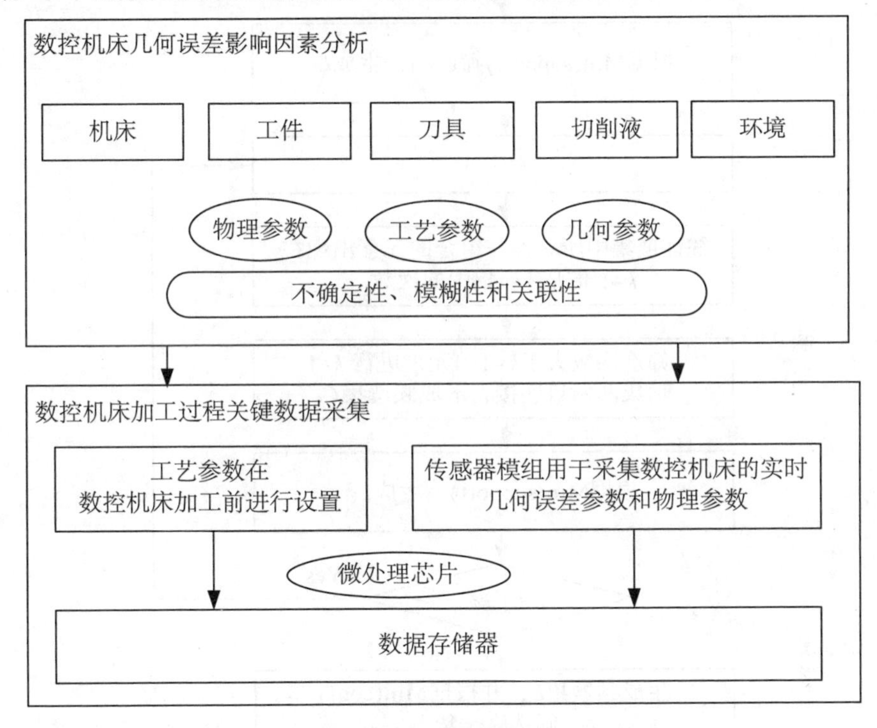

图 3-3-5　几何误差影响因素分析与数据采集

根据数控机床运行中的数据特征和数据挖掘需求，数据分析期间，主要选择两种算法模型：关联分析和选择预测。关联分析是在与数控机床运行过程相关的数据内，寻找分类属性、决策属性间存在的关联关系，便于从宏观角度掌握数控机床运行过程中所存在的数据；关联算法模型其实就是对数据之间存在的关联规则进行寻找，关联规则挖掘主要是对采用常规方法很难发现的数据与数据间的关系规律进行寻找。选择预测指的是根据机床物理数据和几何误差数据间的关联度，就时序环节几何误差衰变趋势进行预测。本案例基于改进 Apriori 算法，提出的数控机床几何误差衰变预测流程如图 3-3-6 所示。为验证该方法，开展对比

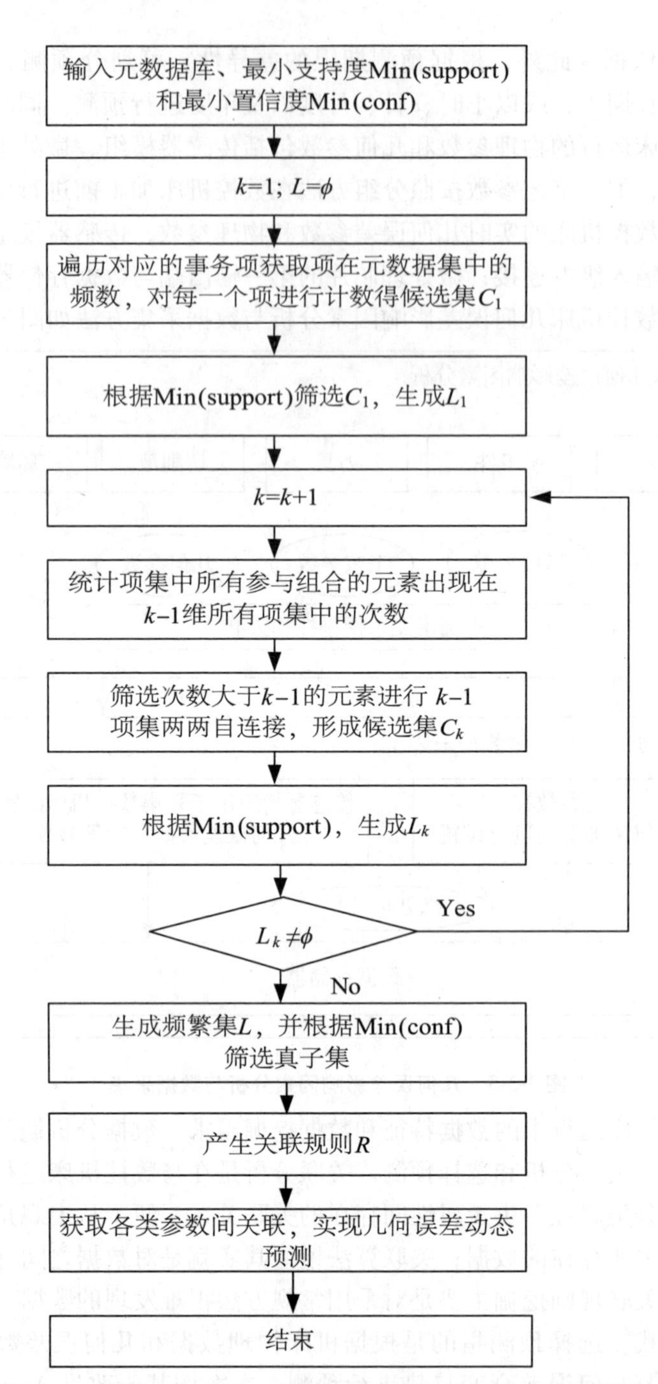

图 3-3-6　基于改进 Apriori 算法的数控机床几何误差衰变预测流程

实验，选择不同时间节点下所有几何误差项的预测值与实测值进行对比，详细验证过程见本章10.6.1。

3.4 基于多体系统理论的数控机床拓扑结构模型构建与分析

在基于数据挖掘的数控机床几何误差建模方法的基础上，深入分析数控机床各功能部件的误差因素及其相互关系，基于多体系统理论，采用低序体阵列描述抽象机床系统的拓扑结构，将该数控机床抽象对多体系统，为研究基于大数据环境下数控机床加工精度预测方法奠定基础，具体步骤如下：

首先，定义五轴数控机床的各个组成部件、刀具和工件为“典型体”，用“B_j”表示，其中$j=0$，1，2，3，4，5，6，7，8，j表示各典型体的序号，$n+1$表示机床所包含典型体的个数。由此可知：该数控机床具备9个典型体，其中：B_0表示床身、B_1表示X轴、B_2表示Z轴、B_3表示B轴、B_4表示主轴、B_5表示刀具、B_6表示Y轴、B_7表示A轴、B_8表示工件。

其次，根据编号规则选定该数控机床的床身为典型体B_0，将五轴数控机床运动链分为刀具链和工件链两个分支：刀具链描述床身到刀具的坐标变换关系，工件链描述由床身到刀具的坐标变换关系。

然后，沿远离床身的方向，按照自然增长数列，分别对刀具链和工件链各典型体进行编号。

最后，获得该五轴机床的拓扑结构，如图3-3-7所示。

由此可知，数控机床的运动学模型可表示为拓扑结构中一系列运动副坐标的函数，可通过计算该拓扑结构中工件到刀具的相对位置和方向，最终获取数控机床的空间加工误差。

3.5 基于特征矩阵的数控机床加工误差建模与分析

一般而言，任何刚体的运动都可以表示为两部分：绕某一轴的转动和沿该轴的移动。以沿某一轴运动为例，其中，绕该轴的转动产生3项姿态误差：$\Delta\gamma_{ij}$、$\Delta\beta_{ij}$和$\Delta\alpha_{ij}$，沿该轴的移动产生3项位置误差：Δx_{ij}、Δy_{ij}和Δz_{ij}，最终导致6项误差。因此，沿该轴运动的体间运动误差齐次变换矩阵可表示为：

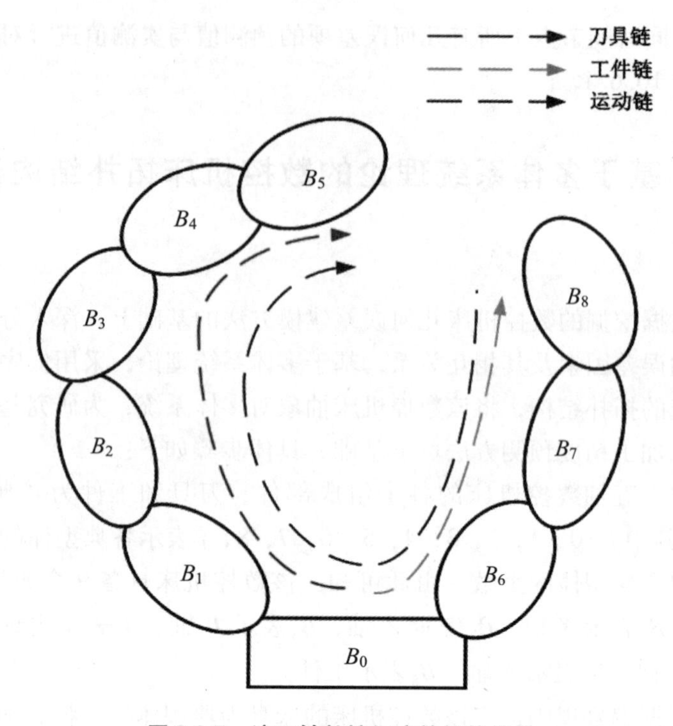

图 3-3-7　该五轴数控机床的拓扑结构

$$\Delta \boldsymbol{M}_{ijS}=\begin{pmatrix}1 & -\Delta\gamma_{ij} & \Delta\beta_{ij} & \Delta x_{ij}\\ \Delta\gamma_{ij} & 1 & -\Delta\alpha_{ij} & \Delta y_{ij}\\ -\Delta\beta_{ij} & \Delta\alpha_{ij} & 1 & \Delta z_{ij}\\ 0 & 0 & 0 & 1\end{pmatrix} \tag{3-3-1}$$

式中，i、j 表示相邻的两个典型体。

在床身B_0和所有部件B_j上均建立起与其固定连接的右手直角笛卡尔三维坐标系$O_0-X_0Y_0Z_0$和$O_j-X_jY_jZ_j$，这些坐标系的集合称为广义坐标系，各体坐标系称为子坐标系，每个坐标系的三个正交基按右手定则分别取名为 X 轴、Y 轴、Z 轴；各个子坐标系相对应的坐标轴分别对应平行；坐标轴的正方向与其所对应的运动轴的正方向相同。

将各典型体之间的运动和静止情况，看作各坐标系之间的运动和静止情况。根据两相邻典型体之间的静止和运动情况，建立两坐标系间的理想运动特征矩阵和误差特征矩阵，见表 3-3-4。

$$\Delta M_{01S}=\begin{pmatrix}1 & -\Delta\gamma_x & \Delta\beta_x & \Delta x_x\\ \Delta\gamma_x & 1 & -\Delta\alpha_x & \Delta y_x\\ -\Delta\beta_x & \Delta\alpha_x & 1 & \Delta z_x\\ 0 & 0 & 0 & 1\end{pmatrix} \tag{3-3-2}$$

表 3-3-4　五轴数控机床的理想特征矩阵和误差特征矩阵

典型体 B_i-B_j	体间理想静止齐次变换矩阵 M_{ijP} 体间理想运动齐次变换矩阵 M_{ijS}	体间静止误差齐次变换矩阵 ΔM_{ijP} 体间运动误差齐次变换矩阵 ΔM_{ijS}
B_0-B_1 X 轴	$M_{01P}=I_{4\times4}$ $M_{01S}=\begin{pmatrix}1&0&0&x\\0&1&0&0\\0&0&1&0\\0&0&0&1\end{pmatrix}$	$\Delta M_{01P}=I_{4\times4}$ $\Delta M_{01S}=\begin{pmatrix}1&-\Delta\gamma_x&\Delta\beta_x&\Delta x_x\\\Delta\gamma_x&1&-\Delta\alpha_x&\Delta y_x\\-\Delta\beta_x&\Delta\alpha_x&1&\Delta z_x\\0&0&0&1\end{pmatrix}$
B_1-B_2 Z 轴	$M_{12P}=I_{4\times4}$ $M_{12S}=\begin{pmatrix}1&0&0&0\\0&1&0&0\\0&0&1&z\\0&0&0&1\end{pmatrix}$	$\Delta M_{12P}=\begin{pmatrix}1&0&\Delta\beta_{xz}&0\\0&1&-\Delta\alpha_{yz}&0\\-\Delta\beta_{xz}&\Delta\alpha_{yz}&1&0\\0&0&0&1\end{pmatrix}$ $\Delta M_{12S}=\begin{pmatrix}1&-\Delta\gamma_z&\Delta\beta_z&\Delta x_z\\\Delta\gamma_z&1&-\Delta\alpha_z&\Delta y_z\\-\Delta\beta_z&\Delta\alpha_z&1&\Delta z_z\\0&0&0&1\end{pmatrix}$
B_2-B_3 B 轴	$M_{23P}=I_{4\times4}$ $M_{23S}=\begin{pmatrix}cosB&0&sinB&0\\0&1&0&0\\-sinB&0&cosB&0\\0&0&0&1\end{pmatrix}$	$\Delta M_{23P}=\begin{pmatrix}1&-\Delta\gamma_{xB}&0&0\\\Delta\gamma_{xB}&1&-\Delta\alpha_{zB}&0\\0&\Delta\alpha_{xB}&1&\Delta z_{AB}\\0&0&0&1\end{pmatrix}$ $\Delta M_{23S}=\begin{pmatrix}1&-\Delta\gamma_B&\Delta\beta_B&\Delta x_B\\\Delta\gamma_B&1&-\Delta\alpha_B&\Delta y_B\\-\Delta\beta_B&\Delta\alpha_B&1&\Delta z_B\\0&0&0&1\end{pmatrix}$

续表

典型体 $B_i - B_j$	体间理想静止齐次变换矩阵 $\boldsymbol{M}_{ijP}$ 体间理想运动齐次变换矩阵 $\boldsymbol{M}_{ijS}$	体间静止误差齐次变换矩阵 $\Delta\boldsymbol{M}_{ijP}$ 体间运动误差齐次变换矩阵 $\Delta\boldsymbol{M}_{ijS}$
$B_3 - B_4$ 主轴	$\boldsymbol{M}_{34P} = \boldsymbol{I}_{4\times4}$ $\boldsymbol{M}_{34S} = \begin{pmatrix} cos\varphi & sin\varphi & 0 & 0 \\ -sin\varphi & cos\varphi & 0 & 0 \\ 0 & 0 & 1 & 0 \\ 0 & 0 & 0 & 1 \end{pmatrix}$	$\Delta\boldsymbol{M}_{34P} = \boldsymbol{I}_{4\times4}$ $\Delta\boldsymbol{M}_{34S} = \begin{pmatrix} 1 & -\Delta\gamma_\varphi & \Delta\beta_\varphi & \Delta x_\varphi \\ \Delta\gamma_\varphi & 1 & -\Delta\alpha_\varphi & \Delta y_\varphi \\ -\Delta\beta_\varphi & \Delta\alpha_\varphi & 1 & \Delta z_\varphi \\ 0 & 0 & 0 & 1 \end{pmatrix}$
$B_4 - B_5$ 刀具	$\boldsymbol{M}_{45P} = \begin{pmatrix} 1 & 0 & 0 & x_t \\ 0 & 1 & 0 & y_t \\ 0 & 0 & 1 & z_t \\ 0 & 0 & 0 & 1 \end{pmatrix}$ $\boldsymbol{M}_{45S} = \boldsymbol{I}_{4\times4}$	$\Delta\boldsymbol{M}_{45P} = \begin{pmatrix} 1 & -\Delta\gamma_t & \Delta\beta_t & \Delta x_t \\ \Delta\gamma_t & 1 & -\Delta\alpha_t & \Delta y_t \\ -\Delta\beta_t & \Delta\alpha_t & 1 & \Delta z_t \\ 0 & 0 & 0 & 1 \end{pmatrix}$ $\Delta\boldsymbol{M}_{45S} = \boldsymbol{I}_{4\times4}$
$B_0 - B_6$ Y 轴	$\boldsymbol{M}_{06P} = \boldsymbol{I}_{4\times4}$ $\boldsymbol{M}_{06S} = \begin{pmatrix} 1 & 0 & 0 & 0 \\ 0 & 1 & 0 & y \\ 0 & 0 & 1 & 0 \\ 0 & 0 & 0 & 1 \end{pmatrix}$	$\Delta\boldsymbol{M}_{06P} = \begin{pmatrix} 1 & -\Delta\gamma_{xy} & 0 & 0 \\ \Delta\gamma_{xy} & 1 & 0 & 0 \\ 0 & 0 & 1 & 0 \\ 0 & 0 & 0 & 1 \end{pmatrix}$ $\Delta\boldsymbol{M}_{06S} = \begin{pmatrix} 1 & -\Delta\gamma_y & \Delta\beta_y & \Delta x_y \\ \Delta\gamma_y & 1 & -\Delta\alpha_y & \Delta y_y \\ -\Delta\beta_y & \Delta\alpha_y & 1 & \Delta z_y \\ 0 & 0 & 0 & 1 \end{pmatrix}$
$B_6 - B_7$ A 轴	$\boldsymbol{M}_{67P} = \boldsymbol{I}_{4\times4}$ $\boldsymbol{M}_{67S} = \begin{pmatrix} 1 & 0 & 0 & 0 \\ 0 & cosA & -sinA & 0 \\ 0 & sinA & cosA & 0 \\ 0 & 0 & 0 & 1 \end{pmatrix}$	$\Delta\boldsymbol{M}_{67P} = \begin{pmatrix} 1 & -\Delta\gamma_{yA} & \Delta\beta_{zA} & 0 \\ \Delta\gamma_{yA} & 1 & 0 & \Delta y_{AB} \\ -\Delta\beta_{zA} & 0 & 1 & 0 \\ 0 & 0 & 0 & 1 \end{pmatrix}$ $\Delta\boldsymbol{M}_{67S} = \begin{pmatrix} 1 & -\Delta\gamma_\alpha & \Delta\beta_\alpha & \Delta x_\alpha \\ \Delta\gamma_\alpha & 1 & -\Delta\alpha_\alpha & \Delta y_\alpha \\ -\Delta\beta_\alpha & \Delta\alpha_\alpha & 1 & \Delta z_\alpha \\ 0 & 0 & 0 & 1 \end{pmatrix}$

续表

典型体 $B_i - B_j$	体间理想静止齐次变换矩阵$\boldsymbol{M}_{ijP}$ 体间理想运动齐次变换矩阵$\boldsymbol{M}_{ijS}$	体间静止误差齐次变换矩阵$\Delta\boldsymbol{M}_{ijP}$ 体间运动误差齐次变换矩阵$\Delta\boldsymbol{M}_{ijS}$
$B_7 - B_8$ 工件	$\boldsymbol{M}_{78P} = \begin{pmatrix} 1 & 0 & 0 & x_w \\ 0 & 1 & 0 & y_w \\ 0 & 0 & 1 & z_w \\ 0 & 0 & 0 & 1 \end{pmatrix}$ $\boldsymbol{M}_{78S} = \boldsymbol{I}_{4\times4}$	$\Delta\boldsymbol{M}_{78P} = \begin{pmatrix} 1 & -\Delta\gamma_w & \Delta\beta_w & \Delta x_w \\ \Delta\gamma_w & 1 & -\Delta\alpha_w & \Delta y_w \\ -\Delta\beta_w & \Delta\alpha_w & 1 & \Delta z_w \\ 0 & 0 & 0 & 1 \end{pmatrix}$ $\Delta\boldsymbol{M}_{78S} = \boldsymbol{I}_{4\times4}$

在表 3-3-4 中：$i=0, 1, 2, \cdots, 7$，$j=0, 1, 2, \cdots, 8$，$\boldsymbol{M}_{ijP}$表示典型体B_j相对于典型体B_i运动的理想静止特征矩阵；$\boldsymbol{M}_{ijS}$表示典型体B_j相对于典型体B_i运动的理想运动特征矩阵；$\Delta\boldsymbol{M}_{ijP}$表示典型体$B_j$相对于典型体$B_i$运动的静止误差特征矩阵；$\Delta\boldsymbol{M}_{ijS}$表示典型体$B_j$相对于典型体$B_i$运动的运动误差特征矩阵。

3.6 基于大数据的数控机床空间加工误差建模

获取基于大数据的数控机床空间加工误差涉及两个关键问题：第一，准确预测数控机床的实时几何误差，可通过基于改进 Apriori 算法的数控机床几何误差衰变模型实现；第二，研究数控机床零部件几何误差与空间加工误差映射关系的表征方法，实现基于大数据的数控机床空间加工误差的实时预测。由于刀具成型点实际运动位置与理想运动位置的偏差即为数控机床的空间加工误差，可在多体系统中建立广义坐标系，用矢量及其列向量表达位置关系，用齐次变换矩阵表示多体系统间的相互关系，可通过各相邻坐标系间坐标的变换，根据表 3-3-4 选择相应的理想特征矩阵和误差特征矩阵，计算可得数控机床加工误差。其中，具体建模方法如下：

在多体系统中，设工件坐标系为$O_w - X_wY_wZ_w$，刀具坐标系为$O_t - X_tY_tZ_t$，床身坐标系为$O_0 - X_0Y_0Z_0$，则刀具加工点在刀具坐标系$O_t - X_tY_tZ_t$中的坐标为：

$$\boldsymbol{P}_t = [\boldsymbol{P}_{tx}\boldsymbol{P}_{ty}\boldsymbol{P}_{tz}1]^T \tag{3-3-3}$$

式中：

下标 t——刀具；

$\boldsymbol{P}_{tx}$——刀具加工点在刀具坐标系中 X 轴方向的坐标值。

$\boldsymbol{P}_{ty}$——刀具加工点在刀具坐标系中 Y 轴方向的坐标值。

$\boldsymbol{P}_{tz}$——刀具加工点在刀具坐标系中 Z 轴方向的坐标值。

设工件成型点在工件坐标系$O_w-X_wY_wZ_w$的坐标表示为：

$$\boldsymbol{P}_w=[\boldsymbol{P}_{wx}\boldsymbol{P}_{wy}\boldsymbol{P}_{wz}1]^T \tag{3-3-4}$$

式中：

下标 w——工件。

$\boldsymbol{P}_{wx}$——工件成型点在工件坐标系中 X 轴方向的坐标值。

$\boldsymbol{P}_{wy}$——工件成型点在工件坐标系中 Y 轴方向的坐标值。

$\boldsymbol{P}_{wz}$——工件成型点在工件坐标系中 Z 轴方向的坐标值。

当机数控机床做理想运动时，即无误差运动，工件坐标系$O_w-X_wY_wZ_w$与刀具坐标系$O_t-X_tY_tZ_t$重合，可得：

$$\boldsymbol{M}_{01P}\boldsymbol{M}_{01S}\boldsymbol{M}_{12P}\boldsymbol{M}_{12S}\boldsymbol{M}_{23P}\boldsymbol{M}_{23S}\boldsymbol{M}_{34P}\boldsymbol{M}_{34S}\boldsymbol{M}_{45P}\boldsymbol{M}_{45S}p_t=\boldsymbol{M}_{06P}\boldsymbol{M}_{06S}\boldsymbol{M}_{67P}\boldsymbol{M}_{67S}\boldsymbol{M}_{78P}\boldsymbol{M}_{78S}p_w \tag{3-3-5}$$

式（3-3-5）中：

下标 P 、S——分别表示相邻典型体间运动和静止的情况。

$\boldsymbol{M}_{ijP}$、$\boldsymbol{M}_{ijS}$——各典型体间的理想特征矩阵，见表 3-3-4。

通过对式（3-3-5）进行变换，可推导出数控机床在理想状态时成型点的运动位置为：

$$\begin{aligned}
p_t&=(\boldsymbol{M}_{01P}\boldsymbol{M}_{01S}\boldsymbol{M}_{12P}\boldsymbol{M}_{12S}\boldsymbol{M}_{23P}\boldsymbol{M}_{23S}\boldsymbol{M}_{34P}\boldsymbol{M}_{34S}\boldsymbol{M}_{45P}\boldsymbol{M}_{45S})^{-1}\\
&\quad\times(\boldsymbol{M}_{06P}\boldsymbol{M}_{06S}\boldsymbol{M}_{67P}\boldsymbol{M}_{67S}\boldsymbol{M}_{78P}\boldsymbol{M}_{78S})p_w\\
&=\left[\begin{pmatrix}1&0&0&0\\0&1&0&y\\0&0&1&0\\0&0&0&1\end{pmatrix}\begin{pmatrix}1&0&0&0\\0&\cos A&-\sin A&0\\0&\sin A&\cos A&0\\0&0&0&1\end{pmatrix}\begin{pmatrix}1&0&0&x_w\\0&1&0&y_w\\0&0&1&z_w\\0&0&0&1\end{pmatrix}\right]^{-1}\\
&\quad\times\begin{pmatrix}1&0&0&x\\0&1&0&0\\0&0&1&0\\0&0&0&1\end{pmatrix}\begin{pmatrix}1&0&0&0\\0&1&0&0\\0&0&1&z\\0&0&0&1\end{pmatrix}\begin{pmatrix}\cos B&0&\sin B&0\\0&1&0&0\\-\sin B&0&\cos B&0\\0&0&0&1\end{pmatrix}\\
&\quad\times\begin{pmatrix}\cos\varphi&\sin\varphi&0&0\\-\sin\varphi&\cos\varphi&0&0\\0&0&1&0\\0&0&0&1\end{pmatrix}\begin{pmatrix}1&0&0&x_t\\0&1&0&y_t\\0&0&1&z_t\\0&0&0&1\end{pmatrix}\boldsymbol{P}_w
\end{aligned} \tag{3-3-6}$$

然而，在数控机床实际加工过程中，由于各误差源的存在，刀具成型点的位置必然会偏移理想加工点，产生加工误差。仅考虑几何误差对加工精度的影响，数控机床的空间加工误差模型可表示为：

$$
\begin{aligned}
\boldsymbol{E} &= \boldsymbol{M}_{06P}\Delta \boldsymbol{M}_{06P}\boldsymbol{M}_{06S}\Delta \boldsymbol{M}_{06S}\boldsymbol{M}_{67P}\Delta \boldsymbol{M}_{67P}\boldsymbol{M}_{67S}\Delta \boldsymbol{M}_{67S}\boldsymbol{M}_{78P}\Delta \boldsymbol{M}_{78P}\boldsymbol{M}_{78S} \\
&\quad \times \Delta \boldsymbol{M}_{78S}p_{\mathrm{w}} - \boldsymbol{M}_{01P}\Delta \boldsymbol{M}_{01P}\boldsymbol{M}_{01S}\Delta \boldsymbol{M}_{01S}\boldsymbol{M}_{12P}\Delta \boldsymbol{M}_{12P}\boldsymbol{M}_{12S}\Delta \boldsymbol{M}_{12S}\boldsymbol{M}_{23P} \\
&\quad \times \Delta \boldsymbol{M}_{23P}\boldsymbol{M}_{23S}\Delta \boldsymbol{M}_{23S}\boldsymbol{M}_{34P}\Delta \boldsymbol{M}_{34P}\boldsymbol{M}_{34S}\Delta \boldsymbol{M}_{34S}\boldsymbol{M}_{45P}\Delta \boldsymbol{M}_{45P}\boldsymbol{M}_{45S}\Delta \boldsymbol{M}_{45S}p_{\mathrm{t}} \\
&= \boldsymbol{I}_{4\times 4}\begin{pmatrix} 1 & -\Delta\gamma_{xy} & 0 & 0 \\ \Delta\gamma_{xy} & 1 & 0 & 0 \\ 0 & 0 & 1 & 0 \\ 0 & 0 & 0 & 1 \end{pmatrix}\begin{pmatrix} 1 & 0 & 0 & 0 \\ 0 & 1 & 0 & y \\ 0 & 0 & 1 & 0 \\ 0 & 0 & 0 & 1 \end{pmatrix} \\
&\quad \times \begin{pmatrix} 1 & -\Delta\gamma_{y} & \Delta\beta_{y} & \Delta x_{y} \\ \Delta\gamma_{y} & 1 & -\Delta\alpha_{y} & \Delta y_{y} \\ -\Delta\beta_{y} & \Delta\alpha_{y} & 1 & \Delta z_{y} \\ 0 & 0 & 0 & 1 \end{pmatrix}\boldsymbol{I}_{4\times 4}\begin{pmatrix} 1 & -\Delta\gamma_{yA} & \Delta\beta_{zA} & 0 \\ \Delta\gamma_{yA} & 1 & 0 & \Delta y_{AB} \\ -\Delta\beta_{zA} & 0 & 1 & 0 \\ 0 & 0 & 0 & 1 \end{pmatrix} \\
&\quad \times \begin{pmatrix} 1 & 0 & 0 & 0 \\ 0 & \cos A & -\sin A & 0 \\ 0 & \sin A & \cos A & 0 \\ 0 & 0 & 0 & 1 \end{pmatrix}\begin{pmatrix} 1 & -\Delta\gamma_{\alpha} & \Delta\beta_{\alpha} & \Delta x_{\alpha} \\ \Delta\gamma_{\alpha} & 1 & -\Delta\alpha_{\alpha} & \Delta y_{\alpha} \\ -\Delta\beta_{\alpha} & \Delta\alpha_{\alpha} & 1 & \Delta z_{\alpha} \\ 0 & 0 & 0 & 1 \end{pmatrix} \\
&\quad \times \begin{pmatrix} 1 & 0 & 0 & x_{\mathrm{w}} \\ 0 & 1 & 0 & y_{\mathrm{w}} \\ 0 & 0 & 1 & z_{\mathrm{w}} \\ 0 & 0 & 0 & 1 \end{pmatrix}\begin{pmatrix} 1 & -\Delta\gamma_{\mathrm{w}} & \Delta\beta_{\mathrm{w}} & \Delta x_{\mathrm{w}} \\ \Delta\gamma_{\mathrm{w}} & 1 & -\Delta\alpha_{\mathrm{w}} & \Delta y_{\mathrm{w}} \\ -\Delta\beta_{\mathrm{w}} & \Delta\alpha_{\mathrm{w}} & 1 & \Delta z_{\mathrm{w}} \\ 0 & 0 & 0 & 1 \end{pmatrix}\boldsymbol{I}_{4\times 4}\boldsymbol{I}_{4\times 4}p_{\mathrm{w}} \\
&\quad - \boldsymbol{I}_{4\times 4}\boldsymbol{I}_{4\times 4}\begin{pmatrix} 1 & 0 & 0 & x \\ 0 & 1 & 0 & 0 \\ 0 & 0 & 1 & 0 \\ 0 & 0 & 0 & 1 \end{pmatrix}\begin{pmatrix} 1 & -\Delta\gamma_{x} & \Delta\beta_{x} & \Delta x_{x} \\ \Delta\gamma_{x} & 1 & -\Delta\alpha_{x} & \Delta y_{x} \\ -\Delta\beta_{x} & \Delta\alpha_{x} & 1 & \Delta z_{x} \\ 0 & 0 & 0 & 1 \end{pmatrix}\boldsymbol{I}_{4\times 4} \\
&\quad \times \begin{pmatrix} 1 & 0 & \Delta\beta_{xz} & 0 \\ 0 & 1 & -\Delta\alpha_{yz} & 0 \\ -\Delta\beta_{xz} & \Delta\alpha_{yz} & 1 & 0 \\ 0 & 0 & 0 & 1 \end{pmatrix}\begin{pmatrix} 1 & 0 & 0 & 0 \\ 0 & 1 & 0 & 0 \\ 0 & 0 & 1 & z \\ 0 & 0 & 0 & 1 \end{pmatrix} \\
&\quad \times \begin{pmatrix} 1 & -\Delta\gamma_{z} & \Delta\beta_{z} & \Delta x_{z} \\ \Delta\gamma_{z} & 1 & -\Delta\alpha_{z} & \Delta y_{z} \\ -\Delta\beta_{z} & \Delta\alpha_{z} & 1 & \Delta z_{z} \\ 0 & 0 & 0 & 1 \end{pmatrix}\boldsymbol{I}_{4\times 4}\begin{pmatrix} 1 & -\Delta\gamma_{xB} & 0 & 0 \\ \Delta\gamma_{xB} & 1 & -\Delta\alpha_{zB} & 0 \\ 0 & \Delta\alpha_{xB} & 1 & \Delta z_{AB} \\ 0 & 0 & 0 & 1 \end{pmatrix}
\end{aligned}
$$

$$\times\begin{pmatrix}\cos B & 0 & \sin B & 0\\ 0 & 1 & 0 & 0\\ -\sin B & 0 & \cos B & 0\\ 0 & 0 & 0 & 1\end{pmatrix}\begin{pmatrix}1 & -\Delta\gamma_B & \Delta\beta_B & \Delta x_B\\ \Delta\gamma_B & 1 & -\Delta\alpha_B & \Delta y_B\\ -\Delta\beta_B & \Delta\alpha_B & 1 & \Delta z_B\\ 0 & 0 & 0 & 1\end{pmatrix}\boldsymbol{I}_{4\times4}\boldsymbol{I}_{4\times4}$$

$$\times\begin{pmatrix}\cos\varphi & \sin\varphi & 0 & 0\\ -\sin\varphi & \cos\varphi & 0 & 0\\ 0 & 0 & 1 & 0\\ 0 & 0 & 0 & 1\end{pmatrix}\begin{pmatrix}1 & -\Delta\gamma_\varphi & \Delta\beta_\varphi & \Delta x_\varphi\\ \Delta\gamma_\varphi & 1 & -\Delta\alpha_\varphi & \Delta y_\varphi\\ -\Delta\beta_\varphi & \Delta\alpha_\varphi & 1 & \Delta z_\varphi\\ 0 & 0 & 0 & 1\end{pmatrix}$$

$$\times\begin{pmatrix}1 & 0 & 0 & x_t\\ 0 & 1 & 0 & y_t\\ 0 & 0 & 1 & z_t\\ 0 & 0 & 0 & 1\end{pmatrix}\begin{pmatrix}1 & -\Delta\gamma_t & \Delta\beta_t & \Delta x_t\\ \Delta\gamma_t & 1 & -\Delta\alpha_t & \Delta y_t\\ -\Delta\beta_t & \Delta\alpha_t & 1 & \Delta z_t\\ 0 & 0 & 0 & 1\end{pmatrix}\boldsymbol{I}_{4\times4}\boldsymbol{I}_{4\times4}p_t \tag{3-3-7}$$

式中：

右边第一项——工件的实际位置。

右边第二项——刀具的实际位置。

$\Delta\boldsymbol{M}_{ijP}$、$\Delta\boldsymbol{M}_{ijS}$——各典型体间的误差特征矩阵。

结合公式（3-3-5）和公式（3-3-6），可建立基于大数据的数控机床空间加工误差预测模型，运用数据挖掘技术，获取几何误差对加工精度的影响规律，实现数控机床加工精度的预测与评估。同时，加工误差又可表示为：

$$\boldsymbol{E}=[\boldsymbol{E}_X,\ \boldsymbol{E}_Y,\ \boldsymbol{E}_Z,\ 1]^{\mathrm{T}} \tag{3-3-8}$$

3.7 数控机床几何误差及加工误差的实验验证

该案例运用数据挖掘技术和多体系统相关理论和方法，建立了大数据环境下数控机床加工精度预测模型，为实现时域范畴内的几何误差和加工精度动态预测奠定理论基础。本节通过数控机床铣刀工作点加工精度测量现场试验，分别验证提出的基于改进 Apriori 算法的数控机床几何误差衰变模型和数控机床实时加工精度模型的有效性。

3.7.1 基于改进 Apriori 算法的数控机床几何误差衰变模型实验验证

为实现对数控机床加工精度的预测，应首先获取基于大数据的数控机床空间加工误差模型中涉及的各项几何误差。在预设测量时间点处，数控机床工作空间任一坐标点处的几何误差由数据挖掘计算单元和分析单元获取。由本篇3.2节可知，需要测量的几何误差共有45项，其测量仪器和方法各不相同：

(1) 平动轴误差项

包括X轴6项误差项（误差1－6），Y轴6项误差项（误差7－12）和Z轴6项误差项（误差13－18），可由激光干涉仪RENISHAW（XD6）测得，如图3-3-8所示。

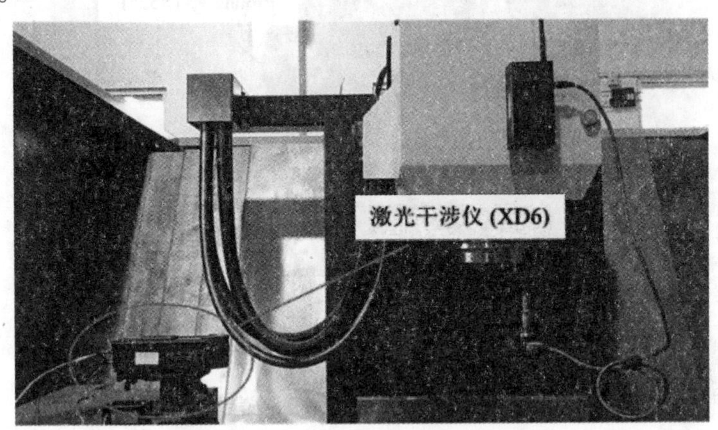

图3-3-8 平动轴误差项测量

(2) 转动轴误差项

包括A轴6项误差项（误差19－24），B轴6项误差项（误差25－30）和主轴6项误差项（误差31－36），可由激光干涉仪RENISHAW（XL80）测得，如图3-3-9所示。

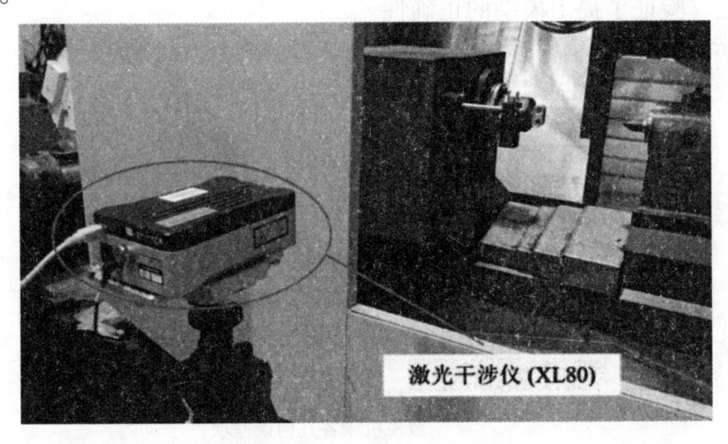

图3-3-9 转动轴误差项测量

（3）与位置无关误差项

包括3项垂直度误差（误差37－39），4项平行度误差（误差40－43）和2项偏移误差（误差44－45），可由激光测量仪 Proline V3 测量获得，如图3-3-10所示。

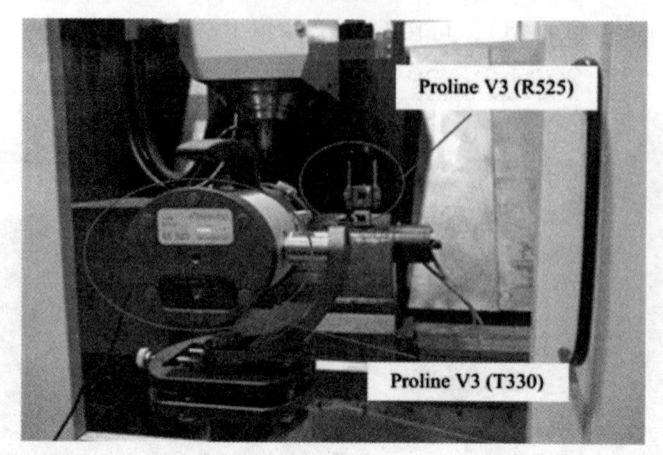

图3-3-10　垂直度和偏移误差测量

基于改进 Apriori 算法的数控机床几何误差衰变模型，根据数据挖掘计算单元和分析单元，可获得各预设时间节点的数控机床的几何误差预测值，并与改进时间节点实测值比较，采用几何误差百分比＝（预测值－实测值）/实测值作为评价标准，评价结果如图3-3-11、图3-3-12和图3-3-13所示。可知：基于改进 Apriori 算法的数控机床几何误差衰变模型得到的几何误差预测值与实验测得的测量值很接近，验证了提出模型的正确性。

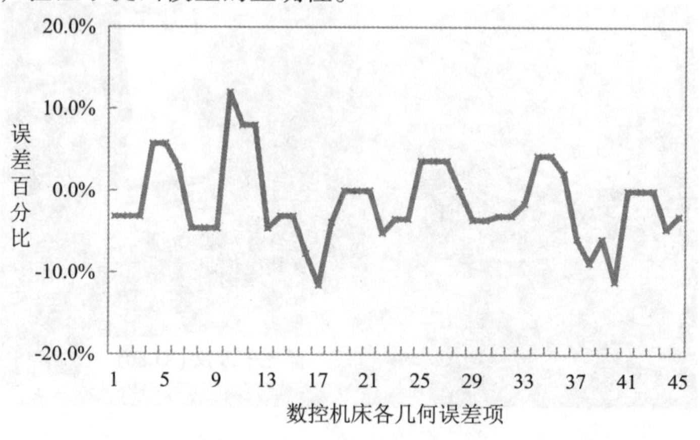

图3-3-11　时间节点 t_2 下几何误差模型验证结果

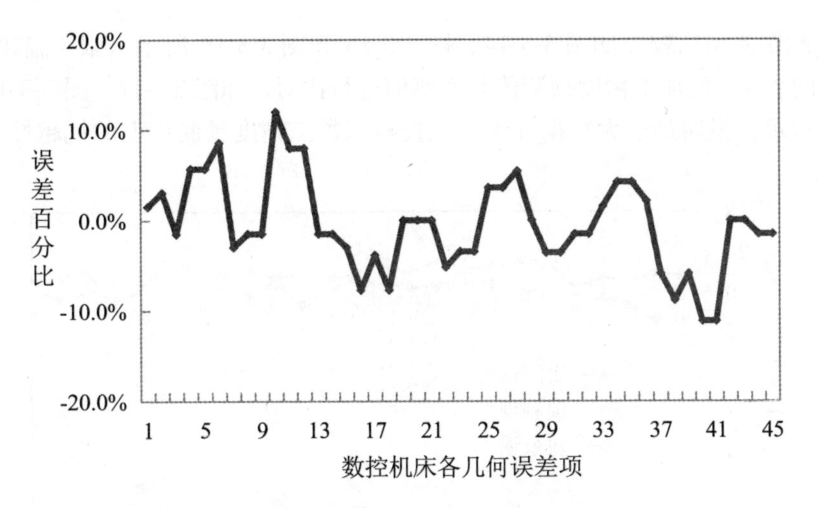

图 3-3-12 时间节点 t_3 下几何误差模型验证结果

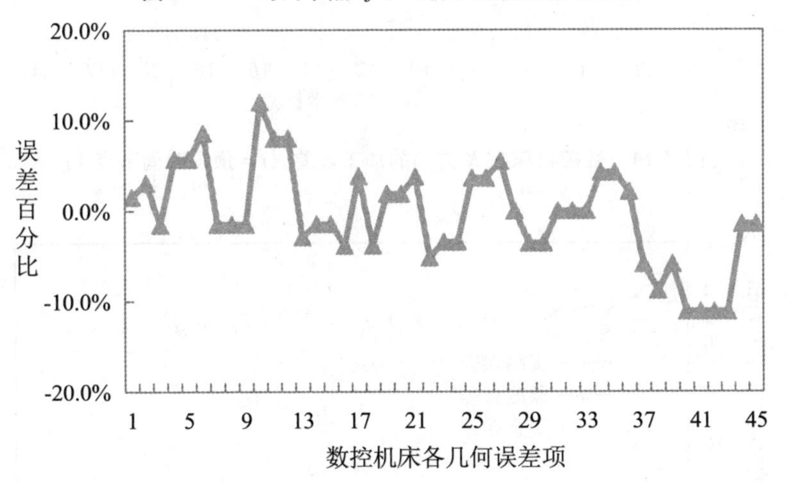

图 3-3-13 时间节点 t_4 下几何误差模型验证结果

3.7.2 基于大数据的数控机床空间加工误差实验验证

为验证基于大数据的数控机床空间加工误差模型，需要开展数控机床加工精度测试实验研究。为降低实验难度，书中选择在 $X-Y$ 平面的工作行程范围内，对各预设时间节点，运用正交法对在 X 轴、Y 轴分别选择 5 个点，使得形成能够均匀分布在数控机床加工空间的 25 个测量点，并对这些点的加工误差进行测量。通过试验测量得到在这 25 个测量点位置处铣刀铣头工作点在 X、Y、Z 三个方向上的位移误差，以此作为实测误差。在预设时间节点 1 时，将预测模型得到的误差与实测误差相比较，如图 3-3-14、图 3-3-15 和图 3-3-16 所示。限于篇幅，选择预设时间节点 3 的加工精度预测值与实测值进行比对，如图 3-3-17、图 3-3-18 和图 3-3-19 所示，说明基于大数据环境下数控机床加工精度预测模型的优越性。

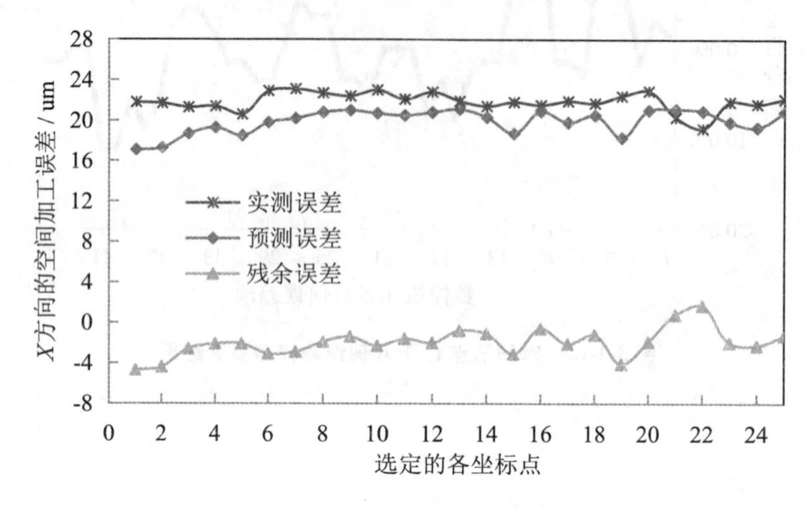

图 3-3-14　数控机床在 X 方向的加工误差（t = 预设时间节点 1）

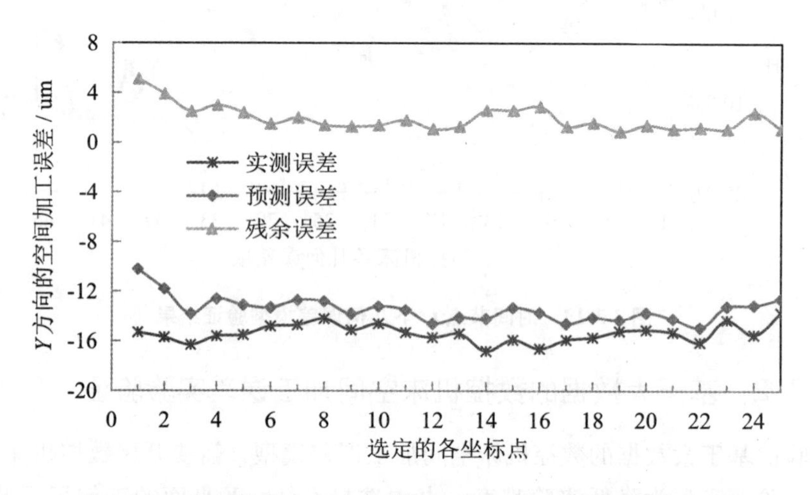

图 3-3-15　数控机床在 Y 方向的加工误差（t = 预设时间节点 1）

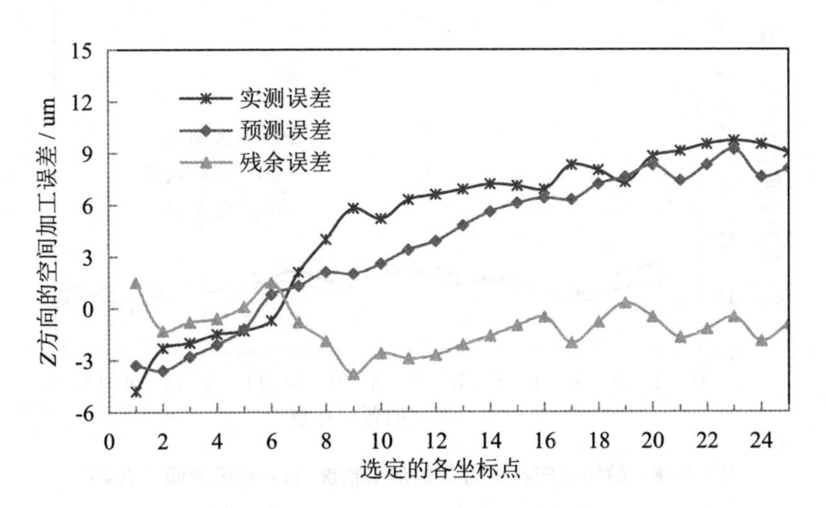

图 3-3-16 数控机床在 Z 方向的加工误差（t = 预设时间节点 1）

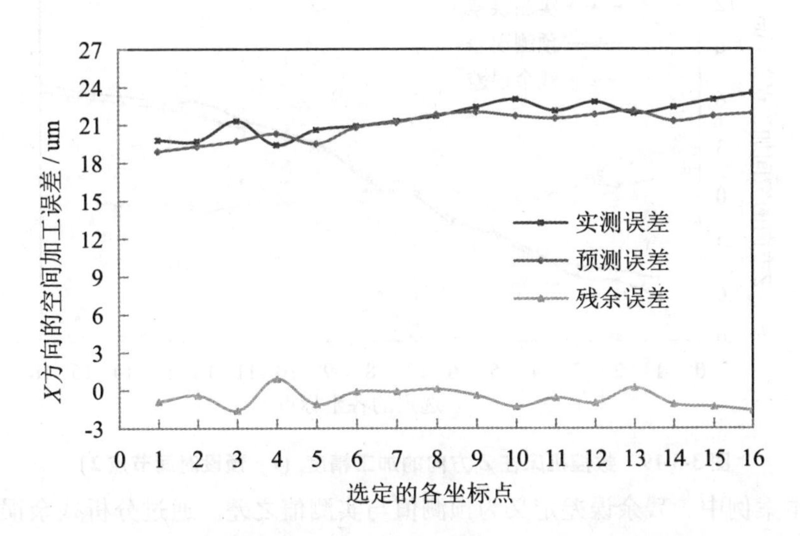

图 3-3-17 数控机床在 X 方向的加工精度（t = 预设时间节点 2）

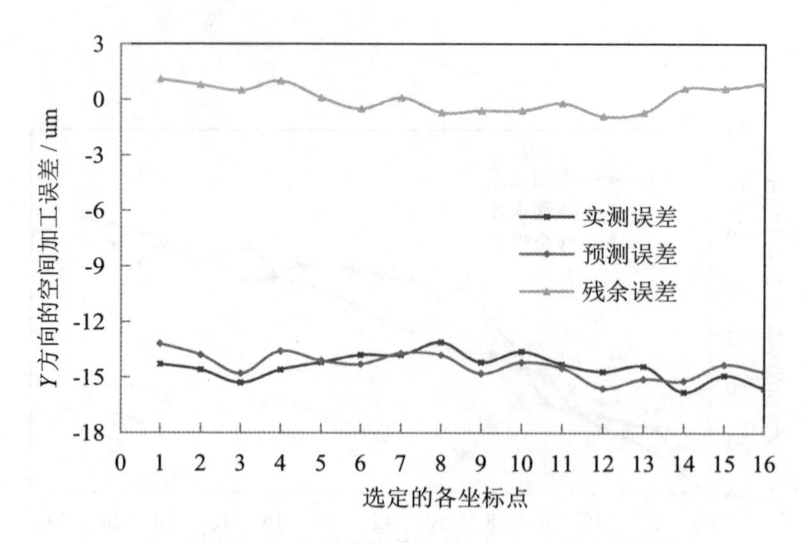

图 3-3-18　数控机床在 *Y* 方向的加工精度（*t* = 预设时间节点 2）

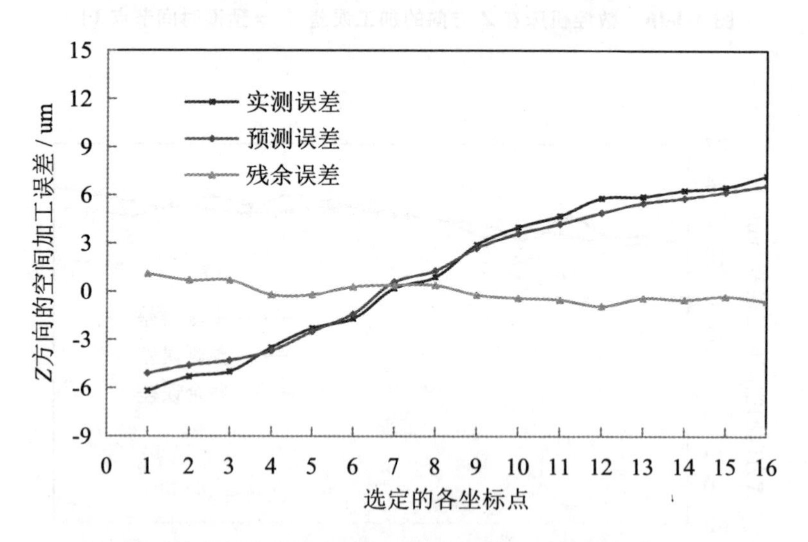

图 3-3-19　数控机床在 *Z* 方向的加工精度（*t* = 预设时间节点 2）

在本案例中，残余误差定义为预测值与实测值之差。通过分析残余误差各指标（即最大值、最小值及均方差），可以验证模型的正确性；通过对比两种不同模型所得到的最大残余误差、最小残余误差和均方差残余误差，可以验证方法的优越性。根据图 3-3-14、图 3-3-15 和图 3-3-16 分别获取数控机床的加工精度在 *X*, *Y*, *Z* 方向上的残余误差的最大值、最小值及均方差，计算结果见表3-3-5。

表 3-3-5　数控机床加工精度的残余误差在 X，Y，Z 方向的各项指标（t = 预设时间节点 1）

方向	残余误差最大值	残余误差最小值	残余误差均方差
X 方向	4.7 um	0.6 um	1.4236 um
Y 方向	5.1 um	0.9 um	1.0075 um
Z 方向	3.8 um	0.5 um	1.2517 um

根据图 3-3-17、图 3-3-18 和图 3-3-19 分别获取数控机床的加工精度在 X，Y，Z 方向上的残余误差的最大值、最小值及均方差，计算结果见表 3-3-6。通过分析表 3-3-6 可知：数控机床加工精度的残余误差在 X，Y，Z 方向的最大值、最小值和均方差数值比较小，即由本案例建立的基于大数据环境下数控机床加工精度模型获取的预测误差与实测误差比较接近。由此说明：基于大数据环境下数控机床加工精度模型具备更高的预测能力，能够充分考虑时变性对加工精度的影响，验证了该模型的正确性。

表 3-3-6　数控机床加工精度的残余误差在 X，Y，Z 方向的各项指标（t = 预设时间节点 2）

方向	残余误差最大值	残余误差最小值	残余误差均方差
X 方向	1.6 um	0.1 um	0.7146 um
Y 方向	1.1 um	0.1 um	0.6981 um
Z 方向	1.1 um	0.2 um	0.5644 um

3.8　小结

本章以基于大数据分析方法的机床加工精度改进关键技术研究为例，介绍了大数据管理与分析技术在复杂机电产品设计中的一个应用，主要分为机床的几何误差建模分析与预测、机床的拓扑结构模型构建与分析等部分。可以看出大数据技术的应用已经渗透到人类生产活动的方方面面，大数据分析处理技术的加入，让传统的制造业也重新焕发了光彩。

参考文献

[1] 齐磊磊．系统科学、复杂性科学与复杂系统科学哲学［J］．系统科学学报，2012，20（3）：7－11.

[2] 欧阳莹之．复杂系统理论基础［M］．田宝国，周亚，樊瑛译．上海：上海科技教育出版社，2002.

[3] 李士勇．非线性科学与复杂性科学［M］．哈尔滨：哈尔滨工业大学出版社，2006.

[4] 宋学锋．复杂性、复杂系统与复杂性科学［J］．中国科学基金，2003（5）：8－15.

[5] 李士勇．复杂系统、非线性科学与智能控制理论［J］．计算机自动测量与控制，2000（4）：1－3.

[6] 钱学森，于景元，戴汝为．一个科学新领域——开放的复杂巨系统及其方法论［J］．自然杂志，1990（1）：3－10.

[7] 约翰·H·霍兰．隐秩序：适应性造就复杂性［M］．周晓牧，韩晖译．上海：上海科教出版社，2011.

[8] 谭跃进，邓宏钟．复杂适应系统理论及其应用研究［J］．系统工程，2001（5）：1－6.

[9] 杨涛，杨育，张东东．考虑客户需求偏好的复杂系统创新概念设计方案生成［J］．计算机集成制造系统，2015，21（4）.

[10] TRAPPEY. C. V，WU. H. Y. An evaluation of the time-varying extended logistic，simple logistic，and Gompertz models for forecasting short product lifecycles［J］. Advanced Engineering Informatics，2008，22（4）：421－430.

[11] 谢建中，杨育，陈倩，李斐．基于改进 BASS 模型的短生命周期复杂系统需求预测模型［J］．计算机集成制造系统，2015，21（4）.

[12] LEONG. L. Y，HEW. T. S，LEE. V. H. An SEM-artificial-neural-network analysis of the relationships between SERVPERF，customer satisfaction and loyalty among low-cost and full-service airline［J］. Expert System with Applications，2015，42（19）：6620－6634.

[13] RAJA. J. Z, BOURNE. D, GOFFIN. K. Achieving customer satisfaction through intergrated products and services: an exploratory study [J]. Journal of Product Innovation Management, 2013, 30 (6): 1128 - 1144.

[14] 陈振颂，李延来．基于广义信度马尔科夫模型的顾客需求动态分析[J]．计算机集成制造系统，2014，20 (3).

[15] 张雷，李璟，袁远，秦旭．基于客户特征的复杂系统环境需求预测方法研究 [J]．机械设计与制造，2020 (1): 280 - 284.

[16] 萧筝．客户需求信息处理理论和方法研究 [D]．武汉理工大学，2013.

[17] SHIEH. M. D, YAN. W, CHEN. C. H. Soliciting customer requirements for product redesign based on picture sorts and ART2 neural network [J]. Expert Systems with Applications, 2008, 34 (1): 194 - 204.

[18] 经有国，但斌，张旭梅．基于本体的非结构化客户需求智能解析方法[J]．计算机集成制造系统，2010，16 (5): 1026 - 1033.

[19] Lei Zhang, Xuening Chu, Hansi Chen, Deyi Xue. Identification of Performance Requirements for Design of Smartphones Based on Analysis of the Collected Operating Data [J]. Journal of Mechanical Design, 2017

[20] 袁峰．面向需求的机械复杂系统原理方案创新设计关键技术研究[D]．天津大学，2007.

[21] Jian Xie, Youyi Bi, Zhenghui Sha, Mingxian Wang, Yan Fu, Noshir Contractor, Lin Gong, Wei Chen. Data-Driven Dynamic Network Modeling for Analyzing the Evolution of Product Competitions [J]. Journal of Mechanical Design, 2020, 142.

[22] Mingxian Wang, Zhenghui Sha, Yun Huang, Noshir Contractor, Yan Fu and Wei Chen. Predicting product co-consideration and market competitions for technology-driven product design: a network-based approach [J]. Design Science, 2018, 4 (9).

[23] Wang F, Li H, Liu A J. A novel method for determining the key customer requirements and innovation goals in Customer Collaborative Product Innovation [J]. Journal of Intelligent Manufacturing, 2015: 1 - 15.

[24] Kano Noriaki, Seraku Nobuhiku, Takahashi Fumio et al. Attractive quality and must-be quality [J], 1984.

[25] Sireli Yesim, Kauffmann Paul, Ozan Erol. Integration of Kano's model into QFD for multiple product design [J]. IEEE Transactions on Engineering Management, 2007, 54 (2): 380 - 390.

[26] TSENG. M. M, JIAO. J. A module identification approach to the electrical design of electronic products by clustering analysis of the design matrix [J]. Computers

& Industrial Engineering, 1997, 33 (1): 229 - 330.

[27] FUNG. R. T. K, POPPLEWELL. K. The analysis of customer requirements for effective rationalization of product attributes in manufacturing [A]. In Proceedings of 3rd International Conference on Manufacturing Technology, Hong Kong, 1995.

[28] WU. H. H, SHIEH. J. I. Using a markov chain model in quality function deployment to analyze customer requirements [J]. The International Journal of Advanced Manufacturing Technology, 2005, 30 (1): 141 - 146.

[29] RAHARJO. H, XIE. M, BROMBACHER. A. C. A systematic methodology to deal with the dynamics of customer needs in Quality Function Deployment [J]. Expert Systems with Applications, 2011, 38 (4): 3653 - 3662.

[30] HAGHIGHI. M, ZOWGHI. M, ZOHOURI. B. Evolution of quality function deployment (QFD) via fuzzy concepts and neural networks [J]. World Academy of Science, Engineering and Technology, 2011, 76: 379 - 382, April 2011.

[31] 李中凯，冯毅雄，谭建荣等．基于灰色系统理论的质量屋中动态需求的分析与预测 [J]．计算机集成制造系统，2009，15 (11): 2272 - 2279.

[32] KOTA. S, CHIOU. S. J. Automated conceptual design of mechanisms [J]. International Journal of Mechanisms and Machine Theory, 1999, 34: 467 - 495.

[33] 崔剑，祁国宁，纪杨建．基于需求流动链的映射机理 [J]．机械工程学报，2008，44 (7): 93 - 100.

[34] 李延来，唐加福，姚建明．基于粗糙集理论的质量屋中工程特性确定方法 [J]．计算机集成制造系统，2008 (2): 386 - 392.

[35] Jia Weiqiang, Liu Zhenyu, Lin Zhiyun et al. Quantification for the importance degree of engineering characteristics with a multi-level hierarchical structure in QFD [J]. International Journal of Production Research, 2015: 1 - 23.

[36] Qian Lena, Gero John S. Function-behaviour-structure paths and their role in analogy-based design [J]. AIEDAM, 1996, 10 (4): 289 - 312.

[37] Reed Kate, Gillies Duncan. Automatic derivation of design schemata and subsequent generation of designs [J]. AI EDAM, 2016, 30 (4): 367 - 378.

[38] 宫琳，张子健，谢剑．融合设计过程与设计知识的复杂系统概念设计方法 [J]．计算机集成制造系统，2016，22 (3): 597 - 610.

[39] 康与云，敦兵，王浩．基于功能—元件矩阵和设计结构矩阵的设计方案生成方法 [J]．计算机集成制造系统，2012 (5): 897 - 904.

[40] Li Zhen, Tate Derrick, Lane Christopheret al. A framework for automatic TRIZ level of invention estimation of patents using natural language processing, knowl-

edge-transfer and patent citation metrics [J]. Computer-Aided Design, 2012, 44 (10): 987 - 1010.

[41] Murphy Jeremy, Fu Katherine, Otto Kevinet al. Function based design-by-analogy: a functional vector approach to analogical search [J]. Journal of Mechanical Design, 2014, 136 (10): 101102.

[42] Hao Jia, Zhao Qiangfu, Yan Yan. A function-based computational method for design concept evaluation [J]. Advanced Engineering Informatics, 2017 (32): 237 - 247.

[43] Gu C-C, Hu J., Peng Y-H. Functional case modelling for knowledge-driven conceptual design [J]. PROCEEDINGS OF THE INSTITUTION OF MECHANICAL ENGINEERS PART B-JOURNAL OF ENGINEERING MANUFACTURE, 2012, 226 (B4): 757 - 771.

[44] Bhatta S., Goel A., Prabhakar S. Innovation in Analogical Design: A Model-Based Approach [J]. ARTIFICIAL INTELLIGENCE, 1995, (79): 83 - 96.

[45] 杜辉，叶文华，楼佩煌. 基于实例推理技术在模块变型设计中的应用研究 [J]. 山东大学学报（工学版），2011，41 (1)：78 - 85.

[46] 王体春，卜良峰，王威. 基于知识重用的复杂系统方案设计多级实例推理模型 [J]. 计算机集成制造系统，2011，17 (3)：571 - 576.

[47] 爱德华·克劳利，布鲁斯·卡梅隆，丹尼尔·塞尔瓦. 系统架构：复杂系统的复杂系统设计与开发. 北京：机械工业出版社，2016.

[48] 汪秉宏，周涛，王文旭，杨会杰，刘建国，赵明，殷传洋，韩筱璞，谢彦波. 当前复杂系统研究的几个方向 [J]. 复杂系统与复杂性科学，2008，5 (4)：21 - 28.

[49] Persico V, Pescapé A, Picariello A. Benchmarking big data architectures for social networks data processing using public cloud platforms [J]. Future Generation Computer Systems, 2018, 89.

[50] 交叉科学 数据科学与工程 大数据时代的新兴交叉学科 [EB/OL]. [2015 - 10 - 09]. http://www.199it.com/archives/391095.html.

[51] Nature. BigData [EB/OL]. [2012 - 10 - 02]. http://www.nature.com/new/special/bigdata/index.html.

[52] 刘晓曙. 大数据时代下金融业的发展方向趋势及其应对策略 [J]. 科学通报，2015，60 (Z1)：453 - 459.

[53] 2020—2025年中国大数据应用行业全景调研与发展战略研究咨询报告 [EB/OL]. [2019 - 12 - 31]. https://wenku.baidu.com/view/3d845f5ef9c75fbfc-

77da26925c52cc58ad69019. html.

[54] 对话美传染病模型专家 [EB/OL]. [2020-03-26]. http://news. sina. com. cn/w/2020-03-26/doc-iimxyqwa3393790. shtml.

[55] Castiglione A, Gribaudo M, Iacono M. Exploiting mean field analysis to model performances of big data architectures [J]. Future Generation Computer Systems, 2014, 37 (7): 203-211.

[56] 大数据在互联网行业的应用 [EB/OL]. [2020-07-05]. https://blog. csdn. net/dsdaasaaa/article/details/94763633.

[57] 宫夏屹，李伯虎，柴旭东，谷牧. 大数据平台技术综述 [J]. 系统仿真学报, 2014, 26 (3): 489-496.

[58] 2020 年数据存储的几大发展趋势 [EB/OL]. [2019-12-25]. http://www. 01cto. com/index. php? s=news&c=show&id=950.

[59] LM Ni, YLIU, YC Lau, et al. LANDMARC: Indoor location sensing using active RFID [J]. wireless Networks, 2004, 10 (6): 701-710.

[60] Mark B. Gartner says solving 'big data' challenge involves more than just managing volumes of data [EB/OL]. http://www. gartner. com/newsroom/id/1731916, 2011.

[61] 朱扬勇，熊赟. 数据挖掘新任务：特异群组挖掘 [EB/OL]. 中国科技论文在线, http://www. paper. edu. cn/releasepaper/content/201111-463, 2011.

[62] Zhu Y Y, Xiong Y. Peculiarity group mining: a new task in data mining [J/OL]. Science Paper Online, http://www. paper. edu. cn/releasepaper/content/201111-463, 2011.

[63] Tan P N, Steinbach M, Kumar V. Introduction to Data Mining [M]. Boston: Addison-Wesley, 2006.

[64] COOPER B F, RAMAKRISHNAN R, SRIVASTAVA U, et al. PNUTS: Yahoo! 's hosted data serving platform [C]. Proceedings of the VLDB Endowment 2008. Auckland: ACM, 2008: 1277-1288.

[65] DECANDIA G, HASTORUN D, JAMPANI M, et al. Dynamo: Amazon's highly available key-value store [C]. Procedings of SOSP 2007. New York: ACM, 2007: 205-220.

[66] NoSQL Databases. NoSQL Definition [EB/OL]. [2013-07-24]. http://nosql-database. org/.

[67] 李方超. 基于 NoSQL 的数据最终一致性策略研究 [D]. 哈尔滨工程大学, 2012.

[68] 维克托，迈尔，舍恩伯格．大数据时代 [M]．浙江：浙江人民出版社，2013.

[69] 王正也，李书芳．一种基于 Hive 日志分析的大数据存储优化方法 [J]．软件，2014，35 (11)：94 - 100.

[70] 马荣华，戴锦芳．GIS 的分层与特征的数据组织模式 [J]．地球信息科学，2003 (3)：42 - 46.

[71] 孟小峰，慈祥．大数据管理：概念、技术与挑战 [J]．计算机研究与发展，2013，50 (1)：146 - 169.

[72] 黄华林，庞欣婷．基于 Hadoop 的数据资源管理平台设计 [J]．计算机应用与软件，2018，35 (7)：329 - 333.

[73] 李成华，张新访，金海，向文．MapReduce：新型的分布式并行计算编程模型 [J]．计算机工程与科学，2011，33 (3)：129 - 135.

[74] 管理大数据存储的十大技巧 [EB/OL]．[2018 - 04 - 04]．https：//blog.csdn. net/bingdata123/article/details/79814857.

[75] Hewitt E. Cassandra：the definitive guide [M]．O'Reilly Media，2010.

[76] 陈志坤．分布式环境下大数据组织与管理关键技术的研究 [D]．国防科学技术大学，2014.

[77] 郭超，刘波，林伟伟．基于 Impala 的大数据查询分析计算性能研究 [J]．计算机应用研究，2015，32 (5)：1330 - 1334.

[78] 陈世敏．大数据分析与高速数据更新 [J]．计算机研究与发展，2015，52 (2)：333 - 342.

[79] 李卓然．大数据分析与高速数据更新 [J]．电子技术与软件工程，2017 (7)：203 - 204.

[80] 胡聪，张靖，郭洋．基于大数据日志管理系统的研究与实现 [J]．中国新通信，2017，19 (9)：105 - 106.

[81] 彭骞，党引，李斌．基于大数据技术的服务器日志采集分析方法 [J]．电力大数据，2017，20 (8)：54 - 57.

[82] 陈飞，艾中良．基于 Flume 的分布式日志采集分析系统设计与实现 [J]．软件，2016，37 (12)：82 - 88.

[83] 唐玮杰，黄文明．大数据时代下的数据安全管理体系讨论 [J]．网络空间安全，2016，7 (7)：58 - 61.

[84] 吴世嘉，李言鹏．大数据技术在网络安全分析中的应用 [J]．网络安全技术与应用，2018 (8)：56 - 76.

[85] 王亚静．电子政务网络安全隔离与数据交换技术的分析与研究 [D].

长安大学, 2016.

[86] SWEENEY L. k-Anonymity: A model for protecting privacy [J]. International Journal of Uncertainty, Fuzziness and Knowledge-Based Systems, 2002, 10 (5): 557 – 570.

[87] LINDELL Y, PINKAS B. Privacy preserving data mining [J]. Journal of Cryptology, 2002, 15 (3): 177 – 206.

[88] DWORK C. Differential privacy [C]. proceedings of the 33rd International Colloquium, ICALP 2006. Venice: IEEE, 2006, 4052: 1 – 12.

[89] ROY I, RAMADAN H E, SETTY S T V, et al. Airavat: Security and privacy for MapReduce [C]. Proceedings of the 7th usenix symmp on Networked Systems Design and Implementation. San joes: USENIX Association, 2010: 297 – 312.

[90] 刘智慧, 张泉灵. 大数据技术研究综述 [J]. 浙江大学学报 (工学版), 2014, 48 (6): 957 – 972.

[91] Kamara S, Lauter K. Cryptographic cloud storage. Proceedings of the 14th International Conference on Financial Cryptography and Data Security [C]. Berlin, Germany, 2010: 136 – 149.

[92] 冯朝胜, 秦志光, 袁丁. 云数据安全存储技术 [J]. 计算机学报, 2015, 38 (1): 150 – 163.

[93] 李学刚. Oracle 安全审计技术在教学管理信息系统中的应用研究 [D]. 长沙: 湖南大学, 2011, 21 – 28.

[94] 陈适. 医保数据库安全加固技术研究与应用 [D]. 湖南大学, 2012.

[95] 葛冰峰. 基于能力的武器装备体系结构建模评估与组合决策分析方法 [D]. 2014.

[96] Network I S I. The Authoritative Dictionary of IEEE Standards Terms [M]. IEEE Computer Society Press, 2000.

[97] Xuesen Q, Jingyuan Y, Ruwei D. A New Discipline of Science-The Study of Open Complex Giant System and Its Methodology [J]. Chinese Journal of Systems Engineering and Electronics, 1993 (2): 4 – 14.

[98] 鲁延京. 基于能力的武器装备体系需求视图产品研究 [D]. 国防科学技术大学, 2006.

[99] 李志飞. 基于能力的武器装备体系方案权衡空间多维多粒度探索方法及应用 [D]. 2015.

[100] Lane J A, Valerdi R. Synthesizing SoS concepts for use in cost modeling [J]. Systems Engineering, 2007, 10 (4): 297 – 308.

[101] Sage A P, Rouse W B. Handbook of Systems Engineering and Management [M]. John Wiley & Sons, 2009.

[102] Authors S. Systems of Systems Engineering-Innovations for the 21st Century [M]. Hoboken, NJ, USA: Wiley, 2009.

[103] Maier M W. Architecting principles for systems-of-systems [C]. The 1996 Symposium of the International Council on Systems Engineering, 1996.

[104] Sage A P, Cuppan C D. On the systems engineering and management of systems of systems and federations of systems [J]. Information, Knowledge, Systems Management, 2001, 2 (4): 325-345.

[105] M. J. Gilmore. The Army's Future Combat System Program [R]. http://www.cbo.gov/ftpdocs/71xx/doc7122/04-04-FutureCombatSystems.pdf, 2006.

[106] Office USGA. Coast Guard: Deepwater Program Acquisition Schedule Update Needed [J]. 2004.

[107] 郭圣明，贺筱媛，吴琳．基于强制稀疏自编码神经网络的作战态势评估方法研究 [J]. 系统仿真学报，2018.

[108] 任俊，胡晓峰，朱丰．基于深度学习特征迁移的装备体系效能预测 [J]. 系统工程与电子技术，2017 (12): 114-118.

[109] 钱晓超，董晨，陆志沣．基于效能评估的武器装备体系优化设计方法 [J]. 系统仿真技术，2017 (4): 19-24.

[110] 张振涛．海洋环境下武器装备作战效能评估与系统实现 [D]. 2015.

[111] 孙宏才，何晓晖．系统工程在工程装备论证工作中的应用研究 [J]. 系统工程理论与实践，2011 (S1): 103-106.

[112] 梁向阳，康凤举，钟联炯．防空 C4ISR 装备体系结构设计与实现 [J]. 军械工程学院学报，2007, 19 (5): 14-19.

[113] 岑凯辉，谭跃进．联合能力集成与开发系统 [J]. 国防科技，2006 (8): 26-28.

[114] Zachman J A. A Framework for Information Systems Architecture [J]. Ibm Systems Journal, 1987 (26).

[115] 黄力，罗爱民，邱涤珊．C4ISR 装备体系结构框架研究进展 [J]. 火力与指挥控制，2004, 29 (3): 16-19.

[116] Iaquinto, Joseph F. The C4ISR Architecture Framework V 2.0: Considerations for Usage [J]. INCOSE International Symposium, 2003, 13 (1): 1177-1184.

[117] Zeigler B P, Mittal S. Enhancing DoDAF with a DEVS-based system lifecycle development process [C]. Systems, Man and Cybernetics, 2005 IEEE Internation-

al Conference on. IEEE, 2005.

[118] 李娜，夏靖波，冯奎胜. 基于 DODAFv1.5 核心装备体系结构数据模型研究 [J]. 现代防御技术，2010 (1): 63-67.

[119] 周荣坤，张永利，石教华. DoDAF2.0 及其应用分析 [J]. 舰船电子对抗，2015 (1): 18-22.

[120] DoD Architecture Framework Working Group. DoD Architecture Framework [EB/OL]. http://dodcio.defense.gov/Portals/0/Documents/DODAF/DoDAF_v2-02_web.pdf, 2010.

[121] Hause M, Bleakley G, Morkevicius A. Technology Update on the Unified Architecture Framework (UAF) [J]. INCOSE International Symposium, 2016, 26 (1): 1145-1160.

[122] 张少兵，郭忠伟，钱晓进. 基于 DoDAF 的防空兵指挥信息系统作战装备体系结构 [J]. 兵工自动化，2011, 30 (3): 18-20.

[123] 李剑. 基于 DoDAF 的作战装备体系结构建模方法 [J]. 四川兵工学报，2009, 30 (7): 14-16.

[124] Ge B, Hipel K W, Yang K. A novel executable modeling approach for system-of-systems architecture [J]. IEEE Systems Journal, 2014, 8 (1): 4-13.

[125] Shih H S, Shyur H J, Lee E S. An extension of TOPSIS for group decision making [J]. Mathematical and Computer Modelling, 2007, 45 (7): 801-813.

[126] 张树杰，黄勇，王静滨，陈欣鹏. 基于熵值和 TOPSIS 法的装备体系方案优选方法 [J]. 兵工自动化，2016 (1): 20-22.

[127] 杜正平. 电子对抗系统效能分析 [J]. 电子对抗技术，2005 (5): 48-50.

[128] 陈培彬，崔海峰. 基于 SEA 的炮兵侦察系统效能分析及动态评估 [J]. 情报指挥控制系统与仿真技术，2003 (5): 36-41.

[129] Opricovic S, Tzeng G H. Extended VIKOR method in comparison with outranking methods [J]. European Journal of Operational Research, 2007, 178 (2): 514-529.

[130] 邵鑫鸿，岳振军，罗建翔. 基于改进型 VIKOR 的无人作战情报支援优选模型 Optimization Model of Unmanned Combat Intelligence Support Based on Improved VIKOR [J]. 四川兵工学报，2017, 38 (7): 57-61.

[131] Zadeh L A. Fuzzy Sets [J]. Information and Control, 1965, 8 (3): 338-353.

[132] 胡绍华，梅全亭，王超民. 基于综合分析法的战时野营保障效果评价评比 [J]. 物流技术，2011 (7): 148-150.

[133] Sinuanystern Z, Mehrez A, Hadad Y. An AHP/DEA methodology for ranking decision making units [J]. 2000, 7 (2): 109-124.

[134] 项磊，杨新，张扬，等. 基于层次分析法与模糊理论的卫星效能评估 [J]. 计算机仿真, 2013, 30 (2): 55-61.

[135] 申卯兴，解洪波，李磊. 武器装备效能的灰色关联评价 [J]. 弹箭与制导学报, 2004 (S1): 91-93.

[136] 黄仁全，李为民，周晓光. 基于灰色关联分析的防空导弹系统效能评估模型 [J]. 兵工自动化, 2009 (6).

[137] 金哲，张金春，杨学会. 基于 WSEIAC 模型的导弹武器系统效能分析 [J]. 战术导弹技术, 2004 (3): 11-13.

[138] 吕永胜，花兴来. WSEIAC 系统效能评估模型在雷达抗干扰中的应用 [J]. 空军预警学院学报 (3): 29-32.

[139] 郝中军，扈晓翔. 基于拉丁超立方抽样的导弹快速精度分析与误差补偿方法 [J]. 兵工自动化, 2009, 28 (6): 23-25.

[140] 郭齐胜，姚志军，闫耀东. 武器装备体系试验问题初探 [J]. 装备学院学报, 2014 (1): 99-102.

[141] 王炳，石章松，吴中红. 基于均匀设计的大口径舰炮武器系统作战效能优化分析 [J]. 舰船电子工程, 2013 (7): 107-109.

[142] 郭继峰，殷志宏，崔乃刚. 基于仿真的空地导弹武器体系作战效能评估决策方法 [J]. 控制与决策, 2009, 24 (10): 1576-1579.

[143] 张乐，刘忠，张建强. 基于自编码神经网络的装备体系评估指标约简方法 [J]. 中南大学学报 (自然科学版), 2013 (10): 181-188.

[144] 陈策，郭久武，赵春霞. 层次分析法和消去选择轮换法相结合的装备软件质量评优方法研究 [J]. 兵工学报, 2010, 31 (11): 1481-1486.

[145] 贺波，刘晓东，靳小超. 空军武器装备体系作战能力聚合模型 [J]. 火力与指挥控制, 2009 (7): 94-96.

[146] 肖丁，陈进军，苏兴. 装备保障能力评估指标体系研究 [J]. 装备学院学报, 2011, 22 (3): 42-45.

[147] 郭圣明，贺筱媛，吴琳. 基于强制稀疏自编码神经网络的作战态势评估方法研究 [J]. 系统仿真学报, 2018.

[148] 闫雪飞，李新明，刘东. 武器装备体系评估技术与研究 [J]. 火力与指挥控制, 2016, 41 (1): 7-10.

[149] 张政超，关欣，何友. 粗糙集理论在 C~3I 系统效能评估中的应用研究 [J]. 光电技术应用, 2008, 23 (5): 70-74.

[150] 曹珺，王巨海，杨文林. 云重心理论在防空 C~3I 系统效能评估中的

应用 [J]. 兵工自动化, 2007 (1): 22-24.

[151] 王鹏. 反坦克导弹武器系统作战效能评估方法研究 [D]. 国防科学技术大学, 2009.

[152] 李健, 王昆. C~4ISR 通信网络系统综合效能评估的灰色层次模型 [J]. 舰船电子对抗, 2009 (5): 83-86.

[153] 郭齐胜, 陈威. 装备体系需求论证方案评价指标体系研究 [J]. 装备指挥技术学院学报, 2010 (6): 16-19.

[154] Bouthonnier V, Levis A H. Effectiveness Analysis of C3 Systems [J]. IEEE Transactions on Systems Man and Cybernetics, 1982, 14 (1): 10.

[155] 齐玲辉, 张安, 郭凤娟. 战术弹道导弹系统效能评估 SEA 法的建模与仿真 [J]. 系统仿真学报, 2013 (4): 209-213.

[156] 赵新爽, 汪厚祥, 李鸿. 基于 SEA 法的反导预警系统作战效能评估 [J]. 火力与指挥控制, 2014 (1): 161-163.

[157] Saaty, T. L. Axiomatic Foundation of the Analytic Hierarchy Process [J]. Management Science, 1986, 32 (7): 841-855.

[158] 董彦非, 王礼沅, 王卓健. 基于空战模式和 AHP 法的空战效能评估模型 [J]. 系统工程与电子技术, 2006 (6): 99-102.

[159] 王锐, 张安, 史兆伟. 基于幂指数法和 AHP 的先进战斗机效能评估 [J]. 火力与指挥控制, 2008 (11): 75-78.

[160] 史彦斌, 高运泉, 张安. BP 神经网络在效能评估中的样本训练 [J]. 火力与指挥控制, 2007 (4): 122-124.

[161] 周燕, 陈烺中, 李为民. 基于 BP 神经网络的弹炮结合系统作战效能评估 [J]. 系统工程与电子技术, 2005, 27 (1): 84-86.

[162] 史志富, 雷金利, 张安. 机载火控系统效能评估的支持向量机方法 [J]. 电光与控制, 2010, 17 (3).

[163] 刘通, 王静滨, 张朝杰. 装备效能评估中加权求和模型的改进与应用 [J]. 电光与控制 2009 (9): 48-50.

[164] 张雷, 张兵, 李广强. 装备效能评估中一种组合赋权方法研究 [J]. 空军预警学院学报, 2011, 25 (4): 280-282.

[165] 郭圣明, 贺筱媛, 吴琳. 基于强制稀疏自编码神经网络的防空作战体系效能回溯分析方法 [J]. 中国科学: 信息科学, 2018, 48 (7): 86-102.

[166] 伍文峰, 胡晓峰. 基于大数据的网络化作战体系能力评估框架 [J]. 军事运筹与系统工程, 2016, 30 (2): 26-32.

[167] 任俊, 胡晓峰, 朱丰. 基于深度学习特征迁移的装备体系效能预测 [J]. 系统工程与电子技术, 2017 (12): 114-118.

[168] Abusharekh A, Kansal S, Zaidi A K. Modeling time in DoDAF compliant executable architectures [C]. 2007 Conference on Systems Engineering Research, 2007.

[169] 杜海舰，徐新喜，徐卸古．基于混沌遗传算法优化神经网络方法的救护直升机效能评估与指标优化研究 [J]. 直升机技术, 2012 (3): 15-21.

[170] 李冬，康文峥，马海洋．基于粒子群算法的装备效能优化 [C]. 亚太青年通信与技术学术会议, 2010.

[171] 周雯雯，陈瑞，安理．基于因子分析法的装备承制单位综合能力评估指标体系优化研究 [J]. 装备指挥技术学院学报, 2008 (6): 44-47.

[172] 马昕晖，智文书，陈景鹏．基于主成分分析法与聚类分析法的安全指标体系优化 [J]. 装备学院学报, 2014 (6): 58-62.

[173] 陈侠，胡乃宽．基于改进型小波神经网络的电子战无人机作战效能评估研究 [J]. 电光与控制, 2018, v. 25; No. 239 (5): 68-71.

[174] 安进，徐廷学，苏艳琴．面向战备任务的装备质量状态评估指标优化 [J]. 电光与控制, 2018.

[175] 李慧，周林，辛文波．基于最优树的网络化作战装备体系结构优化 [J]. 军事运筹与系统工程, 2017, 31 (4): 48-54.

[176] 游翰霖，李孟军，姜江．装备技术体系网络建模与结构优化方法 [J]. 国防科技大学学报, 2014, 36 (6): 123-127.

[177] Vapnik V. Statistical learning theory [M]. New York, NY: Wiley, 1998.

[178] Holland J H. Adaptation in Natural and Artificial System [M]. Adaptation in natural and artificial systems. MIT Press, 1992.

[179] 王寿彪，李新明，刘东．大数据与装备体系的概念关联机理和模型结构 [J]. 中国电子科学研究院学报, 2016, 11 (5): 495-502.

[180] 王新尧，曹云峰，孙厚俊，韦彩色，陶江．基于 DoDAF 的有人/无人机协同作战体系结构建模 [J]. 系统工程与电子技术, 2020.

[181] 刘斌．基于 DoDAF 的装备体系的任务可靠性建模方法研究 [D]. 国防科学技术大学, 2015.

[182] 陆法．基于 MBSE 的装备体系模型交互方法及应用研究 [D]. 国防科学技术大学, 2014.

[183] 张兰，杨锐，曾昕琳，钱旭．基于大数据的军事科研数据资源服务产品体系建设 [J]. 中华医学图书情报杂志, 2019, 28 (3): 59-63.

[184] 王寿彪，李新明，裴忠民，刘东．基于大数据的装备体系认知计算系统分析 [J]. 指挥与控制学报, 2016, 2 (1): 54-59.

[185] 王寿彪，李新明，刘东，裴忠民．基于大数据的装备体系三元概念认知系统模型构造框架 [J]. 系统工程与电子技术, 2016, 38 (11): 2537-2545.

[186] 左钦文，张杰民，刘晓宏，杨明．基于大数据及机器学习的智能作战评估方法［J］．兵器装备工程学报，2020，41（2）：107－110.

[187] 王寿彪，李新明，刘东．基于大数据形式概念认知计算的装备体系动态演化建模框架建构［J］．指挥与控制学报，2016，2（3）：248－250.

[188] 司光亚，高翔，刘洋，吴琳．基于仿真大数据的效能评估指标体系构建方法［J］．大数据，2016.

[189] 王寿彪，李新明，刘东．基于粒计算的武器装备体系结构超网络模型［J］．系统工程与电子技术，2016，38（4）：836－843.

[190] 李一，冯楠，谭顺成．基于云的装备试验数据中心架构设计［J］．海军航空工程学院学报，2019，34（2）：217－222.

[191] 孔瑞远，肖桃顺，沈艳丽．军事信息系统体系结构验证方法综述［J］．工程研究——跨学科视野中的工程，2016，8（6）：605－613.

[192] 邹志刚，车万方．面向"超网络＋"的装备体系作战运用仿真实验框架［J］．军事运筹与系统工程，2016，30（3）：16－21.

[193] 陈奇伟．体系工程方法在信息化装备体系建设中的应用概述［J］．中国电子科学研究院学报，2016，11（6）：582－587.

[194] 柯宏发，祝冀鲁，杜红梅．武器装备试验鉴定的大数据建设问题研究［J］．Science Discovery，2016，4（1）：21－25.

[195] 王寿彪，李新明，杨凡德，裴忠民，刘东．武器装备体系演化研究［J］．火力与指挥控制，2017，42（3）：1－7.

[196] 王华，王学宁，张连伟，汤益林．指挥控制系统中的大数据技术运用［C］．第三届中国指挥控制大会论文集（上册），2015.

[197] 李圣一，戴一帆，尹自强等．精密和超精密机床精度建模技术［M］．长沙：国防科技大学出版社，2007.

[198] Cheng Q，Zhang Z L，Zhang G J，Gu P H，Cai L G. Geometric accuracy allocation for multi-axis CNC machine tools based on sensitivity analysis and reliability theory［J］. Int. J. Proceedings of the Institution of Mechanical Engineers，Part C：Journal of Mechanical Engineering Science，2015，229（6）：1134－1149.

[199] Zhang，Z.，Cai，L.，Cheng，Q. et al. A geometric error budget method to improve machining accuracy reliability of multi-axis machine tools［J］. J Intell Manuf，2019，30，495－519.

[200] 许平．基于 Spark 平台的关联规则算法应用研究［D］．南京邮电大学，2018.

[201] 廖嘉炜．变压器数据质量分析与挖掘［J］．电子测试，2019（10）：70－71.

结 语

本书构建里面向复杂系统设计的大数据管理与分析知识体系，并系统地介绍了复杂系统设计与大数据相关研究领域现状、大数据管理流程、大数据分析技术、面向复杂系统设计的大数据应用平台以及多数据分析方法集成的复杂系统设计技术等内容，并分享了相关应用实例。本书所建立的知识体系以及所介绍的技术内容都保持着一定的开放性，希望留给读者更宽广、更深入的学习探索空间，若发现本书内容中的错误和不足之处，也请谅解并不吝指教。

人教版的高中物理教材曾在前言中收录了这样一首关于西湖的打油诗：

昔年曾见此湖图，不信人间有此湖。

今日打从湖上过，画工还需费工夫。

其目的是寄希望于同学们从教材出发，可以在物理学领域有更广阔的视野与成就。笔者认为，本书亦有这样的初衷，即希望读者能够受本书内容引导，继续探索和思考面向复杂系统设计的大数据管理与分析领域的科学问题，无论是在理论技术层面还是工程应用层面，都可以在思维模式和技术方法上不断创新，从而推动该研究领域更全面的发展。

致 谢

本书为整个撰写团队通力合作的结果。全书由北京理工大学宫琳策划、组织并负责统稿。在内容方面，北京理工大学宫琳负责第 1 篇第 3 章、第 2 篇、第 3 篇第 1、2 章的撰写，共 20 余万字；北京工业大学程强负责第 1 篇第 1、2 章、第 3 篇第 3 章的撰写，共约 5 万字。北京理工大学工业与智能系统工程研究所的博士研究生谢剑、莫振冲，硕士研究生陈西、高俊、刘昉、王晋意、祝德刚、叶帆、牛立卓、马宏邦、林颖捷、朱明仁等对相关章节材料的组织、撰写和修订做了大量工作，研究所其他研究生亦对本书给予了很多有益的反馈，在此一并致谢。最后，特别感谢国防基础科研重大项目（JCKY2016203A017）、国家重点研发计划（2018YFB1700802）、国家自然科学基金（51405018）的长期支持。